高职高专计算机教学改革新体系规划教材

CSS＋DIV 网页设计与制作

梁小芳　主　编

梁文锋　朱　平　副主编

清华大学出版社

北　京

内 容 简 介

本书以校企合作、工学结合的人才培养模式为指导思想，以基于工作过程的教学模式为教学引领，以教学任务为载体，以培养行业网页设计师所具有的职业素养和职业能力为目标，通过大量实例对CSS＋DIV网页布局、DOM、JavaScript等技术应用展开阐述。本书分为3篇，共12个项目。其中，第1篇为基础篇，第2篇为应用篇，第3篇为实战篇。本书项目均配有源文件，方便读者学习使用。

本书内容从基础到高级技术应用，符合从简单到复杂的学习过程；可作为高职高专院校计算机专业教材，也可作为有意从事网页设计师工作的爱好者的自学教材。

本书封面贴有清华大学出版社防伪标签，无标签者不得销售。
版权所有，侵权必究。侵权举报电话：010-62782989 13701121933

图书在版编目（CIP）数据

CSS＋DIV网页设计与制作/梁小芳主编. --北京：清华大学出版社，2015（2020.7重印）
高职高专计算机教学改革新体系规划教材
ISBN 978-7-302-37312-4

Ⅰ. ①C… Ⅱ. ①梁… Ⅲ. ①网页制作工具－高等职业教育－教材 Ⅳ. ①TP393.092

中国版本图书馆CIP数据核字(2014)第159520号

责任编辑：陈砺川
封面设计：傅瑞学
责任校对：刘 静
责任印制：丛怀宇

出版发行：清华大学出版社
网　　址：http://www.tup.com.cn，http://www.wqbook.com
地　　址：北京清华大学学研大厦A座　　**邮　　编**：100084
社 总 机：010-62770175　　**邮　　购**：010-62786544
投稿与读者服务：010-62776969，c-service@tup.tsinghua.edu.cn
质量反馈：010-62772015，zhiliang@tup.tsinghua.edu.cn
课件下载：http://www.tup.com.cn，010-62795764
印 装 者：河北纪元数字印刷有限公司
经　　销：全国新华书店
开　　本：185mm×260mm　**印　　张**：19　**字　　数**：434千字
版　　次：2015年2月第1版　**印　　次**：2020年7月第5次印刷
定　　价：59.00元

产品编号：059351-03

前言

FOREWORD

时至今日，Web 标准越来越受到网页设计人员和行内人士重视，随着 Web 标准在国内的逐渐普及，如何结构化和美化网页，将结构和表现分离，是每个页面制作人员必须要面对和解决的问题。

传统的表格（Table）布局有其弊端，而 DIV＋CSS 作为一种网页的布局方法，能够真正做到 W3C 提出的内容与表现相分离的 Web 标准，使站点的访问及维护更加容易。所以，在网站的制作和更新方面，很多主流网站都已经开始采用 CSS＋DIV 设计与布局网站，以使网站中的网页能够符合 Web 标准。

本书利用网站制作工具 Adobe Dreamweaver CS6 进行网站制作，首先介绍 CSS 布局所涉及的 XHTML 与 CSS 的基本知识，通过大量实例对 CSS 进行深入浅出的分析，使读者更加深入全面地了解 XHTML 和 CSS 的相关信息。本书以项目为引领，通过实际操作着重讲解如何用 CSS＋DIV 进行网页布局，全程基于任务的教学过程，使读者在学习 CSS 应用技术的同时，掌握 CSS＋DIV 的精髓，帮助读者一步步学习 CSS＋DIV 网页设计，从而更好更快地掌握基于 Web 标准的网页设计技术。

1. 本书特点

（1）适当的理论知识引导。适当的理论基础对于引导读者学习非常重要，对读者的实操能力提升、掌握网页设计技术起到很好的理论指导作用。

（2）精致的实例分解与实操。书中设置大量应用实例，由浅入深，层层深入，从简单到复杂、从模仿到灵活运用，每个实例都凝聚着作者多年的网页制作经验与心血。

（3）层层的 CSS＋DIV 布局详解。本书以精美而典型的布局实例，层层剖析 CSS＋DIV 进行网页布局的方法和技巧，并对 CSS＋DIV 布局代码作了详细的解释，帮助读者掌握 CSS 最核心的应用技术。

（4）高级的混合应用技术。本书还特别列举了 CSS 与 JavaScript 的综合应用实例。CSS＋JavaScript 是制作网页不可缺失的高级技术。网页主要由 3 个部分组成：结构（Structure）、表现（Presentation）和行为（Behavior）。对应的标准也分 3 个方面：结构化标准语言（主要包括 XHTML 和 XML）、表现标准语言（主要包括 CSS）、行为标准语言（主要包括对象模型，如 W3C DOM、ECMAScript 等）。这些标准都是 Web 2.0 网站中的主要技术，可使读者掌握高级的网页制作技术。

（5）精彩的企业真实项目应用。本书作为校企合作开发教材，书中精选的综合实例均为企业真实项目，包括印刷纸业包装网站、房地产网站、旅游网站、购物网站等，使读者更真实地接触真正的企业网站项目，帮助读者综合运用所学知识，综合应用各种技术、方法和技巧，提高读者综合应用的能力，真正做到学以致用。

2. 给读者的学习建议

学习任何一门本领都是一个苦练的过程，要把网页设计这门课程学习好，从而走向网页设计师等岗位，也必须扎实学好每一个知识点，让每个知识点变成技能，然后把一个个技能串起来才能成为一门专长。为了让读者更顺利地学习本课程，给读者以下建议。

（1）预热。学习此门功课前必须有充分的思想准备，多方面、全方位了解网页设计课程，让自己尽快进入学习角色。

（2）预备。对本课程有所了解后，还要学习或了解相关的计算机应用基础知识、网络知识和多媒体技术等。

（3）实操、多练。本课程是一门实操性很强的课程，不会操作等于什么都没学，因此学习全程一定要操作，而且要多练，为了弄懂一个问题，可能要进行无数次练习才能明白。

（4）思考。孔子云："学而不思则罔"，这样下去的结果是事倍功半，因此在学习过程中一定要多思考，多问几个为什么、怎么运用、如何更好地运用等。

（5）参考、模仿。参考和模仿是学习过程中很重要的方法，充分利用课本与网上资源，多参考和模仿实例，可以快速入门。

（6）加强美感学习。一个网页如一个窗口，设计一个整洁漂亮的网页非常重要。试想同样功能或作用的两张网页，自然是整洁漂亮的更能吸引眼球。在网上哪里更吸引眼球，当然就更能产生好的效益。

（7）记住常用的网页设计英文单词，让学习更得心应手。

3. 教材编写与分工

本书为校企合作教材，由从事多年计算机网页设计与制作教学工作的教师和具有丰富实践经验的企业行家共同编写而成。本书由梁小芳担任主编，负责大纲拟定、对全书进行总策划并负责大部分的编写工作。本书设计为12个项目，编写分工如下：梁小芳负责编写项目一、项目二、项目五、～项目十一（任务1～9）、项目十二；梁文锋负责项目三、项目四、封面设计和全书的美工设计工作；朱平负责项目十一（任务10）。

感谢相关的专家、行家、同事在编写本书过程中给予的建议和帮助，另外，在编写本书过程中，也参考了一些相关文献与著作，在此也向这些文献与著作的作者表示感谢。

编　者

2014年11月

目录

CONTENTS

第1篇 基础篇

第2篇 应 用 篇

第1篇

基　础　篇

项目一

了解网页设计相关知识

Project 1

本课程的学习内容均源于 Internet，因此从访问网页开始，是激发学生学习兴趣的最直接和最好的途径。通过浏览网页、赏析网页，让学习者了解网页设计相关知识，了解各种网页元素、理解 Web 标准、网页布局相关知识，网页资源访问以及网页的整体布局、导航设计、色彩搭配、动感效果等，为下面网页设计与制作学习做好各种铺垫。

学习目标

(1) 通过访问和浏览网页，理解 Internet、WWW、网址、网站、网页、主页、静态网页、动态网页、浏览器、服务器等互联网相关概念；理解 Logo、Banner、导航栏、动画、特效、超链接、表单等网页元素。

(2) 培养网站、网页的鉴赏能力。

(3) 了解 Web 标准和 DIV+CSS 网页布局。

(4) 了解网页版面布局。

(5) 了解网页设计与制作的主要工具。

(6) 掌握编写 HTML 网页文件和查看网页源文件的方法。

(7) 初步了解网站设计与开发过程。

技能目标

(1) 访问和浏览网页，赏析优秀网页。

(2) 分析网页版式设计、网站设计风格和网页色彩搭配。

(3) 查看网页源文件。

任务 1.1 通过网页了解各种网页元素

1.1.1 网页

图 1-1 所示就是大家上网时看见的网页。网页是一个页面，是网站中的一页，网页的文件扩展名通常是.html、.htm、.asp、.aspx、.php 或.jsp 等。网页通常以图像、文字、动画等方式来展示画面，使用网页浏览器来浏览，如 IE(Internet Explorer)浏览器、FF(Mozilla Firefox)浏览器等。

网页是构成网站的基本单位，是承载网站各种应用的平台，网站就是由一个个网页组成的。如果您已经有域名和虚拟主机，把制作好的网站发布上去，客户就可以访问您的

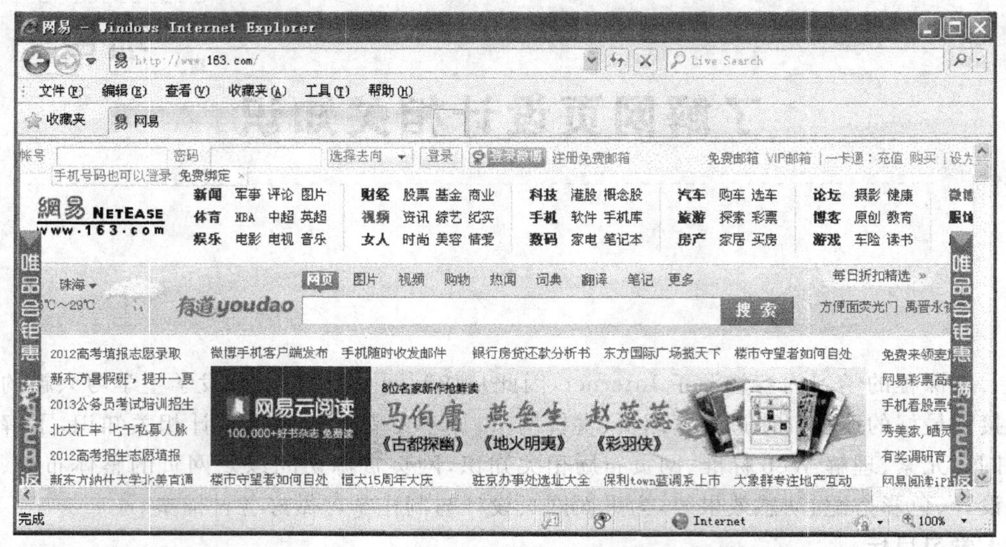

图 1-1 包含各种网页对象的页面图

网站。

网页是一个文件，由一个个网页组成的网站发布到网上后，便存放在某个可以连接网络的计算机中，并且还可以随时维护。网页由网址（URL）来识别与存取，在浏览器地址栏输入网址后，经过一段复杂而又快速的程序分析，网页文件会被传送到访问者的计算机浏览器上，然后通过浏览器解释网页的内容，再展示到访问者的眼前，使其可以在很短的时间内浏览访问很多资源。

1.1.2 网站

网站是在因特网相同网址下多个网页组成的信息集合。要访问某用户制作的网站，该用户必须将其上传到因特网的某个服务器上。其实网站就是一个包含网页和网页相关信息，如图片、文本、动画、视频等内容的 Web 文件夹，它像人们的家一样，拥有地址和空间。如果要作客访问某个网站，必须要按照地址才能找到，只是现实生活是真实的，而网站却是虚拟的。

1.1.3 主页和子页

主页就是一个网站展现在访问者面前的第一个页面，又叫首页。主页是网站所有的信息集，是精髓所在，通过它访问者可以一目了然地看见网站的运营性质、种类等，从而获得需要的信息。当访问者单击网页中的超链接时，就可以跳转到一个新的页面，浏览到相关的信息。主页有两个默认的名称，一个是 index；另一个是 default。如果是静态网页，则主页名为 index.html 或者 default.html；如果是动态网页，则主页名是 index.net 或者 default.net 等，其他语言制作的主页则以此类推。

子页就是除了主页以外的其他页面，页面内容通常具有一定的针对性。子页是通过主页的文字或图片等超链接跳转而来的，如在主页中单击“商品类型”导航条时，页面就会跳转到“商品类型”内容的子页面中。

1.1.4　构成网页的元素

文字与图像是构成网页的两个最基本的元素。可以简单地理解为：文字就是网页的内容，图像就是网页的美丽点缀。除此之外，网页的元素还包括动画、音乐、程序等。

在网页上右击，选择菜单中的“查看源文件”选项，就可以看到网页的实际内容，即源文件，它可以通过记事本打开。网页实际上只是一个纯文本文件，它通过各式各样的标记对页面上的文字、图像、表格、声音等元素进行描述(例如字体、颜色、大小)，而浏览器则对这些标记进行解释并生成页面，于是就得到了访问者所看到的画面。那为什么在源文件中看不到任何图像？因为网页文件中存放的只是图像的链接位置，而图像文件与网页文件是互相独立存放的，甚至可以不在同一台计算机上。

设计网页时要组织好页面的基本元素，同时再配合一些特效，就可以构成一个丰富多彩的网页。网页的组成对象包括文本、图像和超级链接。内容是网站的灵魂，而文本则是构成网站灵魂的物质基础。文本与图像在网站上的运用是最广泛的，一个内容充实的网站必然会用大量的文本与图像，然后把超级链接应用到文本和图像上，才能使它们发挥更好的互动作用。

人们平常看到的书刊杂志的版面都是由两种对象构成(文字和图像)，千万不能小看这两种简单的对象，加上一些简单的线条勾画，经过排版设计后所产生的效果却变化万千，魅力无穷。当然，网页设计比平面设计复杂得多，那是因为通过浏览器展现出来的网页，除了文字和图像，还有声音、视频和动画等多媒体对象，或者是JS等特殊效果及交互功能。要把这些内容添加到网页，就必须考虑更多的因素。每个网站之间的文字内容与图像内容都不同，风格各异，因而考虑更多的则是用什么文字充实网页内容，用什么图像来美化网页，最后怎样把这些文字和图像、动画等整合到一起。图1-1所示就是一个包含各种网页对象的页面。

不同的网页，其页面元素(对象)可能不同。构成网页的元素一般包括Logo、导航条、Banner、文本、图像、声音、视频、动画、特效、超链接、表单、框架、表格等，如图1-2所示。

1. Logo

Logo是网站标志的英文写法，是互联网上各个网站用来与其他网站链接的图形标志，比文字形式的链接更能吸引人的注意。Logo起到对公司的识别和推广的作用，形象的Logo可以让消费者记住公司主体和品牌文化，是公司和公司网站的象征。

2. 导航条

导航条在网站中起着导航作用，透过它可以一目了然地知道网站展示给访问者的最重要信息。它就像一本书籍的目录，读者可以通过这个目录很快找到自己需要的信息。但是网站导航条是“活”的，通过单击交互就可以让浏览的内容展示在访问者面前。一般来说，网站中的导航条在各个页面出现的位置是比较固定的，而且风格也较为一致。

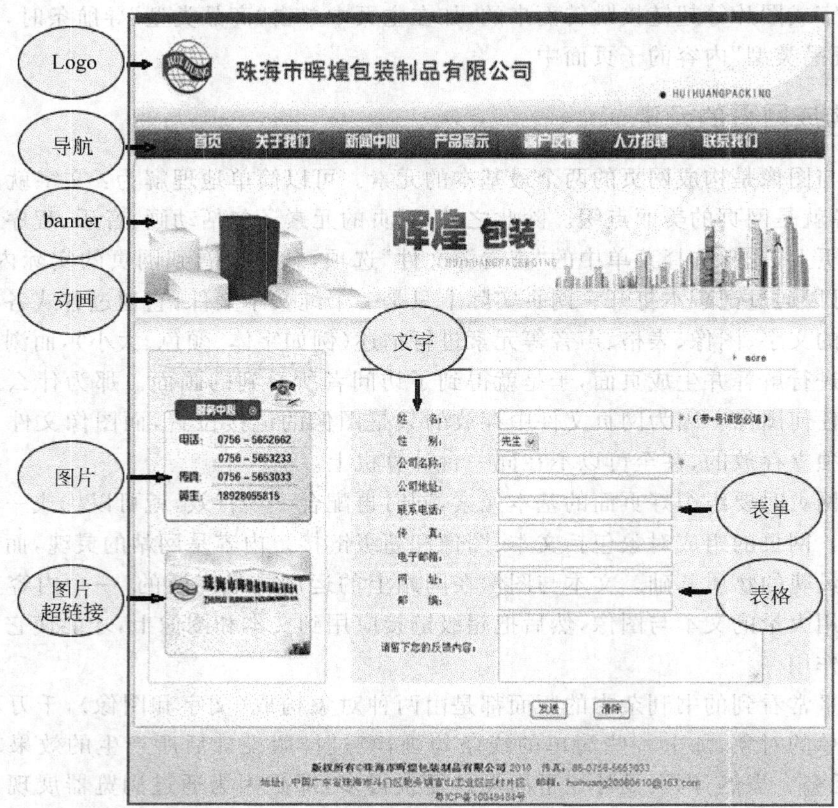

图 1-2 网页的基本元素图

3. Banner

网站 Banner 较早前叫作广告横幅，现在通常叫网站广告，是一种网络广告形式。Banner 既可以是动画，又可以是图像，一般放在网页上半部分位置，是网站最瞩目、最吸引客户的地方。Banner 制作效果的好与坏，对整个网站形象有着直接的影响。

4. 文本

任何一个网站一定包含文字，再漂亮的图像网站也需要用文本加以搭配说明，以标题、主体、注释等形式出现在网页的不同地方，网页中的文字始终是网页信息的主体，是表达思想、传达信息的主要形式。

5. 图像

网页中的图像是网站中最能吸引人的地方，图像能把网站主题、内容、形象、风格等信息表现出来，不但给人美的享受，更能起到美化网页、宣传网页的作用。在网页中可以使用多种格式的图像文件，其中使用最广泛的是 JPEG 和 GIF 两种文件格式，在网站中要注意图像的优化，这样才能加快网站速度、增强网站的可读性。

6. 声音

声音是网站中常用的网页元素。在制作网页时，可以根据需要将某些声音添加到网页中。用于网络的声音文件的格式非常多，常见的有MIDI、MP3等。声音和图像一样，注意质量的同时也要注意文件大小与优化，否则会降低网速。

7. 视频

越来越受人们青睐的视频对象在网站使用中的地位不可估量，视频不但可以使网页变得精彩，还能更快、更好、更真实、更直接地反映社会与生活。视频文件的格式也非常多，主要分为两大类：一类是影像文件，如AVI、MOV、MPEG等；一类是流媒体文件，如RM、ASF、WMV等。

8. 动画

动画跟图像一样，在网页中有着特别的魅力，对网站起着重要的美化、宣传作用。不同的是，动画具有动感，或是风光无限、令人神往，或是商品琳琅满目、美不胜收。动画既美化网站，又宣传网站，更能增加网站的魅力与网页的可读性。

当前常用的动画软件是Flash。Flash采用的是矢量技术，因文件小巧、速度快、效果精美、支持流媒体和交互功能强大等优点而成为最流行的动画格式，可以说Flash成了雄霸动画界的主打动画软件，现在网上还流行GIF格式的小动画，也可以用Flash制作。不管是Flash动画还是GIF小动画，都已经成为当今网页必不可少的元素。

9. 特效

特效是增强网页动感的另一元素，为了使网页更有特色、更吸引人，网页更多地使用各种特效，如切换内容、浮游广告、滚动屏、左右切换图片等。制作网页特效通常需要掌握JavaScript等语言。现在网上有许多特效实例学习网站，有兴趣的学员可以通过网站了解到更多这方面的知识。

10. 超链接

超链接也叫超级链接或链接，链接通常指向一个网址，可以是同一个网站的链接，称为站内超链接；也可以是不同网站的链接，称为站外超链接。互联网中最能体现互联意义的就是通过不同的链接，组成一个看不见、摸不着但又确实存在的信息互联网。超链接将无数的网页连接起来，形成WWW互联、信息互通，神速地缩短了距离，让人们能够在很短的时间内获得需要的信息。

11. 表单

表单也是网页元素之一，但它更多地用在动态网站页面中，不管是信息收集还是信息校验都要通过表单实现，如会员登录、会员注册、反馈意见、信息检索等都是通过客户端表单输入，然后把这些信息发送到服务器端，由服务器进行处理后再返回客户端等。当然，这个过程较为复杂,还需要特定的平台、语言等支撑才能实现。

12. 框架

框架也是网页中常见的元素,在Dreamweaver软件中有很多种框架形式,其重要作用是将一个窗口划分为若干部分,使用不同的部分显示不同的网页内容,从而使网页的结构更加清晰,空间更加紧凑。另外有一种直接加入到某网页的内嵌框架,自由度大,像动画中加载外部动画一样,播放完了就结束,不占内存。

13. 表格

表格是早期网页使用最多的元素之一。随着互联网技术的不断提高,对网页技术也不断提出新的要求,由于表格布局有其弊端,DIV+CSS布局技术逐渐替代了TABLE+CSS布局技术。表格的使用更多在动态网站建设的表单使用中,所以目前表格依然是用来布局网页的元素之一,但是建议尽量少用。

1.1.5 IP地址

在Internet中有千百万台主机,为了区分这些主机,人们给每台主机都分配了一个专门的地址,称为IP地址。通过IP地址就可以访问到每一台主机,以区别网络中的成千上万个用户和计算机。

网络是基于TCP/IP协议进行通信和连接的,IP地址由4部分数字组成,每部分都不大于255,各部分之间用小数点分开。例如"珠海城市职业技术学院网站"主机的IP地址就是:"61 .143.53.61",在浏览器中输入这个IP地址,就可以访问到该主页。

1.1.6 域名

虽然用户可以通过IP地址来访问每一台主机,但是要记住每台主机实在不是容易的事,为此,Internet提供了域名(Domain Name)。

域名也由若干部分组成,各部分之间用小数点分开,例如"珠海城市职业技术学院网站"主机的域名是珠海城市职业技术学院英文名中每个单词(zhuhai city polytechnic)的第一个字母,就是zhcpt,显然域名比IP地址好记多了。

域名前加上传输协议信息及主机类型信息就构成了网址(URL),例如"珠海城市职业技术学院网站"的WWW主机的URL就是:"http://www.zhcpt.edu.cn"。

1.1.7 域名解析服务

人们习惯记忆域名,但机器间互相只认IP地址,域名与IP地址之间是一一对应的,它们之间的转换工作称为域名解析,域名解析需要由专门的域名解析服务器来完成,整个过程是自动进行的。

1.1.8 域名类型

域名是IP地址的另一种表示方式,一般采用小写字母形式。

域名格式：主机名.类别名.国家代码(不允许有空格、逗号)。

例如，域名 http://www.cctv.com，其中 cctv 是主机名，com 是类别名。类别名有多种，下面列举几种常见的类别名代表的含义。

net：网络支持中心。

com：商业组织。

edu：教育机构。

gov：政府机关。

mil：军事部门。

org：其他组织。

cn：代表中国。

1.1.9 HTML

HTML 是超文本标记语言，是 Hyper Text Markup Language 的缩写，HTML 文本是由 HTML 标记组成的描述性文本，HTML 标记可以说明文字、图形、动画、声音、表格、链接等。HTML 的结构包括头部(Head)、主体(Body)两大部分，其中头部描述浏览器所需的信息，而主体则包含所要说明的具体内容。HTML 语言规范由许许多多的标签组成，通过统一的结构完成不同的网页制作。

网页分动态和静态网页，但是不管哪一种，都是通过在 HTML 文件里嵌套不同的开发语言从而产生不同的网页类型。比如，一个 HTML 文件，里面可以嵌套 PHP 代码，也可以嵌套一个.php 文件。

1.1.10 静态网页和动态网页

静态网页是以 html 或 htm 后缀结尾的网页；而动态网页是以 php、asp、aspx、jsp 等后缀结尾的网页，两者有什么区别呢？

首先，HTML 页面是由不同的网页标签组成，从头到尾没有程序的执行，是纯 HTML 语言，不经过服务器处理就直接送出给浏览器呈现给浏览者。

动态页面是经过服务器对嵌入到网页中的程序进行编译、数据库操作等处理，然后由浏览器把服务器处理完的数据呈现给用户，动态网页的网页内容数据可以随后台数据改变而改变。

1.1.11 网页设计与制作的主要工具

Dreamweaver 软件是现今在网页制作方面不可多得的软件，是多媒体方面颇有建树的 Macromedia 公司推出的可视化网页制作工具，它与 Flash、Fireworks 合在一起被称为网页制作三剑客，这 3 个软件相辅相成，是制作网页的最佳选择。其中，Dreamweaver 主要用来制作网页文件，制作出来的网页兼容性比较好，制作效率也很高，Flash 用来制作精美的网页动画，而 Fireworks 用来处理网页中的图形。

“网页制作三剑客”于 2008 年被 Adobe 公司收购，与 Photoshop 软件捆绑在一起，成为现在的 Adobe。Dreamweaver、Flash、Photoshop、Fireworks 这 4 款软件是目前网页设

计与制作的首选工具。

1. 网页编辑工具——Dreamweaver

Dreamweaver 是一款可视化的网页设计和网站管理工具，支持最新的 Web 技术，包含 HTML 检查、HTML 格式控制、HTML 格式化选项、HomeSite/BBEdit 捆绑、可视化网页设计、图像编辑、全局查找替换、全 FTP 功能、处理 Flash 和 Shockwave 等富媒体格式和动态 HTML、基于团队的 Web 创作。在编辑上，用户可以选择可视化方式或者自己喜欢的源码编辑方式。该软件界面简洁、操作高效、功能强大，不仅是专业人员制作网页的首选工具，而且在广大网页制作爱好者中也得到了普及。

2. 动画制作工具——Flash

Flash 主要是二维动画设计软件，制作的动画是矢量动画，所以文件体积小，界面漂亮。由于矢量图形不会因为缩放而导致影像失真，因此在 Web 中应用广泛。Flash 主要用于以下方面。

(1) 网络广告动画、Logo(图标)、网站导航条、GIF 小动画。
(2) 动漫 MTV。
(3) 视频教学课件。
(4) 电子相册/电子贺卡。
(5) 游戏开发。
(6) 程序应用。

网上的大多数动画都是 Flash 制作的，比如土豆网、优酷网里的动画(包括播放器)都是 Flash 的应用。总之，网上各种具有动感的东西，都能用 Flash 表现出来，可想而知，Flash 的功能有多强大。Flash 文件的扩展名为.swf。

3. 图像处理工具——Photoshop、Fireworks

(1) Photoshop 是由 Adobe 公司出品的图像处理软件，其文件的扩展名为.psd。它能够实现各种专业化的图像处理，是专业图像创作的首选工具。Photoshop 的主要功能为：平面设计、修复照片、广告摄影、影像创意、艺术文字、网页制作、绘画、婚纱照片设计、视觉创意、图标制作、界面设计等。

(2) Fireworks 是 Adobe 推出的一款网页作图软件，软件可以加速 Web 设计与开发，是一款创建与优化 Web 图像和快速构建网站与 Web 界面原型的理想工具。Fireworks 不仅具备编辑矢量图形与位图图像的灵活性，还提供了一个预先构建资源的公用库，并可与 Adobe Photoshop 、Adobe Illustrator、Adobe Dreamweaver 和 Adobe Flash 软件省时集成。在 Fireworks 中将设计迅速转变为模型，也利用了来自 Illustrator、Photoshop 和 Flash 的其他资源。使用 Fireworks 中的切片功能，可以把图片变成一张张适合制作网页的小图片，直接用在网页制作上，这是制作网页很重要的功能。

通常用 Fireworks 做图片处理比 Photoshop 快，但是其特殊的处理效果比 Photoshop 稍微逊色一些。Fireworks 文件的扩展名为.png。它可以用最少的步骤生成最小但质量很高的 JPEG 或 GIF 图像,这些图像是制作网页最好的图片格式。

任务 1.2　了解 Web 标准

1.2.1　Web 标准概述

Web 标准是由 W3C 组织围绕着 Web 技术如何实现这一问题而提出的一些标准,通俗地说就是为网站建设而提出的一系列标准。Web 标准中最具代表的应用布局模式就是 DIV+CSS 布局,要求网页分 3 部分:结构、表现和行为,其对应的标准也分 3 方面。

(1) 结构标准语言:主要包括 XML 和 XHTML。

XML 是 The Extensible Markup Language(可扩展标识语言)的简写。XML 以强大的扩展性满足网络信息发布的需要,用于网络数据的转换和描述。

XHTML 是 The Extensible Hyper Text Markup Language(可扩展超文本标识语言)的缩写。XML 的数据转换能力虽然很强,但目前使用 HTML 规则的站点很多,因此,可先使用在 HTML 4.0 基础上用 XML 规则扩展的 XHTML,逐步实现 HTML 向 XML 转换的目标。

(2) 表现标准语言:主要包括 CSS,CSS 是 Cascading Style Sheets(层叠样式表)的缩写。CSS 是用以修饰、控制网页布局的,主要是希望使用 DIV+CSS 布局网页取代传统的表格布局,实现结构与表现分离。

(3) 行为标准语言:主要包括 DOM 和 ECMAScript。

DOM 是 Document Object Model(文档对象模型)的缩写。DOM 是一种与浏览器、平台、语言的接口,解决了 Netscaped 的 Javascript 和 Microsoft 的 Jscript 之间的冲突,给 Web 设计师和开发者提供了一个标准的方法。

ECMAScript 是 ECMA(European Computer Manufacturers Association)制定的标准脚本语言(Java Script)。

1.2.2　内容、结构和表现相分离

对于网页设计初学者,首先要理解 Web 标准之一:"内容、表现和结构相分离"。要真正理解该标准,必须用实例来阐述。首先要明白一些基本的概念:内容、结构、表现和行为。

1. 内容(Content)

内容就是页面实际要传达的"纯"的数据信息,是真正的信息,包含文本、数据、图片、动画等。这里强调纯的数据信息,就是不包含装饰信息,比如装饰性图片、文字等。下面一段文本就是页面要表现的"纯"数据信息。

盒子模型研究 CSS 盒子模型内部结构填充(padding)边框(border)边界(margin)在 CSS 中,一个独立的盒子模型由内容、填充、边框和边界 4 个部分组成,而填充、边框和边界都有其独特的空间距离等属性,每个部分都有 4 个方向属性值,这 4 个值按"上-右-下-

左”顺时针方向原则计算，其值的大小直接影响各种排版效果。CSS 盒子模型研究版权所有。

2. 结构(Structure)

从上面的文本可以看到，信息本身已经完整，但是含义比较混乱，难以阅读和理解，因此，必须给它格式化一下。把上面的文本信息分成 3 部分：标题部分、正文部分和脚注部分，如图 1-3 所示。

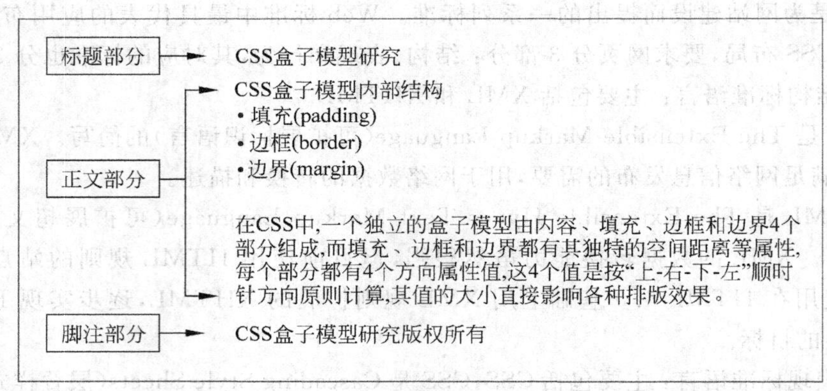

图 1-3 将纯文本信息分为 3 部分

下面是根据不同的内容，在网页代码处加入不同的标签。

```
<body>
 <div id="header"><!--CSS 盒子模型研究--></div>
 <div id="content">
  <p><b>CSS 盒子模型内部结构</b></p>
   <ul>
     <li>填充(padding)</li>
     <li>边框(border)</li>
     <li>边界(margin)</li></ul>

</p>
</div><div id="footer"><p>CSS 盒子模型研究版权所有</p></div>
</body>
```

<p>在 CSS 中，一个独立的盒子模型由内容、填充、边框和边界 4 个部分组成，而填充、边框和边界都有其独特的空间距离等属性，每个部分都有 4 个方向属性值，这 4 个值是按“上-右-下-左”顺时针方向原则计算，其值的大小直接影响各种排版效果。

类似上面使用层标签、列表标签和段落标签等来格式化内容，这些标签就称为结构。结构使内容更加具有逻辑性、易用性。

3. 表现(Presentation)

虽然定义了结构，但是内容还是原来的，例如标题字体没有变大，正文的颜色也没有变化，没有背景，没有修饰。所有这些用来改变内容外观的东西，称为“表现”。图 1-4 和图 1-5 所示是对上面文本用表现处理后的效果，即用 CSS 样式修饰和控制内容和结构。

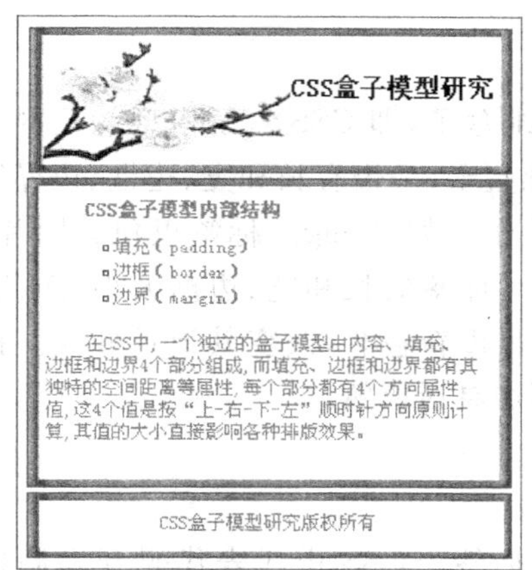

图 1-4　用 CSS 样式修饰和控制内容和结构 1

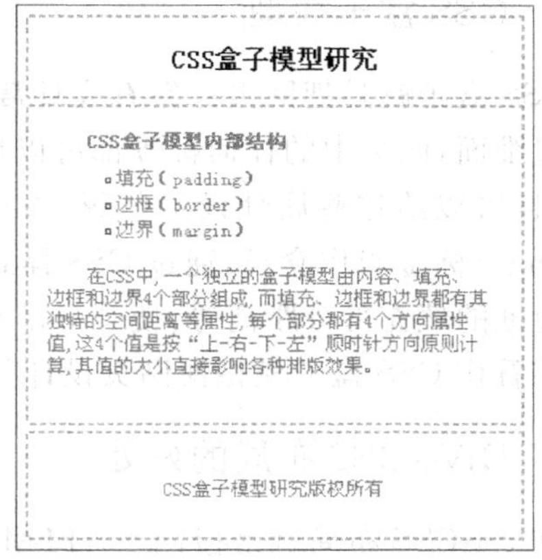

图 1-5　用 CSS 样式修饰和控制内容和结构 2

很明显，以上两图做了如下修饰：加图片，小标题加粗，段落字体变成灰色等，所有这些，都是用 CSS 样式修饰和控制内容和结构的“表现”的结果。至于 CSS 样式如何修饰和控制内容和结构，将在后面的内容阐述。用 CSS 装饰就像现实生活中经过包装的明星，这种比喻可能会简单易懂：内容是明星（人），结构是将人分为头、躯干和四肢等，表现则是服装、头饰等，将明星打扮包装得赏心悦目，炫目动人，而且百变，经常会给人不同的视觉效果。上面的例子也可以像包装明星一样千变万化，学习完此课程后就可以实现，图 1-5是上述文本内容经过 CSS 样式修饰和控制的另一种表现效果。

4. 行为(Behavior)

行为就是对内容的交互及操作效果。例如，使用 JavaScript 可以使内容有动感（特效），还可以在提交表单时在浏览器端（而不是服务器端）做表单验证等。前面提到的文档对象模型(DOM)，它指定了 Web 页面的表示方法和相关的浏览器对象，因此可以通过 ECMAScript 程序进行访问和操作。ECMAScript 是 JavaScript 语言的标准化版本，减少了旧浏览器脚本语言的不兼容性。

传统的 HTML 方法是使用表格布局，其弊端较明显，如内容与表格紧密地嵌套或内容结构混杂在一起，给维护更新网站带来很多麻烦，如影响访问速度等。但是新的 CSS＋DIV 布局的出现并不代表摒弃表格，在动态网站制作上依然使用表格。

任务 1.3　了解 DIV＋CSS 布局

1.3.1　CSS 样式

CSS(Cascading Style Sheets)中文翻译为“层叠样式表”，简称样式表，它是一种制作网页的新技术。在网页设计中使用 CSS 属性可以修饰、控制网页元素，CSS 属性配合

DIV 等标签使用，能够使网页整齐有序或使网页千变万化，关于 CSS 的更多内容和如何使用 CSS 在下面的项目中有更详细的介绍。

1.3.2 CSS盒子模型

CSS 盒子就是把网页标签看成日常生活中的二维盒子，即 CSS 盒子模型就是网页标签的二维面，网页中的任何标签都可以视作一个二维盒子，一个有长和宽、边框、边界等属性，并且可以给这些属性设置色彩、大小等风格的盒子。如<img>标签里包含图片，可把<img>标签当作盒子，通过 CSS 样式设置<img>标签的长和宽、边框大小、颜色、图片离边框的填充部分距离等，使<img>标签里的图片重新包装，改变其视觉外观。把网页标签看作 CSS 盒子模型使网页设计与制作技术更加灵活成熟。

1.3.3 DIV+CSS布局的好处

DIV＋CSS 布局就是指网页 HTML 通过 DIV 标签＋CSS 样式表代码开发制作的(HTML)网页的布局方法，并不是整个网页里只使用 DIV＋CSS 布局。在网页中，用于布局的标签不仅仅是 DIV 标签，还有段落 P 标签，列表 UL、OL 标签和标题标签等。命名为"DIV＋CSS 布局"，主要是区别于传统的表格(TABLE＋CSS)布局，DIV＋CSS 布局有如下好处。

(1) 结构清晰，容易被搜索引擎搜索到。

(2) 大大缩减页面代码，提高页面浏览速度。

(3) 大大缩短改版时间，批量更新更快。

(4) 强大的字体控制和排版能力。

(5) 提高易用性，使用 CSS 可以结构化 HTML。

(6) 更好地控制页面布局。

(7) 表现和内容相分离，布局灵活性更大，结构的重构性强。

(8) 兼容更好，几乎所有的浏览器上都可以使用。

(9) 使页面的字体变得更漂亮、更容易编排等。

任务 1.4 网页版面布局

网页的布局不可能像在纸上手绘那么简单，除了可操作性受限制外，技术问题也是制约网页布局的一个重要因素。页面版式设计有多种，如 T 形结构、同字形结构、三字形结构、匡字形结构、Flash 布局、海报布局等。

1.4.1 T字形结构版式

T 形结构网页版式是网页布局中最为简单的一种，在页面顶部为宽条 Logo 和广告条，左下方为网站导航栏，右下方显示页面主体内容。网页整体效果像英文的"T"字，所以称为 T 形结构网页版式，例如珠海城市职业技术学院艺术设计系网站，如图 1-6 所示。

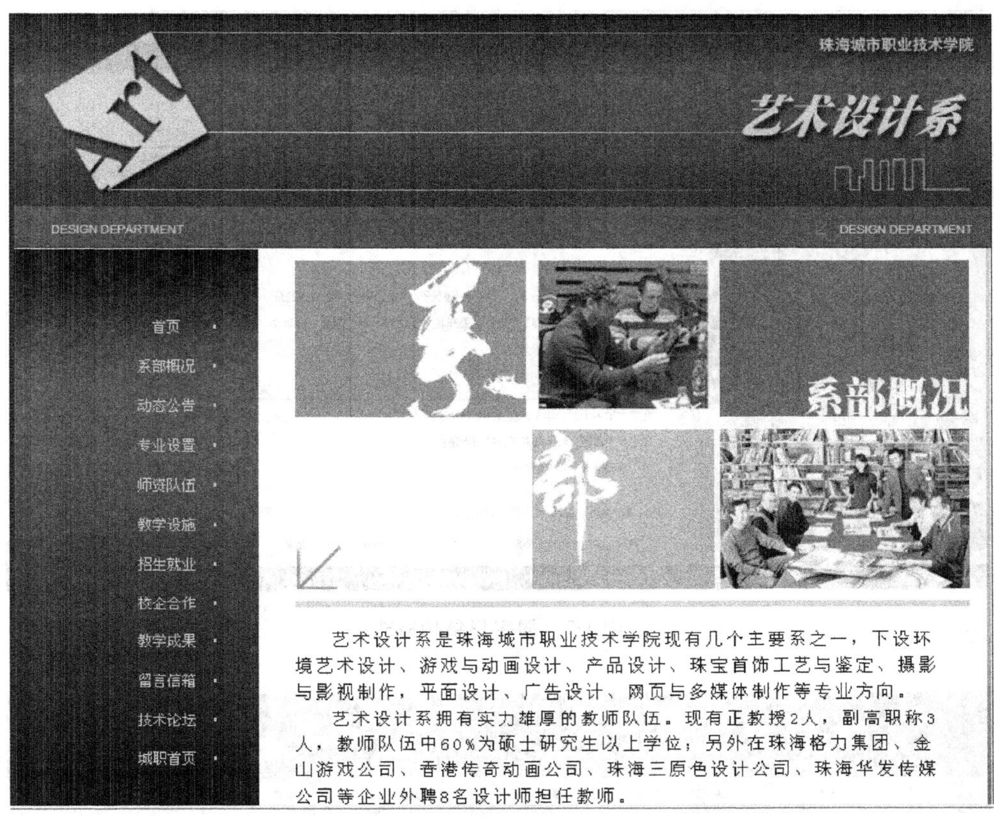

图 1-6　T 形结构版式

1.4.2　同字形结构版式

同字形结构网页版式，“同”字形结构名副其实。采用这种结构的网页，往往将导航区置于页面顶端，诸如广告条、友情链接、搜索引擎、注册按钮、登录面板、栏目条等内容置于页面两侧，中间为主体内容。这种结构不但有条理，而且直观，有视觉上的平衡感，但是这种结构也比较僵化。在使用这种结构时，高超的用色技巧会规避“同”字结构的缺陷，如图 1-7 所示的北京大学网站。

1.4.3　三字形结构版式

“三”字形布局多用于国外站点，但国内用得也越来越多。其特点是页面上方为横条区块，将页面整体分割为 3 部分或更多，横条区块大多放广告条，如图 1-8 所示的网站。

1.4.4　匡字形结构版式

匡字形结构与三字形网页版式其实只是形式上的区别，这种布局上面是标题及广告横幅，接下来的左侧是一窄列链接等，右列是很宽的正文，也是一些网站的辅助信息，如图 1-9 所示的珠海城市职业技术学院-电子信息工程学院网站。

图 1-7 同字形结构版式

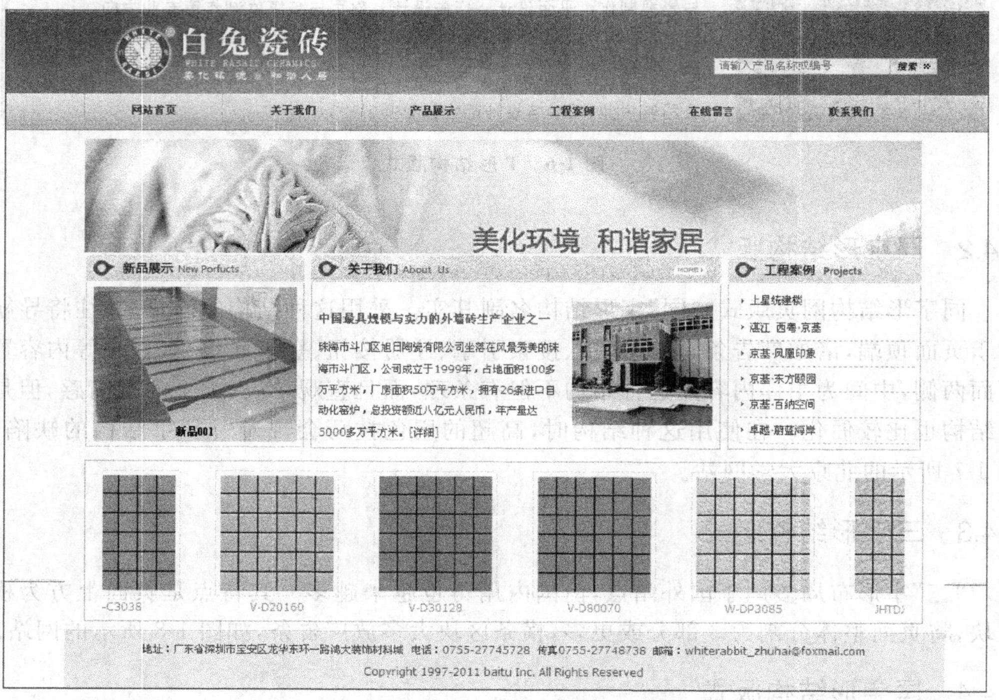

图 1-8 三字形结构版式

图 1-9 匡字形结构版式

1.4.5 Flash 布局

这种布局是指整个网页就是一个 Flash 动画，它本身就是动态的，画面一般比较绚丽、有趣，是一种比较新潮的布局方式。其实这种布局与封面型结构是类似的，不同的是由于 Flash 强大的功能，页面所表达的信息更丰富。其视觉效果及听觉效果如果处理得当，会是一种非常有魅力的布局，如图 1-10 所示。

1.4.6 海报布局

这种布局基本上出现在一些网站的首页，大部分为一些精美的平面设计结合一些小

图 1-10 Flash 网页版式

的动画，放上几个简单的链接或者仅是一个"进入"的链接甚至直接在首页的图片上做链接而没有任何提示。这种版式大部分出现在企业网站和个人主页，如果处理得好，会给访问者带来赏心悦目的感觉。

任务 1.5 初步了解网站设计与开发的过程

做任何事情都有其流程，网站开发也一样。网站开发流程的编写，目的是提高网站开发效率、尽可能降低开发成本，并且可以通过使用制作流程确定制作步骤，降低风险，以确保每一步顺利完成，此外，还要考虑网站的扩展性。网站开发流程主要分为以下几个步骤。

1.5.1 前期策划

开发网站是一个系统工程，就像建高楼一样，必须有其周详的设计计划和实现方案。网站前期策划指客户方(需要制作网站的单位)和网站开发方共同完成的网站需求，通常也叫网站策划等。它是在签订合作合同的前提下，双方经过多次沟通、研究，最后议定网站制作方案。

网站策划包括：明确网站主题、栏目设置、网站风格、颜色搭配、网站结构、版面布局、文字图片、所用技术等；还包含开发成本、开发风险的预算和开发周期计划等。开发网站通常有如下流程：市场调研、需求分析、功能确定、风格与栏目确定、网页效果图设计、切片输出、网页制作、网站上传与测试、网站上传与维护等，如图 1-11 所示。

1.5.2 网站开发(网页制作)

双方完成网站需求编写后便进入网站开发阶段，这一阶段主要是开发公司实现网站制作过程，而客户方负责辅助配合工作。

开发公司首先收集来自客户方提供的原始图片、文本等相关素材，根据需求分析、功能定位、网站经营性质等，利用 Photoshop 等图形图像软件设计客户满意的网页效果图；然后进行切片切割、图片输出，把图片保存在网站图片文件夹中；再通过 Dreamweaver 网页制作软件进行网页制作和网站建设。

网页制作是一个细活，从整体网站的风格、颜色搭配、版面结构到 Logo 的设计、广告动画、背景图乃至一个小小的图标设计、文字修饰等都融汇着设计者的智慧与心血。不管如何，开发公司制作出来的网页一定要有个性、有特色，具有吸引力，并与时俱进，才能赢得客户的青睐。

在网站设计之前，需先画出网站结构连接图，其中包括网站栏目、结构层次、连接内容。网站中尤其是首页的功能、内容要点、导航连接等都要清晰明了，一切围绕着主题而设计。页面一定要主次分明、脉络清晰、内容充实、重点突出、导航条交互好，还要漂亮美观、动静交替，让访问者觉得有东西看和值得看，简单地说，就是能引起客户兴趣、留住客户。

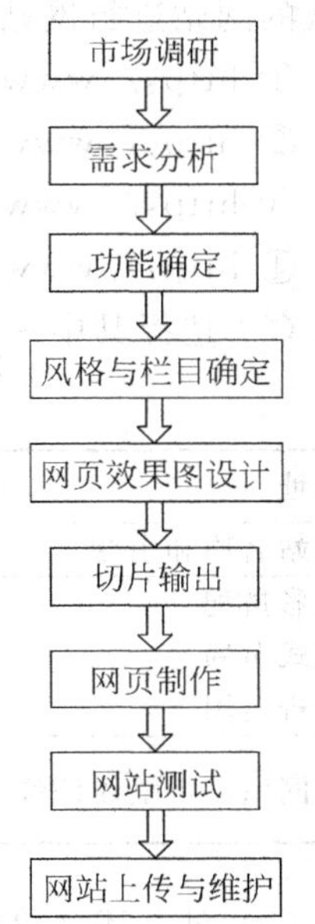

图 1-11 网站开发简单流程图

1.5.3 网站后期发布、测试与维护

完成网站的设计，网页制作调试、测试等工作后，就需要把制作好的站点上传到服务器，完成整个网站的发布。当项目确定下来以后，就可以开始申请域名空间以及网站备案，域名空间申请完毕后，利用 Dreamweaver 内置的强大的 FTP 功能，用户可以实现对站点文档的上传和下载，当然目前使用更多的是 FTP 上传下载软件(以后的维护和更新就是通过这些上传下载软件进行的)。

网站开通后马上投入运营工作，宣传推广网站才能有更多的访问者，当网站知名度提高后，便会带来经济效益。

实训 1 网 页 赏 析

1. 实训目的

(1) 学会访问网站，加深对网站、网页等概念的理解。

(2) 掌握网站设计的基本原则、网站及网页的基本风格与基本构图特点。

(3) 熟悉页面排版，了解网页版式。

2. 实训内容

(1) 在IE浏览器上，利用百度等导航网站查看不同类型的设计风格网站，查找自己喜欢的网站进行网站赏析；或者按老师提供的下列网址进行网站赏析，提供的网址如下。

① http://www.baitu.cc

② http://www.cnhuafas.com

③ http://www.gree.com.cn

④ http://www.pku.edu.cn

(2) 选择其中一个网站进行评价，将评价内容填入表1-1。

表1-1 网站赏析评价

网址	
网站名称和主题	
色彩搭配 版式布局 广告运用	
对网站进行整体评价	

(3) 对上述评价的网站(主要是首页)进行结构层次分析，并画出其网站栏目图，如图1-13所示。

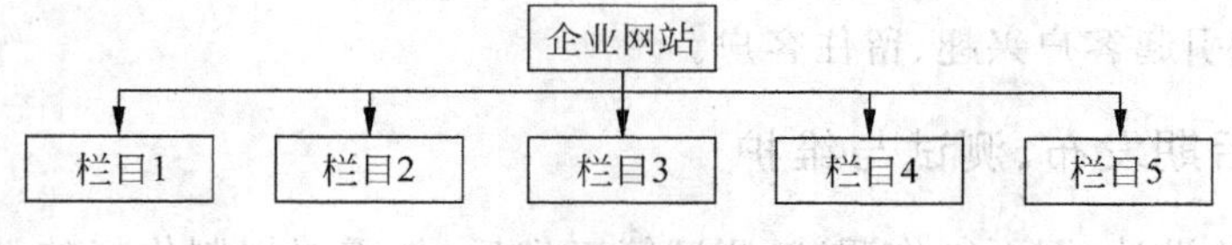

图1-13 网站栏目图

3. 实训提交要求

实训应在课后完成，以邮件形式上交，发送到教师邮箱，邮件名称注明“班级—姓名”。

项目二

网站建立与网站规划

Project 2

本项目的任务是学习网站规划、网站搭建以及在网页中插入各种网页元素等。建立网站是制作网站时必须要经过的步骤，首先在本地机上建立最初的用以存放网站所需元素和文件的地方——文件夹，通常称网站文件夹，只有建立好网站文件夹，才能继续下一步的网站网页制作。

网站规划是指在网站建设前对市场进行分析、确定网站的目的和功能，并根据需要对网站建设中的技术、内容、费用、测试、维护等做出规划。网站规划对网站建设起到计划和指导的作用，对网站的内容和维护起到定位作用。

学习目标

(1) 掌握网站栏目结构设计方法和网站文件管理方法，了解网站网页关系与设计制作过程。

(2) 掌握站点的创建、网页测试和网站管理方法。

(3) 掌握“文件”面板的使用，理解文件和文件夹的命名规范。

(4) 掌握“管理”面板的使用。

(5) 理解 Dreamweaver CS6 工作界面的相关概念，掌握在网页中插入各种网页元素的方法。

(6) 掌握手工编写简单 HTML 网页的方法。

技能目标

(1) 网站规划。

(2) 网站创建与网站测试。

(3) 网站文件管理。

(4) 在网页中插入各种网页元素。

(5) 手工编写简单的 HTML 网页。

任务 2.1　新建网站与网站文件管理

2.1.1　Dreamweaver CS6 新功能介绍

前面提到，制作网站的工具很多，而现今依然以 Dreamweaver 软件为最好的网页制作工具，Dreamweaver CS6 是一款功能强大的站点创建和管理工具，与前一个版本相比，增加了以下功能。

(1) 新增的实时视图在真实的浏览器环境中设计网页,同时仍可以直接访问代码。界面所呈现的屏幕内容会立即反映出对代码所做的更改。

(2) 针对 Ajax 和 JavaScript 框架的代码提示。

(3) 在改进 JavaScript 核心对象和基本数据类型支持的基础上,更有效地编写 JavaScript。集成包括 jQuery、Prototype 和 Spry 在内流行的 JavaScript 框架,充分利用 Dreamweaver CS6 的扩展编码功能。

(4) 全新用户界面。

(5) 相关文件和代码导航器。在"相关文件"栏中显示的任何包含文件,均可在"代码"视图中查看其源代码,在"设计"视图中查看父页面。新增的代码导航器功能显示影响当前选定内容的 CSS 源代码,并允许用户快速访问它。

(6) HTML 数据集。用户无须掌握数据库或 XML 编码即可将动态数据的强大功能融入网页中。Spry 数据集可以将简单 HTML 表中的内容识别为交互式数据源。

2.1.2 站点创建

1. 创建站点的重要性

制作网页一定要创建站点,原因如下。

(1) 管理站点,把所有的网页元素、网页文件都统一发放在同一个地方更有利于管理,这是一种规范化管理。

(2) 有了站点,网页元素如图片、动画等都统一放在一个地方,如 images 文件夹里,图片插入到网页后,代码自动写入相对地址,保证网站发布的时候完整。如果没有创建站点,则代码就会写成绝对地址,指向本地计算机,发布的时候图片链接会失效。

(3) 复制修改方便,方便设计人员的工作。如果没有创建站点,图片只放在本地计算机,一旦要把网页复制到别的计算机上操作,会因为图片路径问题而出错。

总之,将所用的文件都放在站点文件夹内,建好了站点,不管把网站复制到哪里,路径都不会出现问题。

2. 创建站点

每一站点都是建立在本地计算机上,可以建立在C盘以外的任何硬盘,C盘往往用于存放系统安装程序,所以最好不要在这里建立站点。另外,最好也不要把站点建立在桌面,因为桌面站点路径很长而且有空格,不利于网页制作。建立网站的方法有两种,下面将以建立一个公司网站为例,讲述建立网站的操作步骤。

建立网站方法一的操作步骤如下。

(1) 创建本地网站文件夹,又称站点文件夹。在本地硬盘 F 盘建一个文件夹:hhbz168,此时文件夹为空,还没有存放任何东西,属性跟普通文件夹一样,这个文件夹就是用来存放网页和网页元素的站点文件夹。

(2) 打开 Adobe Dreamweaver CS6，Dreamweaver CS6 界面美观方便，在用户使用体验上比 Dreamweaver CS4 又提升一个级别，如图 2-1 所示。

图 2-1 Adobe Dreamweaver CS6 工作界面

(3) 移动光标至主菜单“站点(S)”处，执行“站点”→“新建站点”命令，如图 2-2 所示。

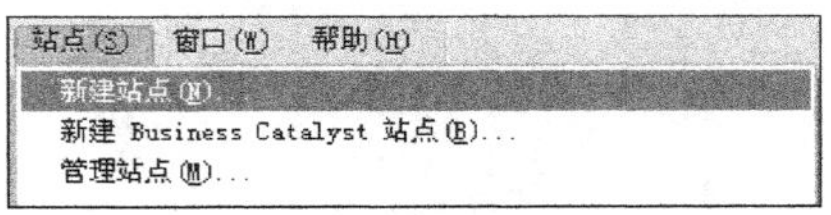

图 2-2 “新建站点”命令

(4) 在弹出的站点设置对话框中有两个方面需要设置：在“站点名称”文本框输入站点名称“hhbz168”，注意最好不要用中文名字命名站点，虽然在本地计算机测试时不会出现很大问题，但网站一旦上传到服务器的时候就会出现错误，输入后效果如图 2-3 所示。在“本地站点文件夹”文本框右侧，单击文件夹图标，选择刚才在 F 盘创建的站点文件夹 hhbz168，选择后的效果图如图 2-4 所示，这时可以看到打开的站点文件夹没有任何内容。

图 2-3 在“站点名称”文本框输入站点名称

(5) 选择站点文件夹后便会在“本地站点文件夹”文本框处出现新建站点的名称路径，即“F:\hhbz168\”。完成站点设置后，效果图如图 2-5 所示。

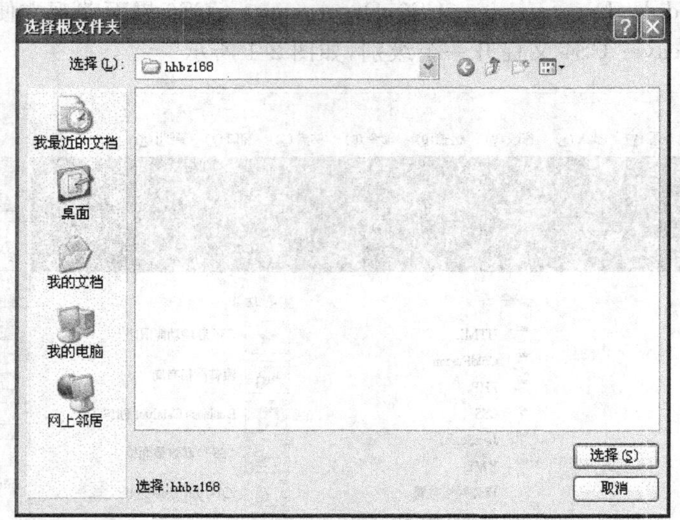

图 2-4 选择站点文件夹

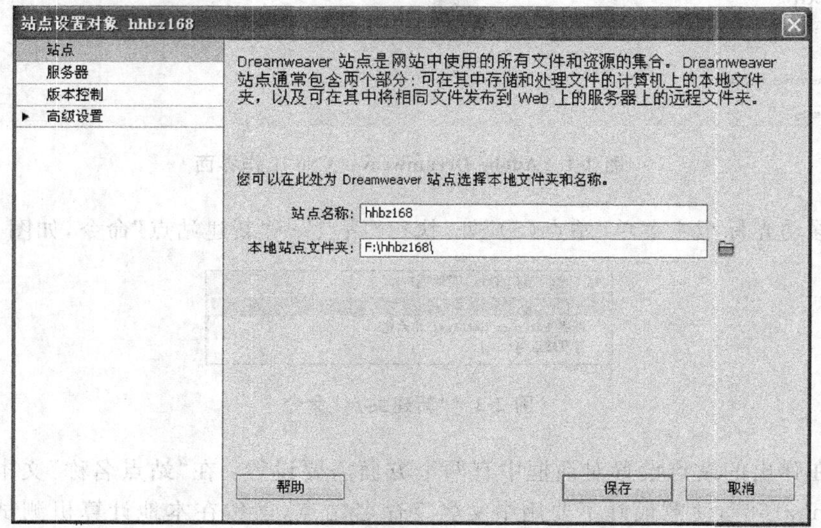

图 2-5 站点设置效果图

(6) 单击“保存”按钮，完成站点的创建。

站点创建后，在哪里才能找到它？通过“文件”面板就能看见创建的站点。在 Dreamweaver CS6 里，当用户创建完站点后系统会自动弹出“文件”面板，如图 2-6 所示。

在“文件”面板里可以看见站点的信息：文件路径、文件大小、文件类型、修改时间等。以后站点所有的操作都是围绕这个面板展开。如果文件面板没有打开，单击 Dreamweaver 主菜单“窗口”命令，在下拉菜单中单击“文件”命令，即可打开“文件”面板，如图 2-7 所示。

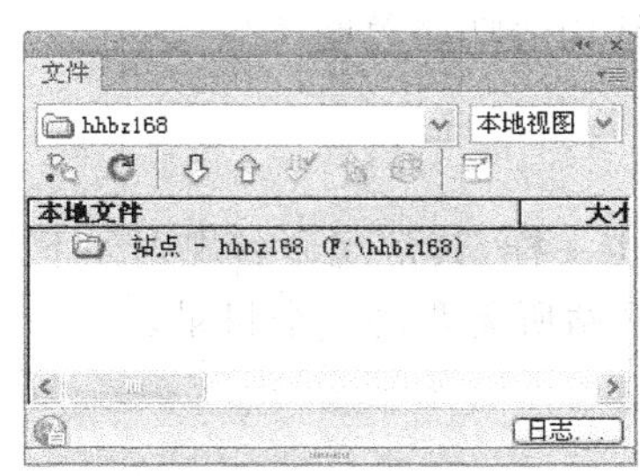

图 2-6 弹出的文件面板效果图

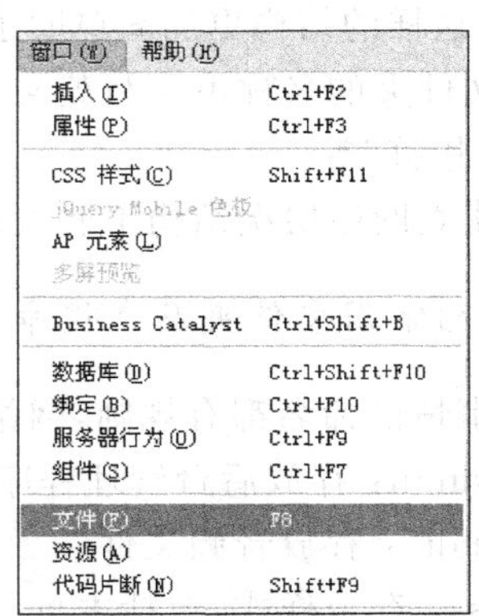

图 2-7 打开"文件"面板命令

3. 建立网站的层次结构

网站的层次结构通常是通过文件夹和网页文件体现出来的。网站目录结构就是指在"文件"面板下存放的文件夹和文件结构，一个网站通常包含很多文件夹，如图片文件夹、动画文件夹、视频文件夹等，如果不注意合理安排，将所有的图片、动画等文件混杂在一起，则整个站点将显得乱七八糟。建立网站的层次结构就可以把各种文件分类存放在网站中，使网站从设计到维护、管理更方便、科学。

建立网站层次结构应遵循以下方法和建议。

(1) 按网站元素内容建立子文件夹。

网站元素内容主要是指网页元素内容和技术类别内容，在"文件"面板里建立的文件夹就是也叫作子目录，学习类网站可以根据网页需要元素或技术类别分别建立相应文件夹，如 images、flash、css、javascript 等。在"文件"面板本地文件"站点 - hhbz168(F:\\hhbz168)"上右击，在弹出的快捷菜单中选择"文件夹"选项，文件夹改名为 images；以此类推，分别建立 flash、css、javascript 等文件夹。另外，所有程序一般都存放在特定文件夹，所有需要参考的内容也放在一个文件夹下；所有源文件如动画源文件、图形图像源文件等都统一放在一个文件夹下，如 source，方便维护管理。

(2) 按主菜单栏目内容建立子文件夹。

企业网页按主菜单栏目建立，如晖煌包装有限公司网站可以按"关于我们"、"新闻中心"、"产品展示"、"联系我们"等建立相应文件夹。建立方法同上，分别建立栏目文件夹 zy_guanyu、zy_xinwen、zy_chanpin、zy_board、zy_rencai、zy_lianxi。

(3) 在每个栏目子文件夹下建立 images、flash 等子文件夹。

在每个栏目文件夹建立其子文件夹，主要用以存放各类元素，如 images 子文件夹主要用于存放图片，因为图片在整个网站网页制作过程中占有很大的比例，所以最好在每个主目录下建立一个 images 目录，这样做既方便制作又方便管理，栏目文件连接路径相对简单，如果需要复制某部分栏目内容则直接把这个栏目里的文件夹进行复制即可，保证连接路径不会出错；而站点根目录下的 images 目录通常用来存放主页图片和一些次要栏目的图片,这样的结构更加简单明了、合理规范。

(4) 文件夹的名称由小写英文字母或加下划线组成,不要使用过长的目录名,目录要做到"名实相符"等。

(5) 建立网站层次结构不要太深,尽可能让结构清晰简单明了。

4. 网站常用文件夹及常规命名方法

很多事情的命名都有规则,网站文件夹命名也一样,其常规命名规则如下。

(1) admin:存放后台管理程序。这是动态网站所需要的一个目录。

(2) audio:存放音频文件。

(3) css:存放样式,包括主页与子页样式。

(4) doc:存放 Word 文档,即所有的与网站制作相关的文本素材。

(5) flash:存放动画播放文件,扩展名是.swf。

(6) images:存放图片文件,扩展名主要是.jpg 和.gif。

(7) js:存放 JavaScript 文件。

(8) news:存放新闻信息。

(9) source:存放网站开发过程中的设计源文件,如 Flash、Photoshop 等源文件。

(10) template:存放模板。

(11) video:存放视频文件。

大型网站的文件夹还不止这些,视网站规模大小可以作适当增减。下面为新建的网站 hhbz168 添加目录(这个网站将是我们学习的内容之一),以添加图片文件夹 images 为例,操作如下。

把光标移动到本地文件"站点 - hhbz168(F:\hhbz168)"上,右击,在弹出的快捷菜单里选择"新建文件夹"选项,如图 2-8 所示;并把文件夹名称改为 images,说明这是图片文件夹;其他的以此类推。建好后的网站文件夹结构如图 2-9 所示。

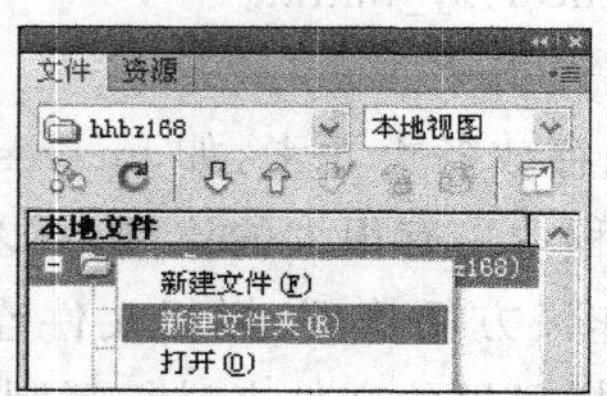

图 2-8 新建 hhbz168 网站文件夹命令

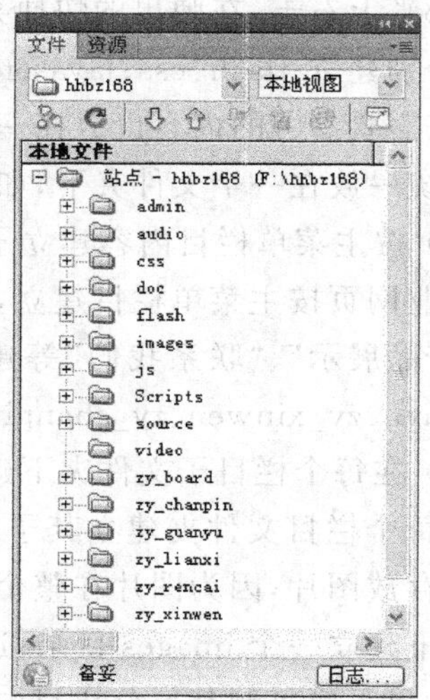

图 2-9 hhbz168 网站文件夹结构

从图 2-9 可以看出，这里的网站结构比前面学习的“网站常用文件夹及常规命名方法”文件夹还多，这是因为增加了子页文件夹，这些文件夹是根据网站主菜单而添加的，为了区分子页文件夹与其他文件夹，给每个子页名称都添加 zy 前缀，图 2-10 所示文件夹项的英文文件夹（除主页项外）分别为：zy_guanyu、zy_xinwen、zy_chanpin、zy_board、zy_rencai、zy_lianxi。

首页　关于我们　新闻中心　产品展示　客户反馈　人才招聘　联系我们

图 2-10　hhbz168 网站主菜单目录项图

添加完子页文件夹后继续在其里面添加子文件夹，即用来存放各子页网页元素的子文件夹。人们浏览网页时都有这样一种经验，在打开的网站子页中同样跟主页一样既有文字、图片和动画，也可能有视频等，也就是说主页里的所有网页元素，在子页也会有，甚至更多，所以在建立了子页文件夹后，依然需要继续建立用于存放每个子页相应网页元素的文件夹（可根据需要而定），操作方法有两种，分别介绍如下。

方法一：与上述创建方法相同，只是在创建子页子文件夹时，鼠标指向相应的子页文件夹操作即可，如图 2-11 所示，当要创建“产品展示”子页子文件夹时，鼠标指向 zy_board 文件夹右击进行操作。

方法二：使用上述方法创建完子页文件后，子页文件夹可以使用“复制”、“粘贴”功能，可以使操作更快完成。

移动光标，按住 Ctrl 键，分别选中子页需要存放的网页元素文件夹，如图 2-12 所示，指向任意选中的文件夹右击，在弹出的快捷菜单中选择“编辑”→“复制”选项。

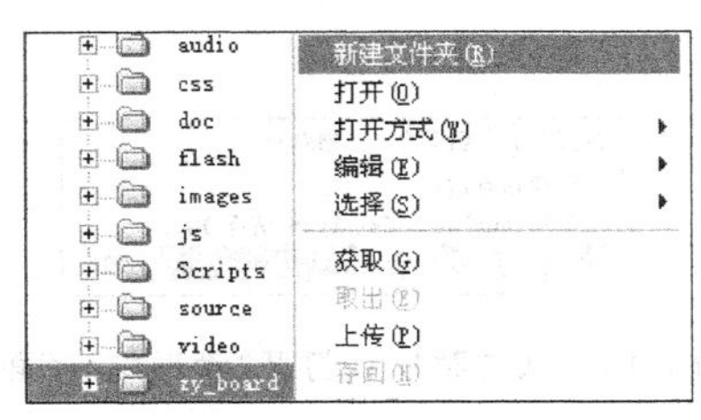

图 2-11　新建子页子文件夹命令

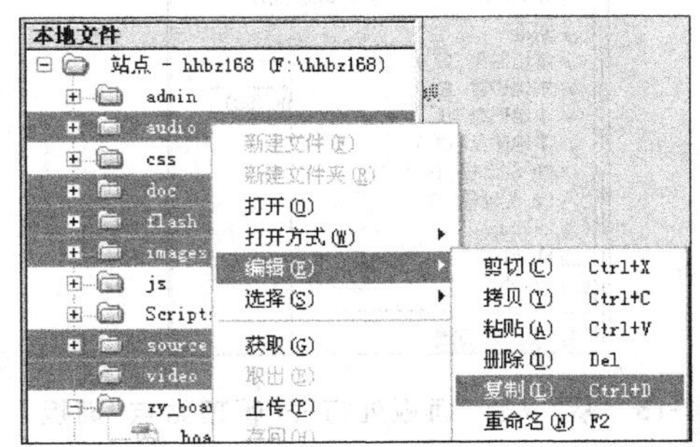

图 2-12　选中需要文件夹使用“复制”命令

然后移动光标到子页文件夹目录上，如 zy_board 文件夹，右击，在弹出的快捷菜单中选择“编辑”→“粘贴”选项，如图 2-13 所示。

此时在 zy_board 目录里增加了刚才复制进来的文件夹，如图 2-14 所示；继续对其他子页目录执行“粘贴”命令（不用复制，直接粘贴即可），可以十分快捷地实现子页文件夹的创建工作。

这时整个网站结构建立完毕，所有的子页文件夹下都会像 zy_board 目录一样增加刚才复制进来的文件夹，当然，这些子文件夹在以后的项目制作中可以再作适当的增删。

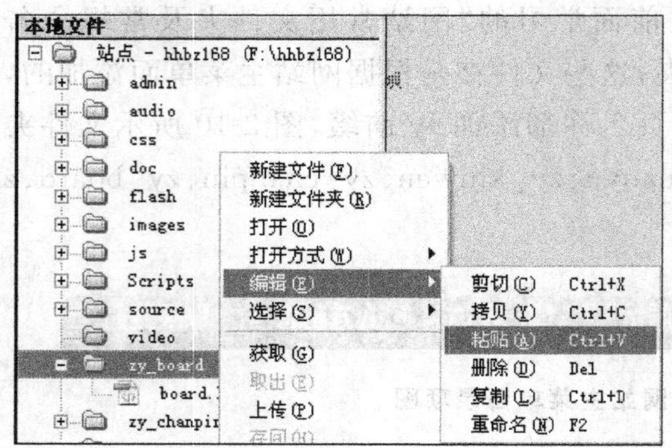

图 2-13 粘贴文件夹命令图

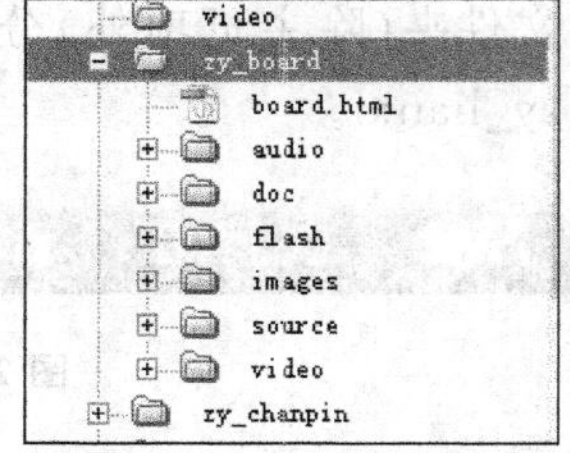

图 2-14 粘贴后的子文件夹效果图

5. 站点管理

刚刚建立的网站可以在"文件"面板展示出来，如果用户想修改网站名称等信息，那就要使用"管理站点"面板。打开"管理站点"面板的方法有多种，既可以通过"文件"面板打开，也可以通过 Dreamweaver 主菜单中打开。

使用"文件"面板打开"管理站点"面板方法如下：在"文件"面板的"站点名称"下拉列表中单击"管理站点"命令，打开"管理站点"面板，如图 2-15 所示。

使用主菜单打开"管理站点"面板的操作如下：把光标移动到主菜单，执行"站点"→"管理站点"命令，如图 2-16 所示。

图 2-15 从"文件"面板处打开"管理站点"面板

图 2-16 从主菜单处打开"管理站点"面板

在弹出的面板中可以看到刚刚建立的"hhbz168"站点就在这个面板中，从"管理站点"面板下面的图标按钮可以知道，用户不但可以在这里删除站点，还可以执行编辑、复制、添加、导出、导入站点功能，如图 2-17 所示。

例如：要移除站点，先单击站点 hhbz168，再单击减号按钮即可；要修改站点"hhbz168"名称，先单击站点"hhbz168"，再单击笔按钮，这时弹出的面板将是原来新建站点的设置面板，这样又可以对站点信息进行修改；还可以新建站点、导入和导出站点，如图 2-18 所示。

下面介绍站点的导入与导出。

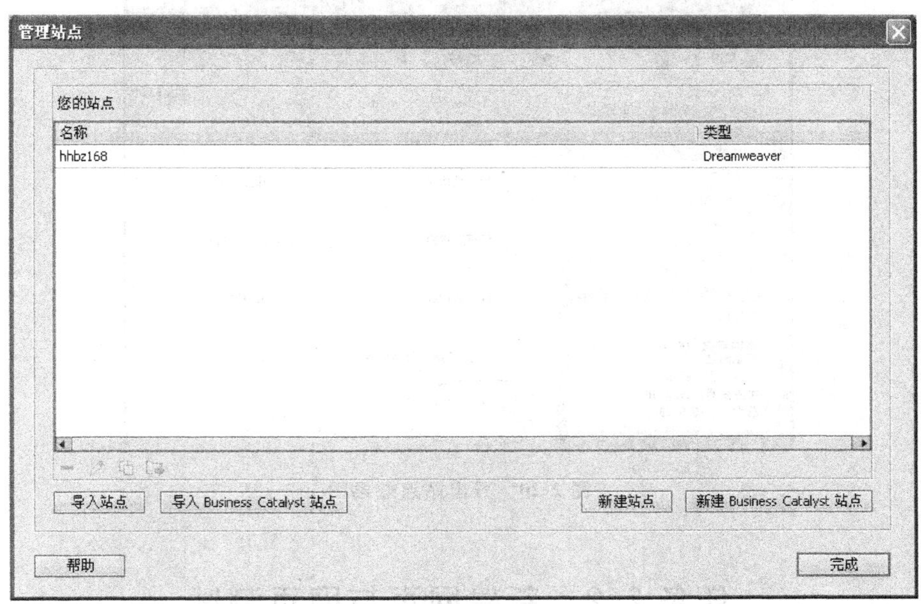

图 2-17　“管理站点”面板

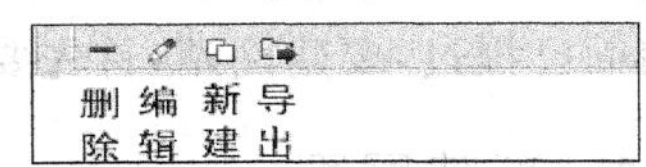

图 2-18　管理站点面板部分内容图

（1）导出站点在“管理站点”面板中，选择要导出的站点“hhbz168”，再单击“导出”按钮，即图 2-18 最右边的图标，在弹出的“导出站点”对话框中，选择保存位置 F 盘，如图 2-19 所示，单击“保存”按钮，导出站点扩展名为. ste，结果导出的站点名为“hhbz168. ste”，如图 2-20 所示。

（2）导入站点。在“管理站点”对话框中，单击“导入站点”按钮，打开“导入站点”对话框，选择扩展名为. ste 的站点文件，最后单击“打开”命令，站点就会被导入管理面板中。

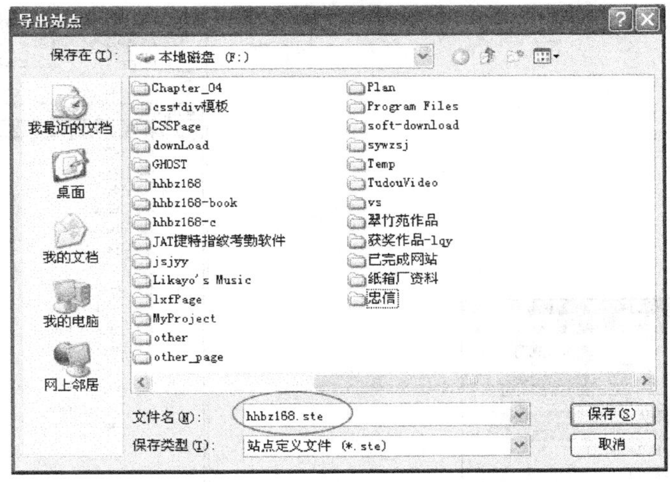

图 2-19　“导出站点”对话框

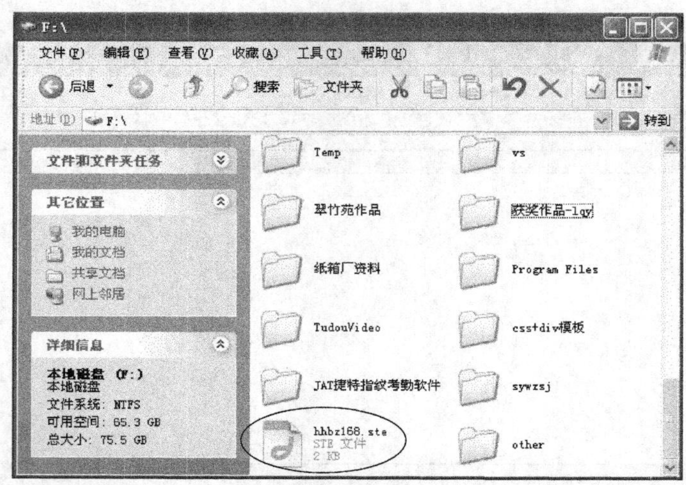

图 2-20 导出站点效果图

任务 2.2 新建网页与网页测试

网站目录建立好后，就可以开始新建网页并进行测试。任何网站都有主页，主页的重要性前面已提过，要建网站，首先要建立主页，下面介绍新建主页（包括所有网页）的制作方法。

2.2.1 新建网页

新建网页有如下两种方法。

方法一：在“文件”面板新建主页，方法与新建目录相似。把光标移动到“本地文件”列表框中的“站点 - hhbz168(F:\hhbz168)”上，右击，在弹出的快捷菜单里选择“新建文件”选项，如图 2-21 所示。

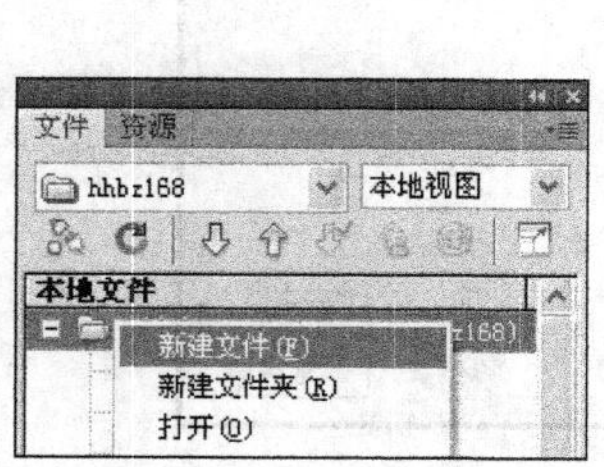

图 2-21 新建 hhbz168 网站主页命令

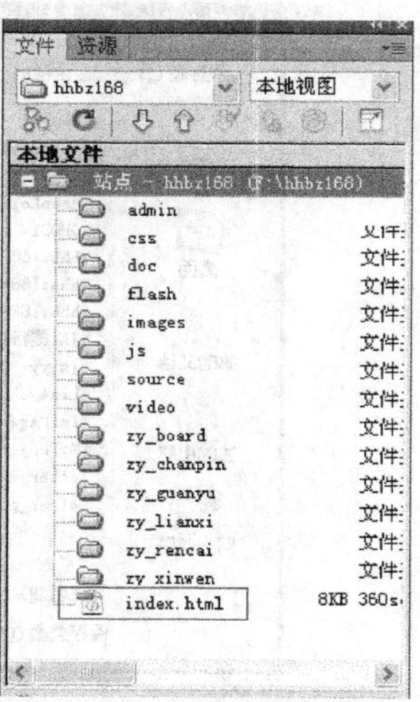

图 2-22 新建 hhbz168 网站主页

此时，在“文件”面板里新建的是一个名为 untitled. html 的网页文件，因为是静态文件，所以其后缀名为. html，在以后的新建网页文件中都会出现类似的情况，把文件名称改为 index. html，这是规定的主页名称之一，命名后如图 2-22 所示。

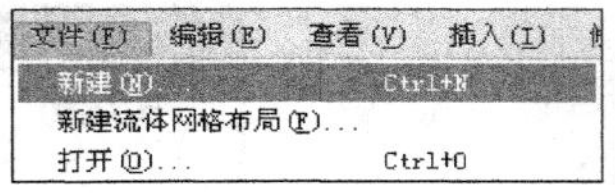

图 2-23　新建网页命令

方法二：通过“文件”命令新建主页。把光标移动到 DreamweaVer 界面的主菜单“文件”处，执行“文件”→“新建”命令，如图 2-23 所示。

在弹出的“新建文档”对话框中选择“HTML”类型，单击“创建”按钮，如图 2-24 所示。

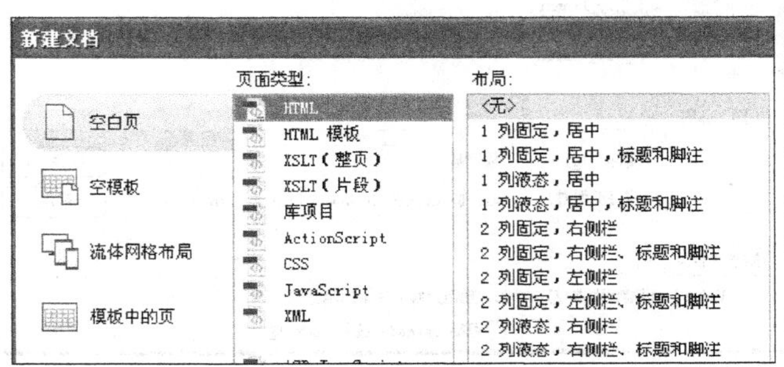

图 2-24　选择网页类型

创建的网页在 Dreamweaver 界面上的名字为：Untitled-1，但此时的网页只是一个临时文件，跟前面新建的网站没有任何关系，所以必须先把这个文件保存到站点里，才能成为该网站的网页，因为要建主页，所以保存为主页文件，单击主菜单“文件”→“保存”命令，如图 2-25 所示。

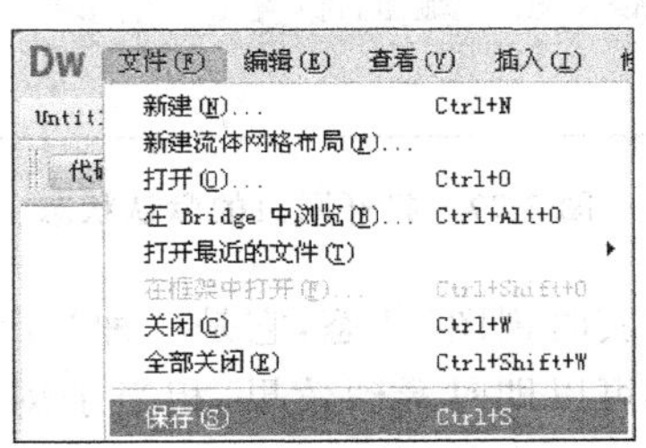

图 2-25　保存网页命令

在弹出的“另存为”对话框中选择“hhbz168”网站，在“文件名”文本框中输入：index . html，单击“保存”按钮，如图 2-26 所示，index. html 文件便被保存在 hhbz168 网站中。

以上两种新建主页方法任选一种即可，新建其他网页也如此。

2.2.2　网页测试

新建主页后就可以进行网页测试，所谓的测试就是通过浏览器运行网页。在“文件”面板双击打开主页 index. html 文件，同时在 Dreamweaver 左上角处出现 index. html 文件名，以后每打开一个网页文件就会在这里增加一个文件名，不需要时可以直接关闭。打

图 2-26 “另存为”对话框

开网页时有 3 种状态：“代码”、“拆分”、“设计”，最初打开文件时通常是“设计”状态，这也是一种默认状态，如图 2-27 所示。

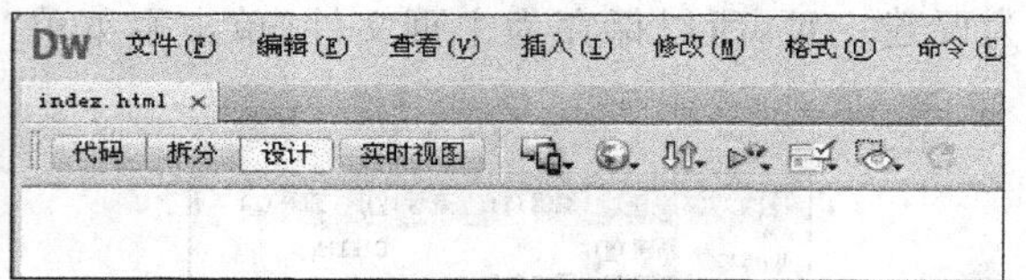

图 2-27 打开网页的默认状态

在设计状态旁还有一个“实时视图”状态，它是一种“可见即可得”的状态，也就是在这里放置、编辑任何网页元素都可以即时看到效果，相当于浏览器预览效果，现在直接把光标定位在空白处(在任意空白处单击鼠标)，输入文字：“～～欢迎光临本网站！～～”，注意，这时左上角的 index.html 名字旁立即多了一个“ * ”号，表示该网页没有保存，如图 2-28 所示。

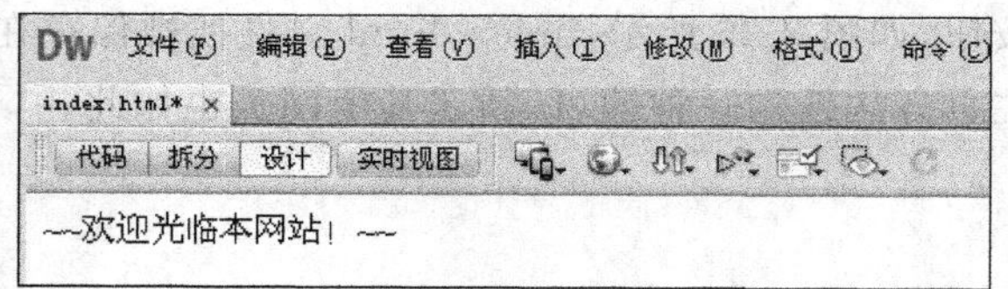

图 2-28 在网页中输入文字

接下来通过预览测试网页。在设计视图里单击“在浏览器中预览/调试”按钮，选择“预览在 IExplore”命令（如果用户安装了其他浏览器，可以在这命令上显示），如图 2-29 所示。

这时弹出保存网页提示对话框，如图 2-30 所示，单击“是”按钮。请记住，在以后的网页制作中必须保存网页才能预览，否则预览的效果只是前一次设置的效果。

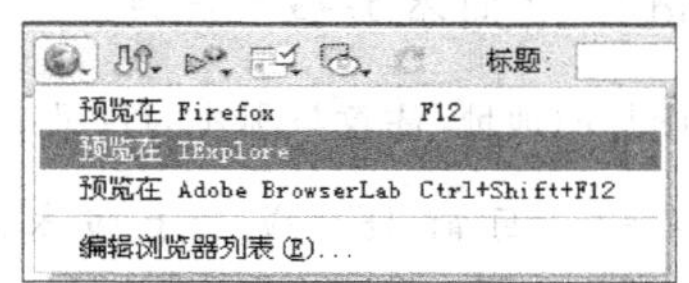

图 2-29　设计视图里的预览命令

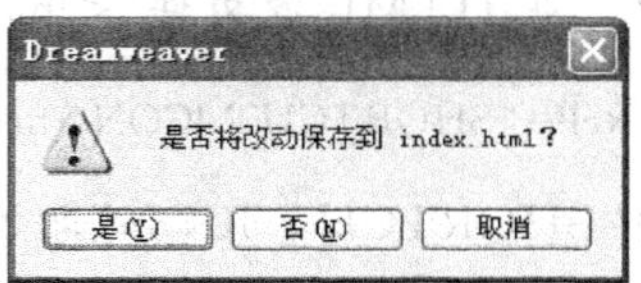

图 2-30　保存网页提示对话框

网页预览效果如图 2-31 所示。预览网页也是一个测试的过程，如果预览不成功则测试无法通过。

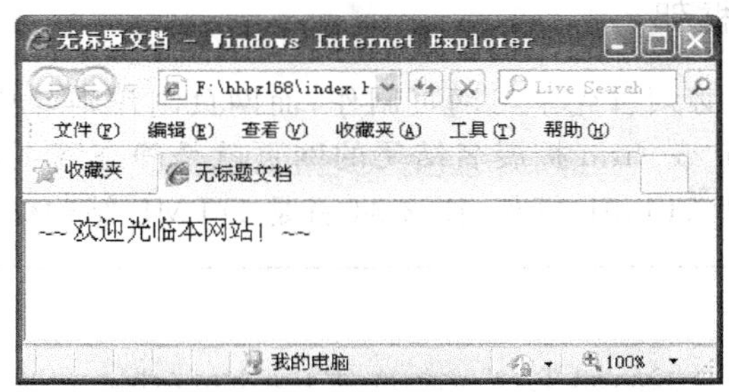

图 2-31　预览网页

这是第一个网页测试成功页面，以后的预览都是通过这样的方式进行测试，如果预览不成功，页面上会有提示，设计者可以根据提示找茬除错。

从图 2-31 可以看出，当用户预览网页时网页左上角还没有出现网站标题，只出现“无标题文档”，这个标题就是整个网站的名称，所以可以根据需要，添加有意义的标题名称，这时可以把“欢迎光临辉煌包装网站！”文字添加进去，可以添加在代码的<title></title>之间，也可以直接在“设计”视图“标题”文本框中添加，如图 2-32 所示。添加完毕可以预览效果，如图 2-33 所示。

标题：欢迎光临辉煌包装网站！

图 2-32　设计视图下的标题窗口图

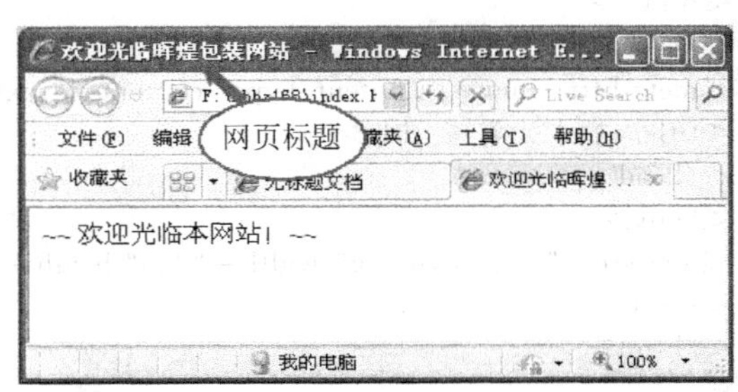

图 2-33　预览网页标题

小技巧：如何在浏览器地址栏前添加网站小图标？

在浏览土豆网网站的首页时，在地址 http://www. tudou. com/前会显示一个小图标。而默认情况下，这个图标是一个 IE 浏览器的指定图片。

其实这也不是很难做的事情，只不过在网站目录下添加了一个特定文件而已。

做法：预先制作一个图标文件，大小为 16×16 像素，文件扩展名为.ico，然后上传到相应目录中。在 HTML 源文件"<head></head>"之间添加如下代码：

```
<Link Rel="SHORTCUT ICON" href="http://图片的地址(注意与刚才的目录对应)">
```

其中的"SHORTCUT ICON"即为该图标的名称。目前 IE5 或以上版本浏览器只需将图片上传到网站根目录下，即可自动识别图标。

任务 2.3 编写最简单的 HTML 框架

2.3.1 编写 HTML 框架

网站制作初学者，必须首先学习网页制作，而网页制作则要从学习静态网页制作开始，前面提到的由.html 或.htm 扩展名结尾的网页就是静态网页，也就是说静态网页的结构为 HTML 结构，即 HTML 框架，图 2-34 就是 HTML 结构框架图。

```
<html>
<head>
<meta http-equiv="Content-Type" content ="text/html; charset=utf-8" />
<title>网站名字(标题)</title>
</head>
<body>
   网页内容
</body>
</html>
```

图 2-34 HTML 结构框架图

如果网页上存放一些元素如图片，代码如下：

```
<html >
<head>
<meta http-equiv="Content-Type" content="text/html; charset=utf-8" />
<title>插入元素</title>
</head>
<body>
<img src="img/zhyn.jpg" width="220" height="166"><br />珠海渔女
</body>
</html>
```

从预览图可见，在<body></body>之间已插入图片和文字元素，因为没有经过任何的修饰，所以，显示出最原始的网页存放状态，如图 2-35 所示。

任何网页都不能脱离这个结构，无论是.html还是其他后缀的动态页面，HTML语言结构都是这样的，只是在命名网页文件时以不同的后缀结尾，如JSP网页，其主页文件名为index.jsp。

图 2-35　HTML 结构例子图

(1) 从上面代码剖析，最外围的是一对<html></html>，这就是网页文件的最大标记，无论是动态还是静态页面，都以"<html>"标签开始，以"</html>"标签结束。

(2) "<html>"里层接着是"<head>"页头，其在<head></head>中的内容是在浏览器中内容无法显示的，这里是服务器、浏览器、链接外部JS、链接CSS样式等区域。主要包含以下方面的内容。

① 代码<meta http-equiv="Content-Type" content="text/html; charset=utf-8" />说明网页文字编码。

② 代码"<title></title>"中放置的是网页标题，就是网站主题，所有网站都会利用这里把网站名字写上，从而使访问者打开网页时首先就可以看见网站名字，如访问北京大学网站，在浏览器左上方能够看见"北京大学"标题。

(3) <heml>标记后就是正文"<body></body>"，也就是常说的body区，这里放置的内容就可以通过浏览器呈现给用户，它是网页的主体部分，网页所有的元素，如图片、文字、动画、视频等全部将存放在这里，这里也是最主要区域，是网页的内容显示区。

网页通常还包含其他结构代码，完整HTML包括HTML DOCTYPE声明、标题、head、网页编码声明等内容。最原始的完整HTML源代码如图2-36所示。

```
1  <! DOCTYPE html PUBLTC "-//W3C//DTD XHTML 1.0 Transitional//EN">
   "http://www.w3.org/TR/xhtmll/DTD/xhtmll-transitional.dtd">
2  <html xmlns="http://www.w3.org/1999/xhtml">
3  <head>
4  <meta http-equiv="Content-Type" content="text/html; charset=utf-8" />
5  <meta name="description" content="" />
6  <meta content="" name="keywords" />
7  <title>网站标题</title>
8  </head>
9  <body>
10 网页内容
11 </body>
```

图 2-36　最原始的完整 HTML 源代码图

其中，第1行HTML DOCTYPE标签——DTDs文档类型声明，定义了标准文档的类型，如果文档不定义DOCTYPE，浏览器将无法获知HTML或XHTML文档的类型，而网页中的部分元素用了XML的DTD(文档类型定义)。

第2行xmlns声明一个名称空间，用来定义xml namespace属性，xmlns属性在

XHTML 中是必需的。

第 5 行是对网站的简单描述。

第 6 行是说明了本网站的关键字。

这两行代码里的内容是给搜索引擎搜索用的，如果希望你的网站在百度等搜索引擎里有好的排名，则这两行代码必不可少。

2.3.2 认识网页标签

标签就是用来支撑网页元素，从而完成网页制作的标记。组成网页的标签很多，网页依靠这些标签把网页元素连接起来，完成网页元素的插入或输入，如上面插入的网页图片就是通过<img>标签存放在网页里。网页标签有很多，有些标签是成对出现的，有些则是单独的，如<img>等。表 2-1 列举了一些常用的标记。

表 2-1 网页标签属性列举

标签名称	标签表示法	备注
层标签	<div></div>	成对标签
行标签	<span></span>	成对标签
段落标签	<p></p>	成对标签
各种标题标签	<h1></h1> <h2></h2> <h3></h3> <h4></h4> <h5></h5> <h6></h6>	成对标签
无序号列表标签	<ul> <li></li> <li></li> </ul>	组合标签，不能分开使用； 成对标签
有序号列表标签	<ol> <li></li> <li></li> </ol>	组合标签，不能分开使用； 成对标签
超链接标签	<a></a>	成对标签
多媒体标签	<embed></embed>	成对标签
图片标签	<img>	单个标签
换行标签	 	单个标签
表单标签	<form></form>	成对标签
表格标签	<table> <tr><td></td></tr> </table>	组合标签，不能分开使用； 其中：<tr></tr>行标签， <td></td>列标签，为成对标签

任务 2.4 插入各种网页元素

2.4.1 插入文字

在 Dreamweaver 中，插入文字的方法有以下两种。

(1) 直接输入文字。

在 Dreamweaver 中直接输入文本即可得到需要的文本元素，但是，文本通常放置在段落标签里，即<p></p>标签里。修饰文本和修饰其他网页元素一样，利用统一的修饰语言 CSS 样式进行网页元素美化。

(2) 从其他文档复制文本。

网站制作的文本通常来自客户(要制作网站的客户方)，所以更多的文本不用输入，直接复制即可，当然往往网页文本也跟在 Word 里一样，需要图文混排。

2.4.2 插入特殊符号

在 Dreamweaver 中，有一些特殊符号，如版权符号等，其插入方法分两步，第一步先打开“插入”面板，移动光标到主菜单，执行“窗口”→“插入”命令，如图 2-37 所示。

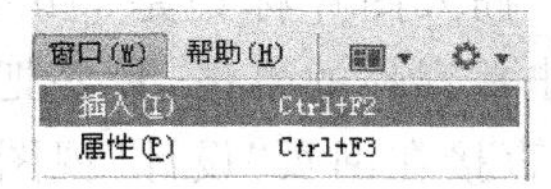

图 2-37 打开“插入”面板命令

在弹出的“插入”面板中，又包含几种面板：常用、布局、表单、数据、Spry、文本等，任何一个面板都包含很多网页元素，在以后的学习中会一一应用，如图 2-38 所示。

在“插入”面板中切换到“文本”面板，如图 2-38 所示，然后把光标移动到最后的“其他字符”选项如图 2-39 所示，选择该选项，在弹出的对话框中再选择需要的字符即可。例如，选择了“®”字符后，在“插入”的文本框里自动增加了“®”字符，如图 2-40 所示，单击“确定”按钮。

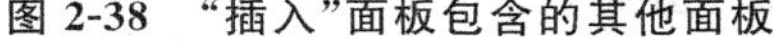

图 2-38 “插入”面板包含的其他面板

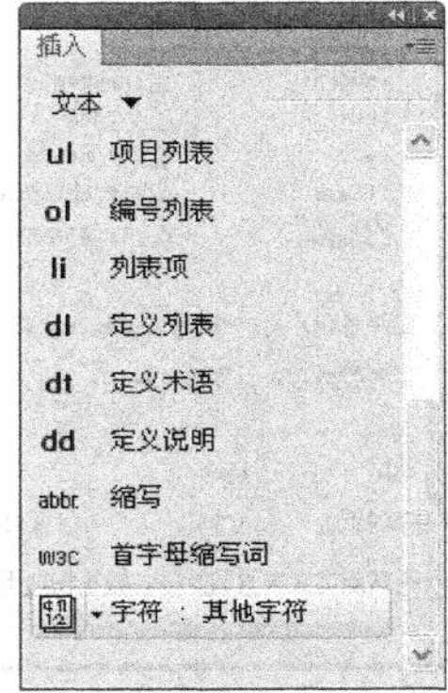

图 2-39 在“插入”面板选择其他字符图

值得注意的是，“®”字符会增加到“代码”视图里，而®图标却在设计视图里显示。

图 2-40 选择其他字符

2.4.3 插入图像

插入图片标记是＜img＞，是单个标记，在网页插入图片是非常容易的事情，只要把图片设计好，包括颜色，形状、大小等，直接在网页"设计"视图插入，操作如下。

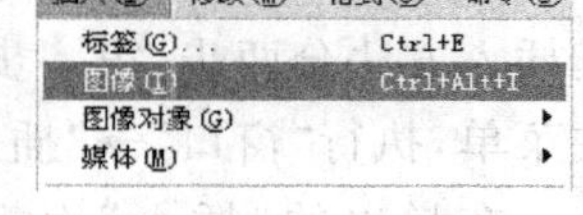

图 2-41 插入图像命令

把光标定位在要插入图片处，再移动光标到 Dreamweaver 主菜单，执行"插入"→"图像"命令，如图 2-41 所示。

在弹出的"选择图像源文件"对话框中，选择图像，如图 2-42 所示。

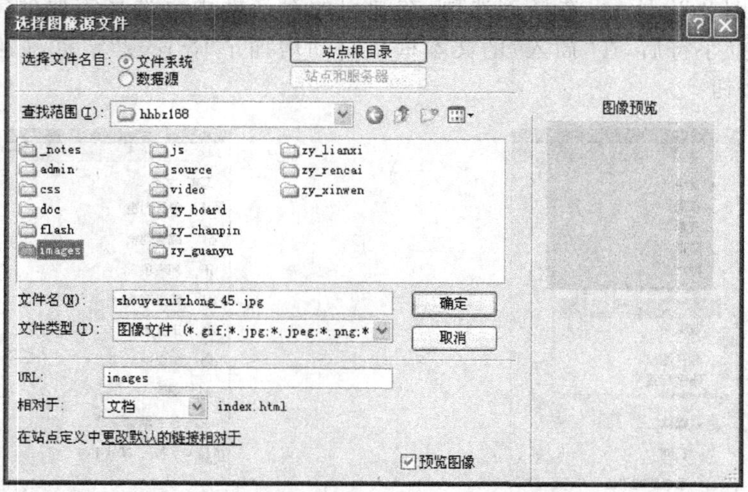

图 2-42 在本网站选择图像

选择了图像后，系统还会弹出"图像标签辅助功能属性"对话框，单击"确定"按钮即可。这时"设计"视图里会增加插入的图像。

切换到代码视图，插入图片代码是：＜img src＝"images/shouyezuizhong_45.jpg" width＝"173" height＝"125" /＞。

值得注意的是，如果插入的图像不是保存在本网站里的，那么一定要把这个图像保存进来，在这个过程中，系统会有提示。如图 2-43 所示，选择网站外部图像文件 shouyezuizhong_45.jpg（如放在桌面上的图像文件），选择后单击“确定”按钮。

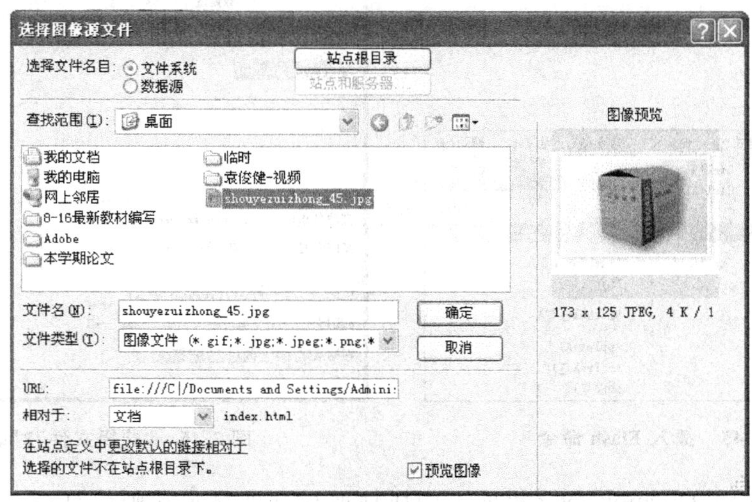

图 2-43　选择站点外部图像

这时系统弹出提示保存图像面板，要求把图像保存在站点里，单击“是”按钮，如图 2-44 所示。图像保存在站点 images 文件夹里。如果单击“否”按钮，虽然图像插入到网页，但路径却是绝对路径：＜img src＝"file:///C|/Documents and Settings/Administrator/桌面/shouyezuizhong_45.jpg" width＝"173" height＝"125" /＞，前面已讲过，网页元素路径应该是相对的，绝对路径不可取。

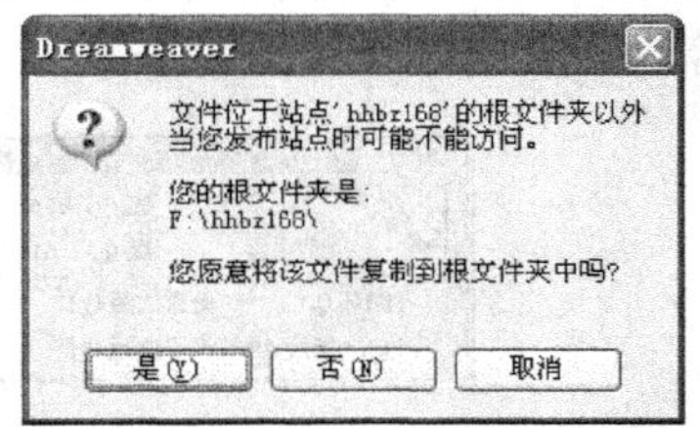

图 2-44　选择站点外部图像提示保存图

2.4.4　插入媒体元素

从图 2-38 命令中可以看到，在网页插入的媒体元素通常包含以下几种：动画、视频、音频、Java 小程序、Shockwave、ActiveX 等，插入多媒体元素可以使网页变得贴近生活、丰富多彩。

下面以插入 Flash 动画为例介绍插入媒体元素的操作步骤，插入动画的标记是＜object＞＜/object＞。

(1) 把制作好的 Flash 动画复制到站点动画文件夹 flash 里，浏览器支持的 Flash 动画播放格式是“.swf”，不支持原文件的播放。

(2) 移动光标到 Dreamweaver 主菜单，执行“插入”→“媒体”→SWF 命令，如图 2-45 所示。

(3) 在弹出的对话框中选择 ziyebanner 动画，如图 2-46 所示，选择了动画后，系统依然还会弹出“图像标签辅助功能属性”对话框，单击“确定”按钮即可。

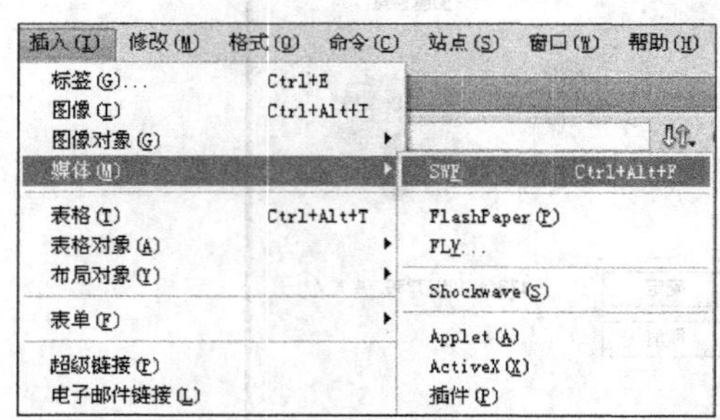

图 2-45 插入 Flash 命令

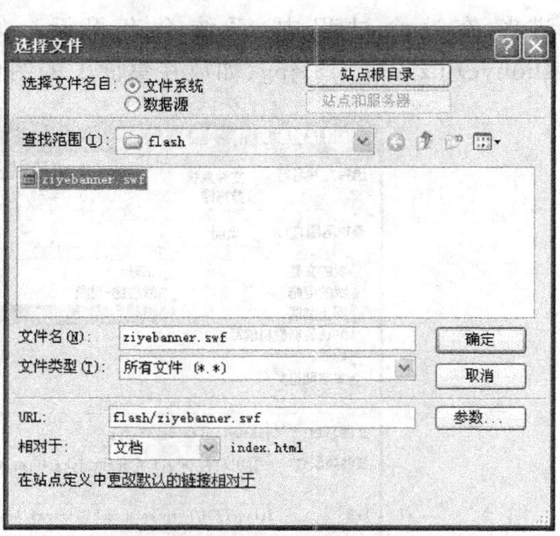

图 2-46 “选择文件”对话框

动画插入后，Dreamweaver 界面上的属性面板立即显示动画信息，包括动画 ID、宽度、高度、动画文件路径、是否循环播放、自动播放、动画品质如何、比例如何、是否透明等，另外，可以单击“编辑”按钮直接打开 Flash 软件进行编辑，单击“播放”按钮观看动画效果等，如图 2-47 所示。

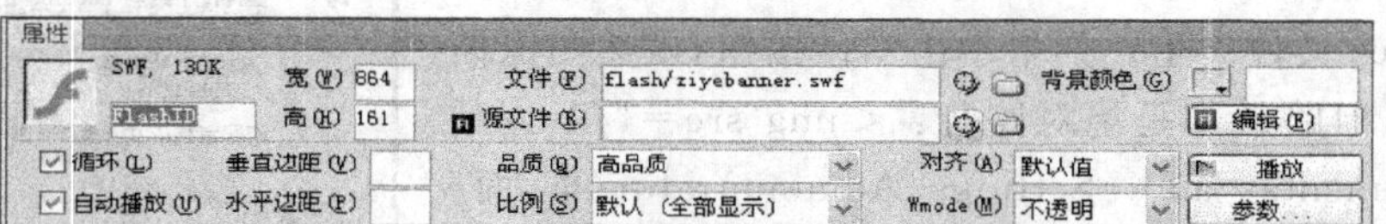

图 2-47 Flash 动画属性

上述所有属性都可以重新设置，但作为设计者，在插入动画前必须对动画大小、尺寸、动画将放置在网页哪个位置、动画的作用等有一个周详的设计计划才开始制作设计，否则总要修改，会降低工作效率。

这时切换到代码视图，增加了很多代码：

```
<object id="FlashID" classid="clsid:D27CDB6E-AE6D-11cf-96B8-444553540000" width="864"
height="161">
  <param name="movie" value="flash/ziyebanner.swf" />
  <param name="quality" value="high" />
  <param name="wmode" value="opaque" />
  <param name="swfversion" value="8.0.35.0" />
  <!-- 此 param 标签提示使用 Flash Player 6.0 r65 和更高版本的用户下载最新版本的 Flash
Player.如果您不想让用户看到该提示，请将其删除. -->
```

```
<param name="expressinstall" value="Scripts/expressInstall.swf" />
<!-- 下一个对象标签用于非 IE 浏览器.所以使用 IECC 将其从 IE 隐藏. -->
<!--[if !IE]>-->
<object type="application/x-shockwave-flash" data="flash/ziyebanner.swf" width="864" height="161">
  <!--<![endif]-->
  <param name="quality" value="high" />
  <param name="wmode" value="opaque" />
  <param name="swfversion" value="8.0.35.0" />
  <param name="expressinstall" value="Scripts/expressInstall.swf" />
  <!-- 浏览器将以下替代内容显示给使用 Flash Player 6.0 和更低版本的用户. -->
  <div>
    <h4>此页面上的内容需要较新版本的 Adobe Flash Player.</h4>
    <p><a href="http://www.adobe.com/go/getflashplayer"><img src="http://www.adobe.com/images/shared/download_buttons/get_flash_player.gif" alt="获取 Adobe Flash Player" width="112" height="33" /></a></p></div>
  <!--[if !IE]>--></object><!--<![endif]--></object>
```

通过浏览器可以浏览效果,这里略。

2.4.5　插入音频

音频是一种插件,其标记为<embed></embed>。在网页上插入的音频可以是被隐藏播放器的背景音乐,也可以是有播放器的音乐。前者用得较少,后者则应用广泛,两者插入方法相同。

(1) 把音乐文件复制到站点的 audio 文件夹里,文件为: myq. mp3。

(2) 打开网页,移动光标到 Dreamweaver 主菜单,执行"插入"→"媒体"→"插件"命令,如图 2-48 所示。

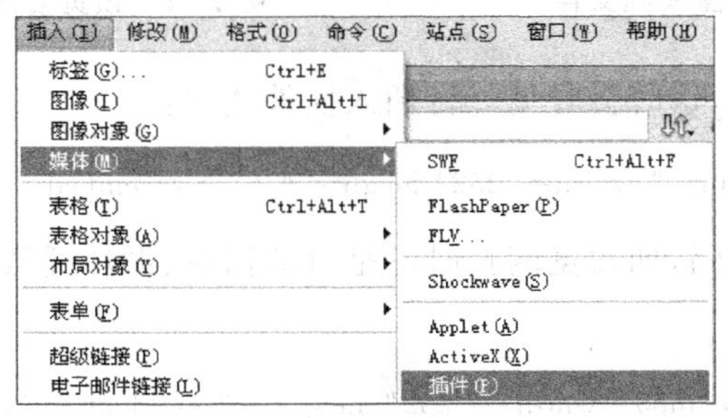

图 2-48　插入插件命令

在弹出的"选择文件"对话框中选择 myq. mp3 文件,单击"确定"按钮,如图 2-49 所示。

音频文件插入到网页后,会出现一个插件图标,这就是播放器,但在"设计"视图却看不见播放器,只有在预览时才可以看见,并且默认情况下播放器的可视界面很小,这时可以根据需要通过拖动光标等操作调整大小,图 2-50 所示为拖动光标调整大小的效果图,将播放器的大小调整为 200×86 像素。

图 2-49　选择音频文件

预览网页,效果如图 2-51 所示,可以看见一个大小为 200×86 像素的播放器,并自动播放歌曲,可以通过按钮暂停、播放歌曲等,这就是通常在网上看见的音乐播放器。

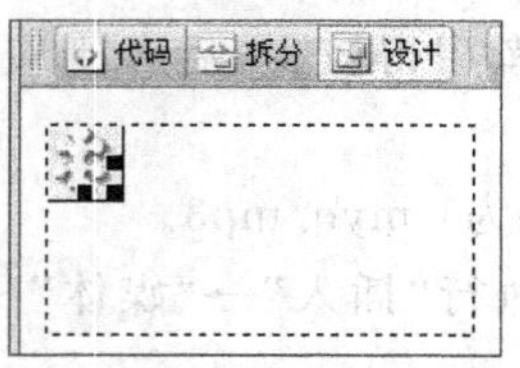

图 2-50　拖动调整音频文件

图 2-51　预览音频播放效果图

切换到"代码"视图,这时会看见一行插入插件代码:

```
<embed src="wsry.mp3" width="252" height="50"></embed>
```

还可以增加一些代码,如预览网页时不是自动播放、循环播放等,增加方法比较简单,增加后代码如下:

```
<embed src=" wsry.mp3" width="252" height="50" loop="true" autostart="false" >
</embed>
```

如果把上面代码稍微修改,就可以把可见播放器隐藏起来,变成背景音乐。修改后代码如下:

```
<embed src="wsry.mp3" width="0" height="0" hidden="true"></embed>
```

2.4.6 插入表单

表单是制作动态网站必不可少的网页元素,所以学习静态网页制作时也要学习表单知识。一个表单主要包含表单域和表单按钮，其中表单域包括文本框、密码框、隐藏域、多行文本框、复选框、单选按钮、下拉菜单和文件上传框等。表单按钮包括提交按钮、重置按钮和一般按钮，用于将数据传送到服务器上的程序。表单标记为<form></form>。其功能是用于声明表单，定义采集数据的范围，也就是<form>和</form>里面包含的数据将被提交到服务器或者电子邮件里。

用户既可以在主菜单“插入”菜单中找到相应表单命令，如图 2-52 所示，也可以在“插入”面板里找到相应内容，如图 2-53 所示。

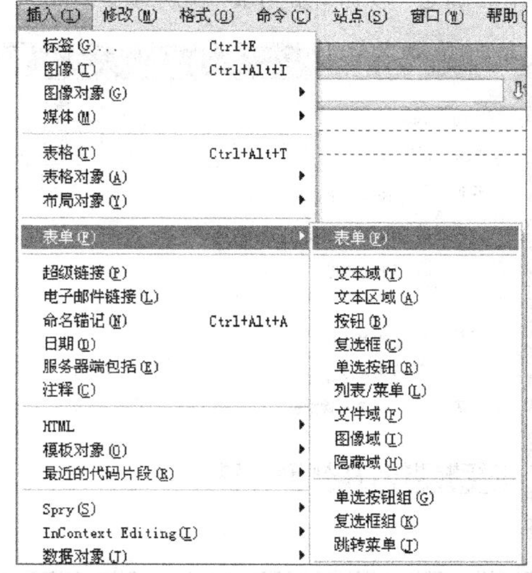

图 2-52 插入表单命令

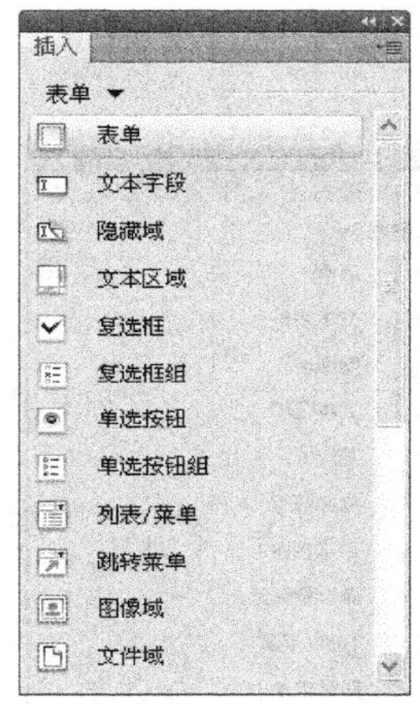

图 2-53 插入表单面板

下面以制作一个用户登录界面为例，学习如何在网页上插入表单内容。

(1) 移动光标到“插入”面板，选择“表单”选项，如图 2-53 所示，插入表单后 Dreamweaver 界面将显示一个红色的虚线框，如图 2-54 所示，这个虚线框范围就是表单范围，所有的表单内容必须都放在表单范围内，即在代码<form></form>之间。一张网页通常放一个表单，如果有多个，一定要注意区分好。

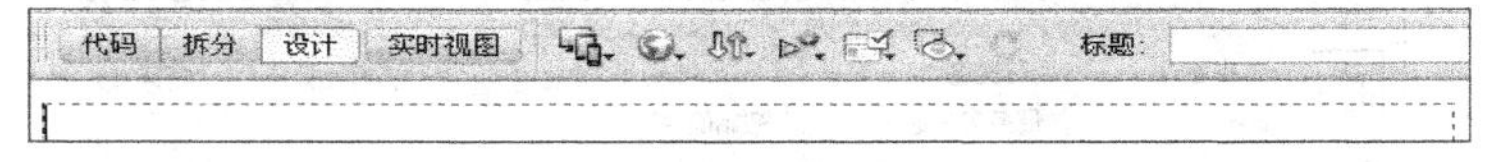

图 2-54 插入表单效果图

(2) 切换到代码视图，这时的代码为：

```
<form id="form1" name="form1" method="post" action=""></form>
```

代码解释如下。

① action=url 指定一来处理提交表单的格式，它可以是一个 URL 地址(提交给程序)或一个电子邮件地址。

② method=get 或 post 指明提交表单的 HTTP 方法，值为 post 和 get：post 方法在

表单的主干包含名称/值对并且无需包含于 action 特性的 URL 中，是默认使用方式；get 方法不赞成使用。

③ 在表单范围内分别插入用户名和密码等，在图 2-54 光标闪烁的地方开始如下操作。

首先插入用来输入用户名的文本字段：在“插入”面板的“表单”选项处选择“文本字段”选项，如图 2-55 所示。

在弹出的“输入标签辅助功能属性”对话框中进行如下设置。在“ID”文本框输入：name；在“标签”文本框输入：用户名；单击“确定”按钮，如图 2-56 所示。

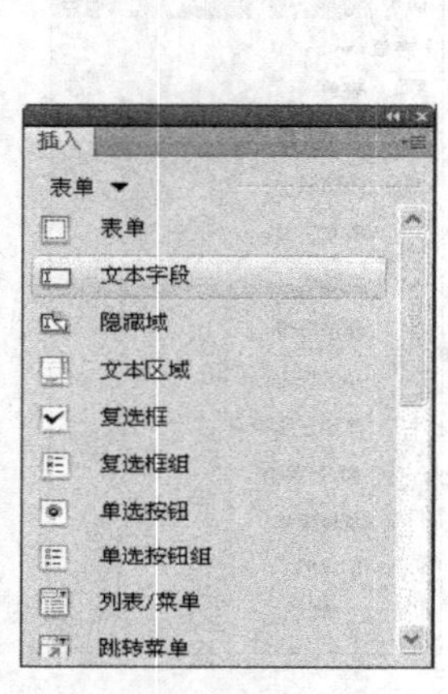

图 2-55 插入文本字段

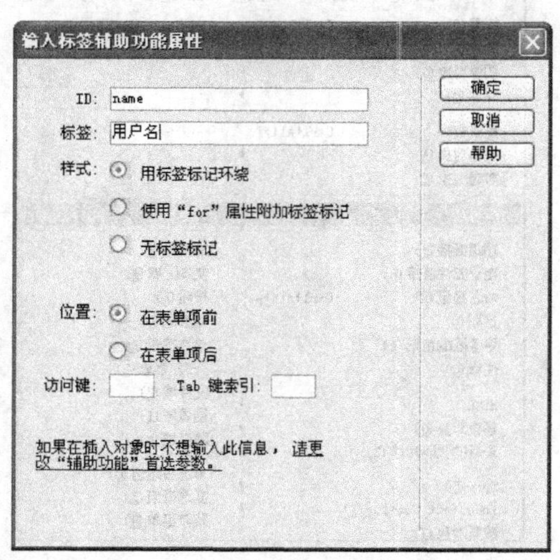

图 2-56 设置文本字段

这时，在设计视图处添加了“用户名”，在属性面板处出现了 ID 为 name 的属性名，并且“类型”为“单行”(这是默认的)，如图 2-57 所示。

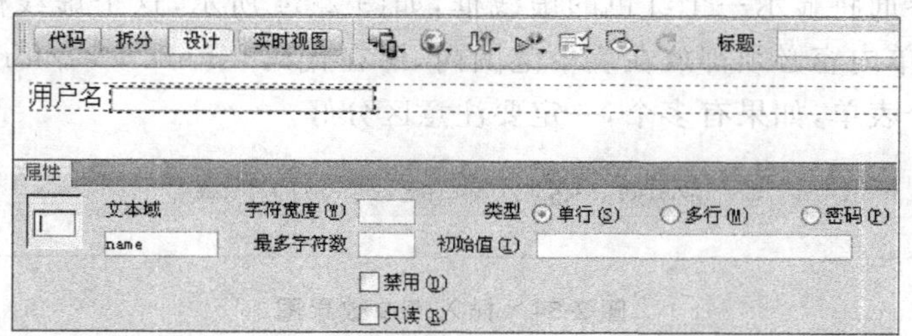

图 2-57 插入用户名文本字段效果图

以相同的做法插入密码文本字段，不同的是，插入后属性面板的“类型”选中“密码”单选按钮即可。

最后，插入按钮。首先在“插入”面板选择“按钮”选项，如图 2-58 所示；在弹出的“输入标签辅助功能属性”对话框中，同样在“ID”文本框直接输入 button，单击“确定”按钮即可，如图 2-59 所示。

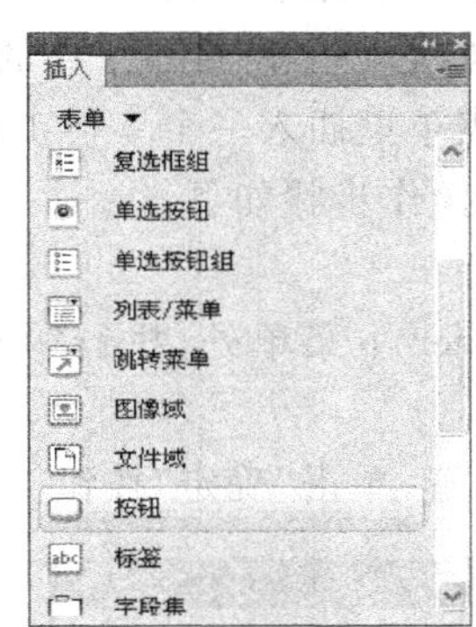

图 2-58 选择按钮

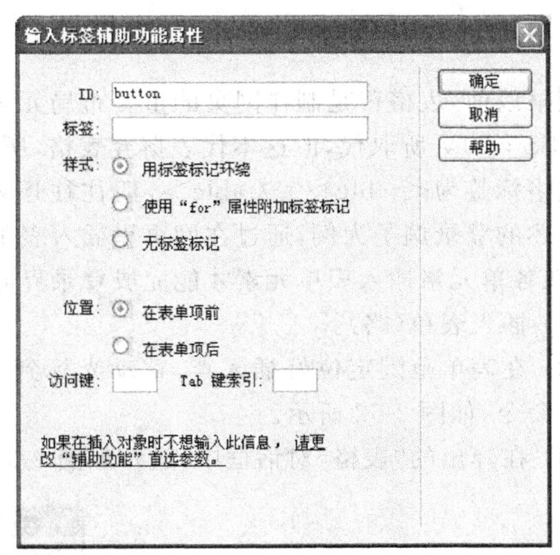

图 2-59 设置按钮

此时按钮被插入到表单里，在 Dreamweaver 设计视图里，如果单击按钮，可以看到按钮属性面板处"按钮名称"文本框为刚才输入的文字内容 button；而在"值(V)"文本框文字为"提交"，这是"动作"里的默认情况，如图 2-60 所示。同样，如果选中"动作"里的"无"单选按钮，"按钮名称"文本框中的文字则为"按钮"，可以通过"值(V)"文本框修改；如果选中"重设表单"单选按钮，"按钮名称"文本框中的文字则为"重设"，这是动态网页内容，这里暂时不讲。

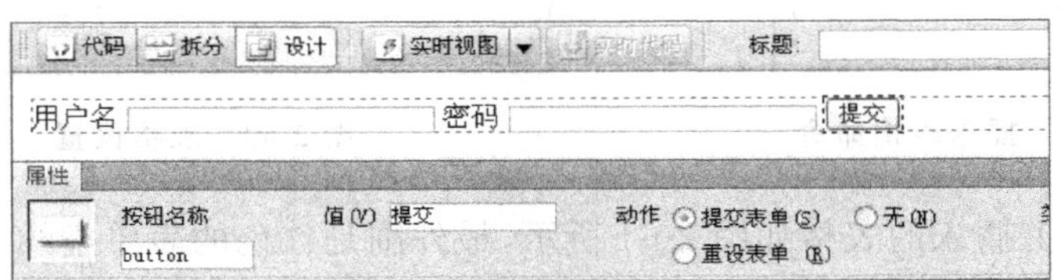

图 2-60 插入按钮效果图

预览表单文件，在文本字段里输入文字，用户名为可见，而密码则变成圆点，这是一个暂时不能提交的登录表单，因为现在只是学习静态界面部分的内容，如图 2-61 所示。

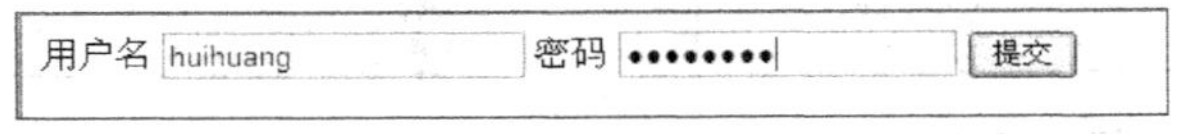

图 2-61 表单预览效果图

整个登录表单制作完毕，其代码如下：

```
<form id="form1" name="form1" method="post" action="">
    <label>用户名<input type="text" name="name" id="name" /></label>
    <label>密码<input type="password" name="password" id="password" /></label>
    <label><input type="submit" name="button" id="button"value="提交"/></label></form>
```

2.4.7 插入表格

较早以前，表格曾是制作网页的重要布局元素，随着新技术的出现，网页静态布局逐步被 CSS+DIV 所取代，但这不代表摒弃表格，所以在这里还要介绍表格的知识。

表格标签为<table></table>，但往往还要与行和列组成一个不可分离的结构。仍以上述的登录例子为例，通过在网页里插入表单，然后在表单里插入一个 3 行 1 列的表格，再在各单元格插入表单元素才能完成登录界面的布局。操作步骤如下。

(1) 插入表单(略)。

(2) 在表单范围定位好插入点，移动光标到 Dreamweaver 主菜单处，执行"插入"→"表格"命令，如图 2-62 所示。

(3) 在弹出的"表格"对话框中，进行如图 2-63 所示的设置，单击"确定"按钮。

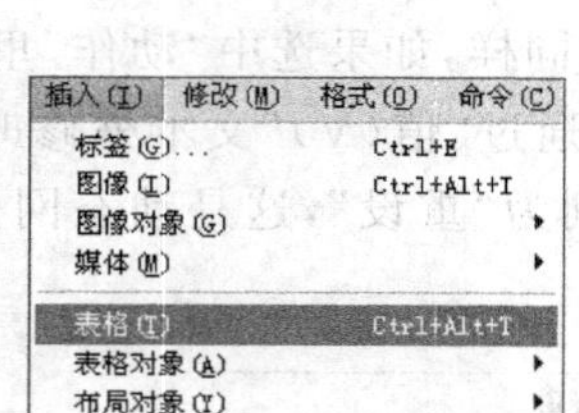

图 2-62 插入表格命令

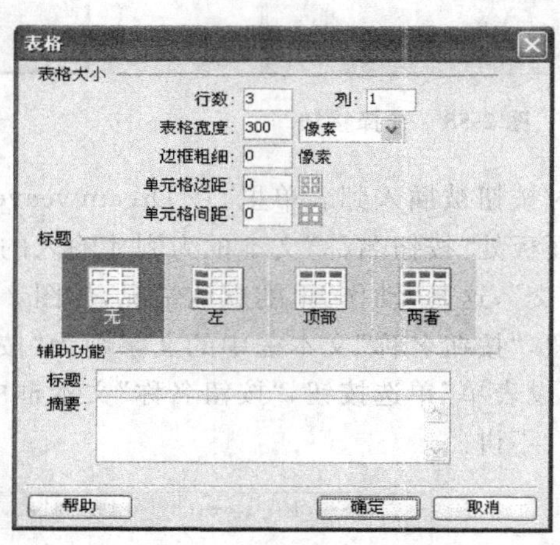

图 2-63 表格设置

(4) 在页面上插入的表格如图 2-64 所示，最外围是红色的表单虚线，里面是表格。

(5) 接下来的做法就是按上面的"插入表单"操作，把表单元素插入到表格的每个单元格中，完成后效果如图 2-65 所示。

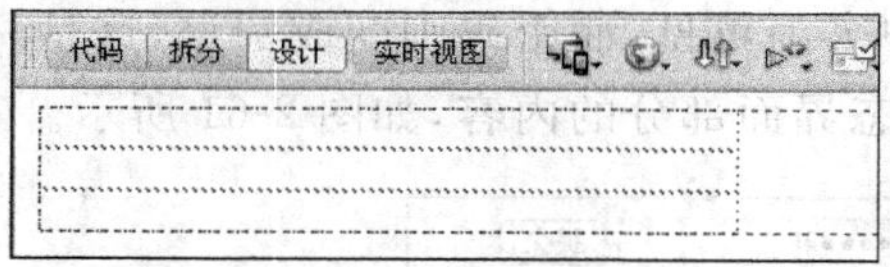

图 2-64 插入表格

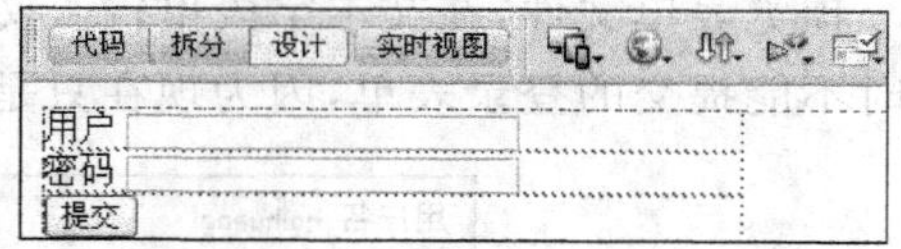

图 2-65 在表单处插入表格

此时切换到代码视图，代码如下：

```
<form id="form1" name="form1" method="post" action="">
  <table width="300" border="0" cellspacing="0" cellpadding="0">
    <tr><td><label>用户
        <input type="text" name="name" id="name" /></label></td></tr>
    <tr>
```

```
<td><label>密码
  <input type="password" name="password" id="password" /></label></td></tr>
<tr>
  <td><label>
    <input type="submit" name="button" id="button" value="提交" /></label>
</td></tr>
  </table></form>
```

可见，表格是跟行和列不分离的，哪怕最简单的一行一列结构为也要与行、列镶嵌在一起：

```
<table><tr><td> </td></tr></table>
```

任务 2.5 创建超链接

超链接在本质上属于网页的一部分，它是一种允许访问者同其他网页或站点之间进行链接的元素。各个网页链接在一起后，才能真正构成一个网站。所谓的超链接是指从一个网页指向一个目标的链接关系，这个目标可以是另一个网页，也可以是相同网页上的不同位置，还可以是一张图片，电子邮件地址，文件，甚至是应用程序。而在一个网页中用来超链接的对象可以是一段文本或者是一个图片。当浏览者单击已经链接的文字或图片后，链接目标将显示在浏览器上，并且根据目标的类型来打开或运行，超链接标签为：<a></a>。

2.5.1 超链接定义

1. 类型

超链接按其链接路径的不同，一般分为 3 种类型：内部链接，锚点链接和外部链接。

2. 超链接对象

有上网习惯的人们都会知道，当光标移动到网页任何一个地方，只要光标变成小手就意味着这里有超链接，此时单击鼠标就会出现一个与之内容相关的新页面。如果按照使用对象的不同，网页中的链接又可以分为：文本超链接、图像超链接、E-mail 链接、锚点链接、多媒体文件(多指动画)链接、空链接等。

超链接是一种对象，它以特殊编码的文本或图形的形式来实现链接，如果单击该链接，则相当于指示浏览器移至同一网页内的某个位置，或打开一个新的网页，或打开某一个新的 WWW 网站中的网页。

3. 网页超链接

网页上的超链接一般分为以下 3 种。

第一种是绝对 URL 的超链接，指利用 URL(统一资源定位符)链接到网络上的一个站点、网页的完整路径，如网易网站的完整路径：http://www.163.com。

第二种是相对URL的超链接，就是指同一个网站内的链接。

第三种是同一网页的超链接，这种超链接叫作书签，又叫锚点。

4. 动感、静态链接

超链接还可以分为动感超链接和静态超链接。动感超链接指的是可以通过改变HTML代码来实现动感变化的超链接，例如将鼠标移动到某个文字链接上，文字就会改变颜色或上下跳动，或者鼠标移到图片上时，图片就产生变色或变透明等效果。而静态超链接就是没有动感效果的超链接，不管是文字还是图片。

5. 颜色

默认情况下，网页上的文字超链接都是带有下划线的蓝色字样(除用户自己设置成其他颜色外)。当移动鼠标到该超链接上时，鼠标就会变成一只小手的形状，这时候单击，就可以直接跳到与这个超链接相链接的网页或WWW网站上去。如果用户已经浏览过某个超链接，这个超链接的文本颜色就会发生改变(默认为紫色)。但是图像的超链接访问后颜色不会发生变化。

6. 术语简释

(1) 目标关键词(Keyword)

(2) 文本(Text)

(3) 锚文字(Anchor Text)

(4) 链接(Link)

2.5.2 创建超链接

下面分别按链接对象和链接类型讲述如何建立超链接。为了介绍清楚相关内容，本节将以一个简单的个人微博网站为例展开阐述。

新建一个名为Weblog的网站，为了方便学习，把这个网站以最简单的网站结构进行介绍，网站结构如图2-66所示。

从网站结构图可以得知，这个网站有5个页面：一个主页，4个子页。

双击打开主页文件index.html，在设计视图里输入子页菜单文本，即网站导航标题：个人主页、我的文章、我的相册、我的朋友、给我留言等，注意每输入一个子页菜单就按Enter键，完成后如图2-67所示。

切换到代码视图，原来每按一次Enter键就自动生成一个段落<p></p>，即文字会包含在<p></p>之间。代码如下：

```
<body>
  <p>个人主页</p>
  <p>我的文章</p>
  <p>我的相册</p>
```

```
    <p>我的朋友</p>
    <p>给我留言</p>
    <p>更多</p>
</body>
```

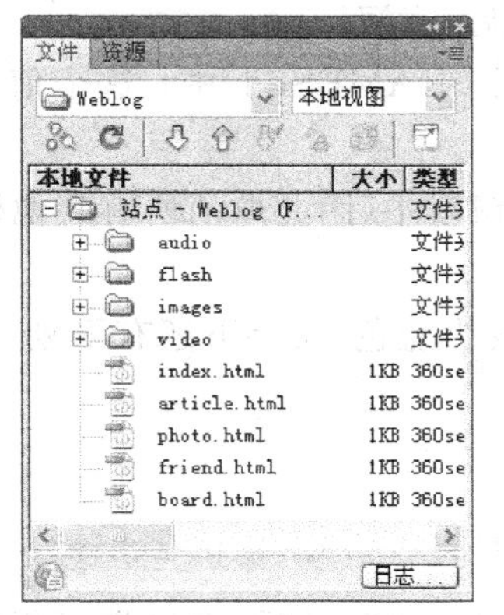

图 2-66 网站 weblog 结构图

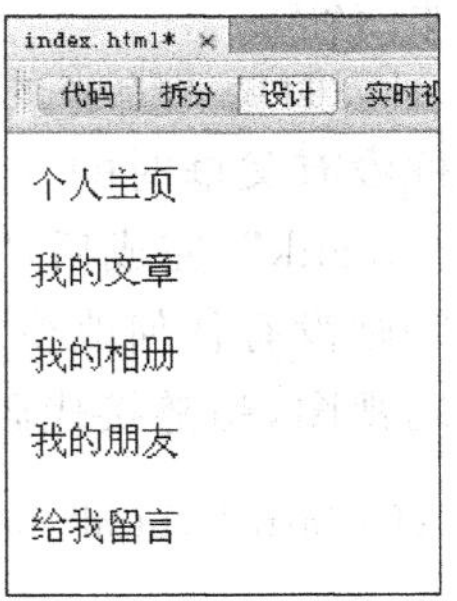

图 2-67 网站 weblog 导航标题图

1. 按对象链接

(1) 文字超链接

现在可以实现链接了，主页上已经有了链接子页的文字菜单，也在网站上建立了相应的子页文件，这时只需建立链接就行。如制作“我的文章”菜单超链接的操作步骤如下。

在设计视图里，用鼠标选中“我的文章”菜单字样，在属性面板“链接”下拉列表框右侧有一个“指向文件”图标，拖动该图标，这时会拉出一根线直接链接到用户需要的子页 article.html 文件，释放鼠标，在“链接”下拉列表框自动显示刚才的链接路径，如图 2-68 所示。

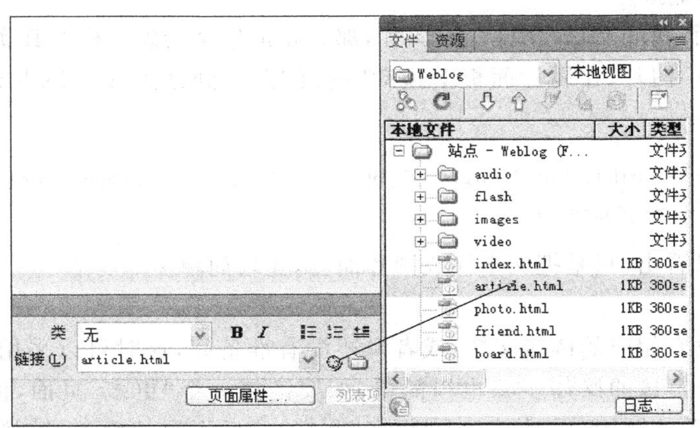

图 2-68 文字超链接(拖动)图

在属性面板上，还有一个很重要的选项设置，那就是“目标”，制作链接的同时还要在“目标”处选择选项，“目标”英文为 TARGET，是链接时指定提交的结果文档显示的位置。这里共有以下 4 个选项。

① _blank：在一个新的、无名浏览器窗口调入指定的页面。

② _self：在指向这个目标元素的相同框架中调入页面。

③ _parent：把页面调入当前框的直接的父框 FRAMESET 中；这个值在当前框没有父框时等价于_self。

④ _top：把页面调入原来的最顶部的浏览器窗口中(因此取消所有其他框架)；这个值等价于当前框没有父框时的_self。

这里选择“_blank”，完成后，“我的文章”字体变为蓝色，文字下还有下划线，其他没设置超链接的文字则没有任何改变，如图 2-69 所示。

切换到代码视图，超链接代码如下：

```
<p><a href="article.html" target="_blank">我的文章</a></p>
```

创建超链接还有另一种方法：选中“我的文章”菜单字样后，在属性面板“链接”下拉列表框右侧的“指向文件”图标旁边还有一个“文件夹”图标，单击该图标，选择站点的 article.html 即可。预览网页，当单击已设置超链接的“我的文章”时，页面就会跳转到 article.html 页面，如图 2-70 所示。

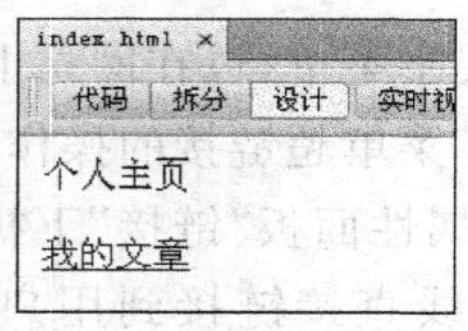

图 2-69 文字超链接效果图

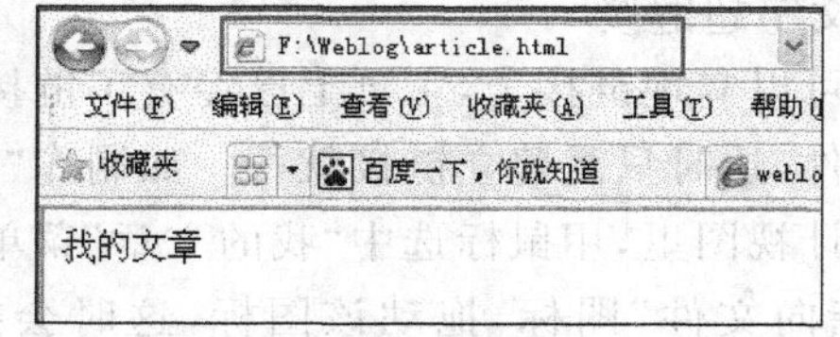

图 2-70 超链接预览跳页效果图

(2) 图片超链接

如果把上面“我的文章”字样变成图片，那么超链接又会怎么样？其实方法是一样的，插入图片，并选中图片，在属性面板上拖动“链接”图标到站点 article.html 文件处即可。这时的代码为：

```
<p><a href="article.html" target="_blank"><img src="images/word.jpg" width="62"
height="80" /></a></p>
```

从代码可以看出，只是把文字换成图片而已，比较简单。

(3) 空链接

如果网站没有相应的链接文档，或者说还没有准备好，这时可以采用空链接，待以后再修改。创建空链接的操作步骤也很简单，如要链接一个“更多”页面，但此网页没有创建，这时可以设置空链接，用鼠标选中“更多”文字，然后在属性面板“链接”下拉列表框输入一个“#”字符，按 Enter 键即可，如图 2-71 所示。这时代码则是：

```
<p><a href="#">更多</a></p>
```

预览网页，当单击“更多”文字时，页面没有跳转，链接路径上则多了“＃”字符，即路径为：file:///F:/Weblog/index.html＃，如图 2-72 所示。

图 2-71　空链接属性设置

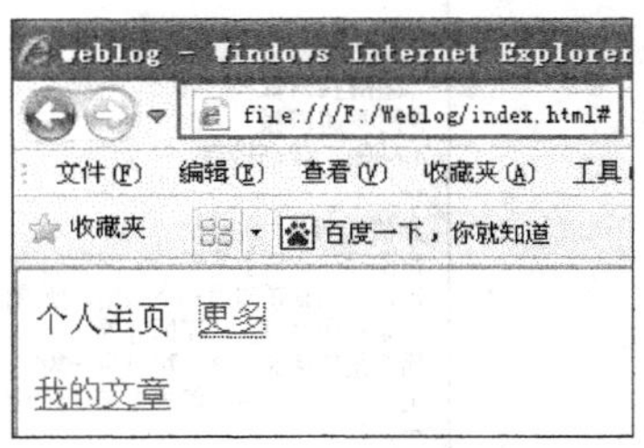

图 2-72　空链接预览效果图

2. 按类型链接

(1) 站内链接

上述“文字链接”就是一种站内链接。站内链接就是指 URL 指向的页面是在本网站范围内的页面。

(2) 站外链接

站外链接通常指本网站以外的站点文件连接，真正能够实现信息互联的就是站外链接。同一个网站信息量有限，只有通过互通信息才能得到更多信息。如广告，通过知名网站外连，连通外来渠道，使客户得到更多的信息，整个互联网信息流通得更好，更有利于信息互通。如果要链接到百度，链接方法一样，用文字、图片都行，只是把链接路径变成 http://www.baidu.com 即可。链接代码如下：<a href="http://www.baidu.com">百度</a>，预览时单击“百度”，页面就会跳转到百度网站。

(3) 锚点链接

锚点也叫锚记，锚点链接就是同一页面的链接，如果页面内容很多，占页面的垂直距离很长，并且只想浏览其中一部分，这时需要用锚点链接解决这个问题，当访问者单击某部分内容标题，页面就会跳到相关内容，为浏览带来极大方便，下面以“我的文章”页面为例介绍锚点链接的建立方法。

在这个页面里，我们准备了本节超链接内容，首先在文章顶上把各部分标题列出来，然后把文章复制到页面上，整体内容如图 2-73 所示。

锚点链接操作步骤如下。

① 选择锚点。选择离页头最远的“4. 动感、静态链接”内容插入锚点，把光标定位在“4. 动感、静态链接”内容后面，当光标在后面闪烁时说明已定位好。

② 插入锚点。再移动光标到 Dreamweaver 主菜单，执行“插入”→“命名锚记”命令，如图 2-74 所示。

在弹出的“命名锚记”对话框中输入锚点名称(英文名)：dgjt，单击“确定”按钮，如图 2-75 所示。

此时在“4. 动感、静态链接”内容后面就插入了锚点图标，如图 2-76 所示。注意，这个图标是不可见元素，预览时是看不见的。它意味着超链接可以跳到这个位置上，因为已经

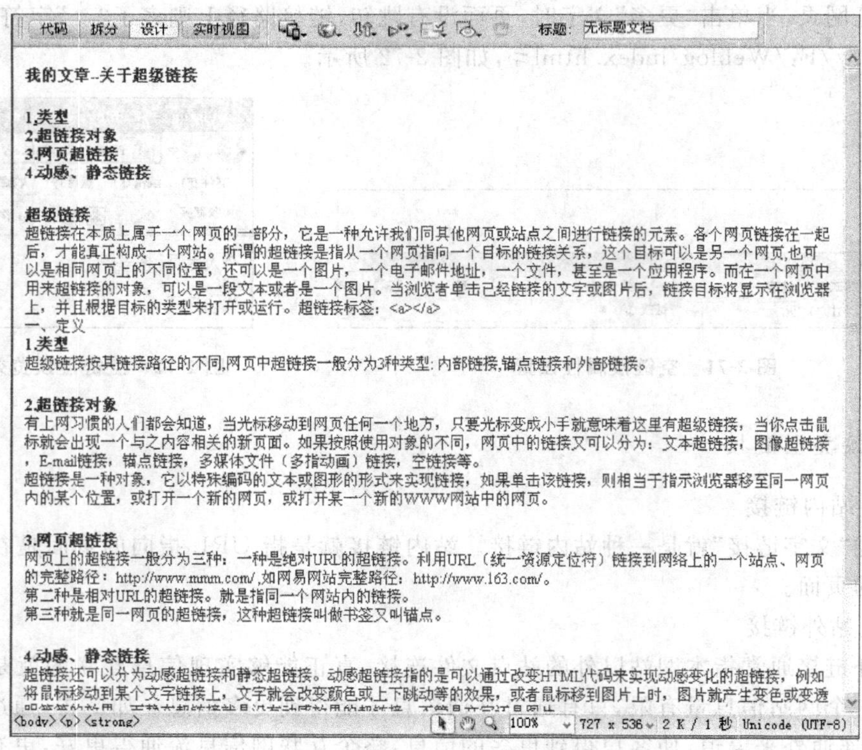

图 2-73 文章内容整体效果图

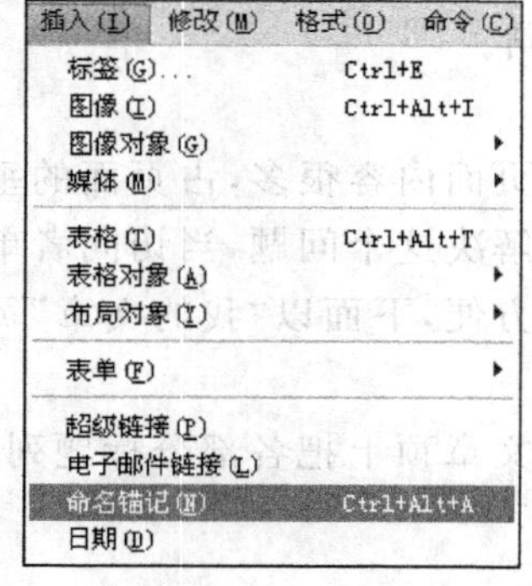

图 2-74 插入锚点命令

图 2-75 锚点命名

设置了有名字的锚点。

③ 锚点链接。把光标移动到文章顶上标题："4. 动感、静态链接"内容处，并选中此内容，在属性面板上输入刚才的锚点名字，但必须在名字前加上"#"号，如图 2-77 所示。

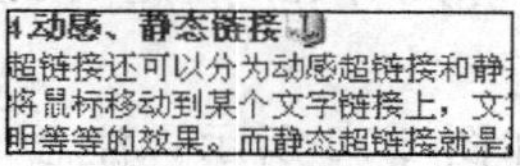

图 2-76 锚点图标图

图 2-77 锚点链接图

预览网页，当单击"4. 动感、静态链接"内容时，内容被提到页面前面来，超级链接路径为：file:///F:/Weblog/article.html#dgjt，如图 2-78 所示。

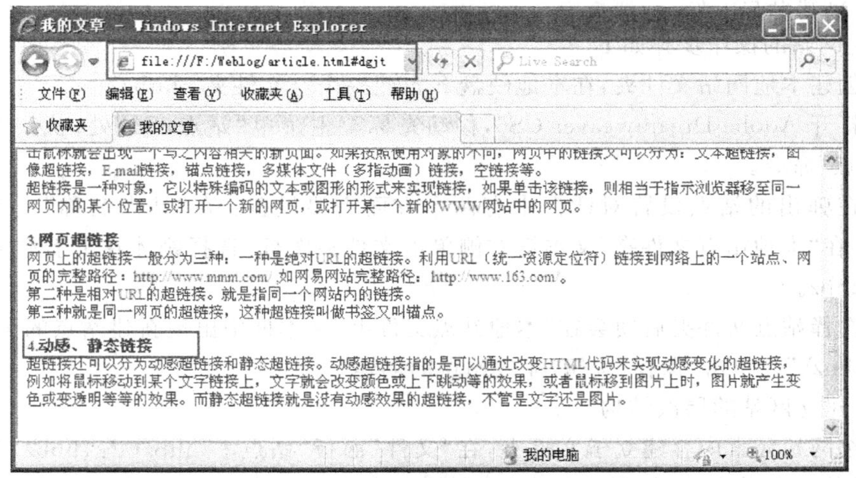

图 2-78　锚点预览效果图

为了方便客户浏览，一个页面上可以设置多个锚点链接，根据需要而定。

超链接知识就介绍到这里，但是细心的读者会发现，此时所制作的超链接或者前面学习的插入网页元素等没有经过任何修饰美化，页面不够美观，相关内容将在后面章节进行进一步的介绍。

实训 2　网站建立与栏目规划

1. 实训目的

(1) 进一步熟悉 Dreamweaver 工作环境。

(2) 掌握网站建立方法和网站结构与命名。

2. 实训内容

通过 Dreamweaver 新建网站，以个人名字(英文)建立网站，内容则是公司网站。教师提供几个网站供学生参考。

(1) www.hhbz168.com

(2) www.hongta.com

(3) http://www.goshinil.co.kr/main.asp

(4) http://www.pku.edu.cn

以上述网站(1)为例，创建如图 2-79 所示的网站和网站结构。

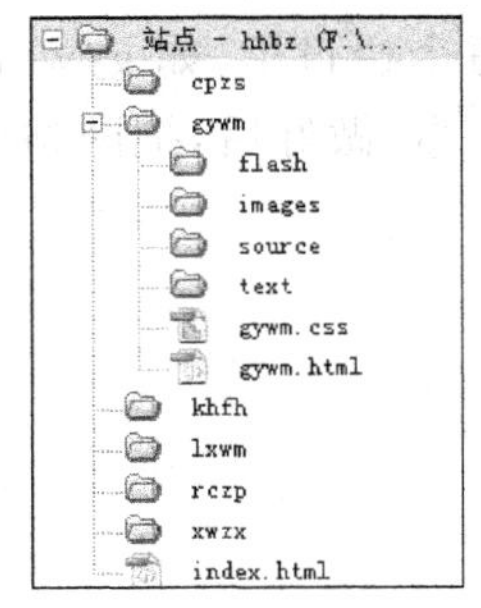

图 2-79　hhbz 网站结构图

3. 操作步骤

(1) 创建站点

建立网站的操作步骤如下。

① 创建本地网站文件夹，在本地硬盘F盘建一个空文件夹：hhbz。

② 打开Adobe Dreamweaver CS6，移动光标至主菜单“站点(S)”处，执行“站点”→“新建站点”命令。

③ 在弹出的站点设置对话框中有两个方面需要设置：在“站点名称”文本框输入“hhbz”；在“本地站点文件夹”文本框右侧单击文件夹图标，选择刚才在F盘创建的站点文件夹hhbz。

④ 选择站点文件夹后便会在“本地站点文件夹”文本框中出现新建站点的名称路径，即“F:\hhbz\”。单击“保存”按钮，完成站点的创建。

(2) 建立网站的层次结构

① 按网站元素内容建立子文件夹，在“文件”面板“站点 - hhbz(F:\hhbz)”上右击，在弹出的快捷菜单中选择“新建文件夹”选项，文件夹改名为images；以此类推，分别建立flash、css、javascript、source等文件夹。

② 按主菜单栏目建立文件夹。

按所给出网站“辉煌包装制品有限公司”栏目“关于我们”、“新闻中心”、“产品展示”、“联系我们”等建立相应文件夹，方法同上，分别建立如下文件夹：guanyu、xinwen、chanpin、board、rencai、lianxi等。

③ 在每个栏目文件夹下建立images、flash等子文件夹，即分别在guanyu、xinwen、chanpin、board、rencai、lianxi等文件夹里建立各自的子文件夹images、flash等。

4. 实训提交要求

① 分析多个网站栏目结构。

② 以一个网站为例，创建其网站结构。

特别注意：a. 以英文名命名；b. 网站根目录下建立用以制作网站的元素文件夹；c. 每个栏目里，如gywm，即“关于我们”也要建立用以制作网站的元素文件夹。

③ 做好后，把网站放在注明“班级—姓名”的文件夹里，以邮件方式发送给教师。

项目三

创建 CSS 样式表

Project 3

本项目任务是学习用于修饰网页的样式表的创建以及如何在网页中插入样式表。CSS 样式表内容繁多、功能强大，只有掌握它才能设计与制作更专业、更漂亮的网页。

学习目标

(1) 了解 CSS 样式的引入，掌握 CSS 样式语法与运用。

(2) 掌握 CSS 样式的建立，掌握各种 CSS 样式的创建与应用。

(3) 掌握在网页中插入 CSS 样式的方式与方法。

(4) 理解 CSS 样式继承与叠加等关系。

(5) 理解 CSS 样式的优先级问题。

技能目标

(1) 建立 CSS 样式。

(2) 建立标签样式、类样式、ID 样式及应用。

(3) 在网页中插入样式，包含多种插入方法。

(4) 在网页中灵活运用各种样式、灵活运用插入样式方法。

任务 3.1　CSS 样式引入

CSS 是 Cascading Style Sheets(层叠样式表单)的缩写，它是一种用来表现 HTML 或 XML 等文件样式的语言，是能够真正做到网页表现与内容分离的一种样式设计语言。

CSS 通常又称为"风格样式表(Style Sheet)"，其表现就是用来设计、美化网页，包括各种风格的再现，就像装修房子一样，使用 CSS 不但可以美化网页，更可以使网页风格千变万化。

比如，要使整个网站风格为蓝白风格，那么就可以通过 CSS 来完成；如果想让链接字未单击时是蓝色的且有下划线，当鼠标移上去后字变成浅蓝色的无下划线，这就是一种风格。通过设置样式表，用户可以统一地控制 HTML 中各标签的显示属性。级联样式表可以更有效地控制网页外观。使用级联样式表，可以精确指定网页元素位置、外观以及创建特殊效果的能力。

网页设计最初是用 HTML 标签来定义页面文档及格式，例如标题＜h1＞、段落＜p＞、表格＜table＞、链接＜a＞等，但这些标签不能满足更多的文档样式需求，为了解决这个问题，1997 年 W3C(The World Wide Web Consortium)颁布 HTML4 标准的同时也公布了有关样式表的第一个标准 CSS1，自 CSS1 的版本之后，W3C 又在 1998 年 5 月发布了 CSS2 版本，样式表得到了更多的充实。W3C 把 DHTML(Dynamic HTML)分为 3 个部分来实现：脚本语言(包括 JavaScript、VBScript 等)、支持动态效果的浏览器(包括 Internet Explorer、Netscape Navigator 等)和 CSS 样式表。那么，怎样在网页中使用 CSS?

比如，在网页制作工具 Dreamweaver 中，在定义某段落的文字字体、颜色、大小等属性的时候，查看一下代码，在<head></head>之间有如下代码：

```
<style type="text/css">
<!--
p{ border:2px #CC6600 solid;font-size:12px; text-indent:26px;color:#666666;
   background-color:#FFFFCC;width:300px;height:80px; }
--></style>
```

上述代码就是 CSS 代码，说明已经使用了 CSS 设计网页元素。这种添加样式的方法是"内嵌样式法"，如果在网页文件里有段落内容，这时就会被直接调用而显示效果：

```
<body>
<p>在 CSS 中，一个独立的盒子模型由内容、填充、边框和边界 4 个部分组成，而填充、边框和边界都有其独特的空间距离等属性，每个部分都有 4 个方向属性值，这 4 个值是按"上-右-下-左"顺时针方向原则计算，其值的大小直接影响各种排版效果。
</p>
</body>
```

通过浏览器可以预览到如图 3-1 所示的效果。

图 3-1 CSS 样式引入例子 1

除了在<head></head>之间使用 CSS 外，还有其他的使用方法，如字里行间加的样式，这种叫内部样式法。如果上面页面的 body 标签需要设定样式，则可在该标签内加上属性 style=" "，以修饰整个网页背景颜色样式。例子如下：

```
<body style="background-color:#CCCC99">
<p>在 CSS 中，一个独立的盒子模型由内容、填充、边框和边界 4 个部分组成，而填充、边框和边界都有其独特的空间距离等属性，每个部分都有 4 个方向属性值，这 4 个值是按"上-右-下-左"顺时针方向原则计算，其值的大小直接影响各种排版效果。</p>
</body>
```

通过单独设置 body 标签样式，整个页面背景颜色变成浅咖啡色，如图 3-2 所示(周边的咖啡色)。

除了上述"内部样式法"和"内嵌样式法"两种添加方法外，还有其他两种添加 CSS 样式的方法：外部调用法和双表法调用样式表方法等，CSS 样式还包含很多属性，在接下来的学习中会一一介绍。

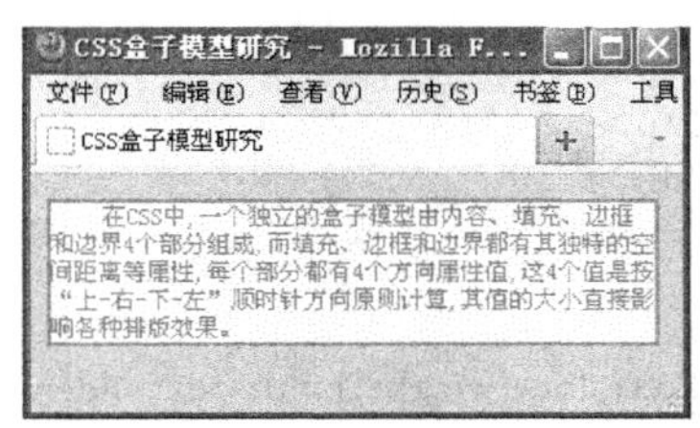

图 3-2 **CSS 样式引入例子 2**

3.1.1 CSS基本语法运用

CSS 的定义由 3 个部分构成：选择符(Selector)，属性(Properties)和属性值(Value)。基本格式如下。

```
selector {property: value}
(选择符{属性: 值})
```

每个选择符都有属性(Properties)，包含在大括号{}中，里面包括诸如 color、font-size 或者 background 形式的字样。选择符是可以是多种形式，一般是用户要定义样式的 HTML 标签，例如 BODY、P、DIV、UL、LI 等，可以通过此方法定义它的属性和值，值(Value)在半角英文冒号:后面，用半角英文分号;隔开。

例如，body {color:#CCCC99}，选择符 body 是指页面主体部分，即放置所有网页元素的地方，所以通常设置 body 的属性内容为网页共性，如背景颜色、字体字号、字体颜色、网页居中等，color 就是控制文字颜色的属性，#CCCC99 是颜色的值，此例的效果是使页面中的文字为浅咖啡色，如前面的图 3-2 所示。

如果需要对一个选择符指定多个属性，可以使用分号将所有的属性和值分开。

例如，

```
p{ font—size:12px; text—indent:26px;color: #666666; }
```

即段落文字大小 12 像素、段落首行缩进 26 像素、段落中的文字为灰色。

为了使所定义的样式表方便阅读，可以采用分行的书写格式。

```
p{ font-size:12px;
text-indent:26px;
color: #666666;}
```

3.1.2 选择器的使用

1. 标签选择器的使用

标签选择器就是以指网页 HTML 里的所有标签为命名的样式名称，如 html、body、p、h1、h2、div、span 等 HTML 标签。因为是约定的标签名称，所以只要一定义这些标签或其中的一种，则对网页上所有相同标签内容都有效。如下面例子，网页上有用段落 p 装着的 3 行文字和 DIV 区域里装着的一行文字。

```
<p>这是第一个段落文字</p>
```

```
<p>这是第二个段落文字</p>
<p>这是第三个段落文字</p>
<div>这是 div 里的文字</div>
```

如果设置 CSS 代码为

```
p { color: #F00;font-size:12px; font-weight:bold; text-indent:25px;}
```

即定义字体颜色是红色、字体大小为 12 像素、粗体和首行缩进，那么这 3 行段落文字同时生效，但 DIV 区域里装着的文字却没有任何改变。这就是类型选择符，它定义的是 HTML 下相同标签的共性(当然，用户还可以继续设置 DIV 的 CSS 样式)。网页代码如下：

```
<html><head>
<title>选择符</title>
<style type="text/css">
p { color: #F00;font-size:12px;}
</style></head>
<body>
<p>这是第一个段落文字</p>
<p>这是第二个段落文字</p>
<p>这是第三个段落文字</p>
<div>这是 div 里的文字</div>
</body></html>
```

效果如图 3-3 所示。

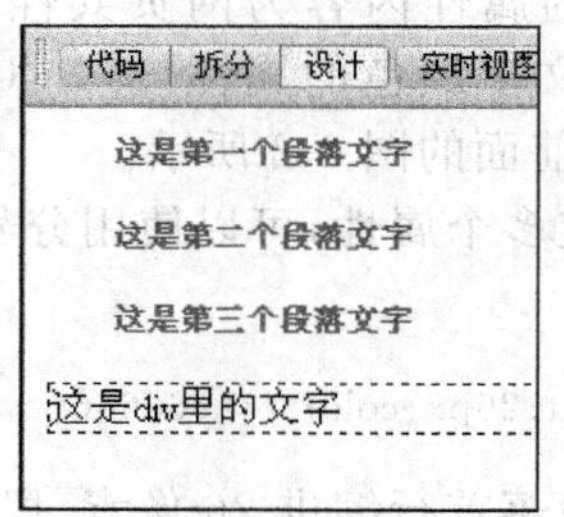

图 3-3 标签选择器应用例子

2. ID 和 CLASS 选择器的使用

ID 和 CLASS 选择器在 CSS 样式中应用最为广泛，使用这两种选择器，可以个性化网页元素，使页面更加丰富多彩。从上面段落标签 p 的例子可以看出，如果只使用标签 p 选择器修饰网页元素 p，出现的效果是千篇一律的，而下面介绍的 ID 和 CLASS 选择器就会使相同的网页元素出现不一样的效果。

(1) CLASS选择器

CLASS 选择器也叫类选择器，通过类选择符，能够把相同的元素分类定义不同的样式，定义类选择器时，在自定义类的名称前面加一个点号“.”。注意：类的名称可以是任意英文单词或以英文开头与数字的组合，一般以其功能和效果简要命名。假如用户想要两个不同的段落，一个段落字体大小 12 像素，一个段落字体大小 16 像素，一个颜色为黑色，一个为红色，可以先定义两个类：

```
.txt12 {font-size:12px; color:#999}
.txt16 {font-size:16px; color:#000}
```

这时.txt12或者.txt16分别叫作txt12类和txt16类，然后在不同的段落套用不同的类，代码如下：

```
<p class="txt16">段落字体大小16像素，黑色</p>
<p class="txt12">段落字体大小12像素，灰色</p>
```

类选择器还有一种用法，可以在不同的HTML标签名使用相同的样式，如上述的.txt12 {font-size:12px; color:#999}，这样的类可以被应用到任何元素上。

下面使DIV元素(层)和h2元素(标题)都归为"txt16"类，这使两个元素的样式都跟".txt16"这个类选择符一样，代码如下：

```
<div class="txt16">层字体大小16像素，黑色</div>
<h2 class=" txt16">标题字体大小也是16像素，黑色</h2>
```

这种类选择器是今后最常用的CSS方法，使用这种方法，可以很方便地在任意元素上套用预先定义好的类样式。

(2) ID选择器

ID选择器有着与类选择器相同的使用效果：个性化、多样化，但它跟类选择器有不一样的使用权限，ID选择器是用来对某个单一元素定义单独的样式，某元素一旦使用了某个ID选择符，意味着其他元素不能再使用，跟每个人的身份证一样，是唯一的。

在定义ID选择器时，名称是也是可以自定义的，但是必须在自定义的名称前面加一个"#"号，注意，ID的名称命名法与类选择器相同。

定义ID选择符的属性跟类选择器一样，也有两种方法。下面实例中，ID属性将匹配id="midtext"的元素，注意：ID属性只能给一个元素，因为它是唯一的。CSS代码如下：

```
#midtext{ font-size:18px;font-weight:bold;color:#009;background-color:#FF9}
```

即定义字体大小为18像素；粗体；蓝色；背景颜色浅黄色。注意：ID选择符局限性很大，只能单独定义某个元素的样式，一般只在特殊情况下使用。

3. 群组选择器的使用

群组选择器就是把相同属性和值的选择符组合起来编写，用逗号将选择符分开，这样可以减少样式重复定义、减少代码重写，从而起到优化代码的作用。

下面代码就是几组选择符组合起来编写的实例。

```
h1, h2, h3, h4, h5, h6{ color:#000;text-align:center;text-decoration:underline; }
```

这里包括6个标题元素，每个标题元素的文字都为黑色、居中和有下划线，如果它们不是组合起来，而是单独编写，则会重复很多代码，见以下写法：

```
h1 { color:#000;text-decoration:underline;}
```

```
h2 { color: #000;text-decoration:underline;}
h3 { color: #000;text-decoration:underline;}
h4 { color: #000;text-decoration:underline;}
h5 { color: #000;text-decoration:underline;}
h6 { color: #000;text-decoration:underline;}
```

又如，有下面组合编写代码：

```
p, div{ font-size: 13px, color: #999; background-color: #FF9; width:400px}
```

这里定义段落和标题里的文字大小都为 13 像素，字体颜色灰色，背景色浅黄色。如果单独编写，则是以下写法：

```
p { font-size: 13px; color: #999; background-color: #FF9; width:400px; }
div { font-size: 13px; color: #999; background-color: #FF9;width:400px; }
```

可见，群组选择器很有意义。

4. 包含选择器的使用

包含选择器主要用于指定某个对象中的子对象样式，中间使用空格隔开，如以下 HTML 代码：

```
<div><h3>关于样式</h3>
<p>这是一段落标记，在这里的<a>样式</a>可以实现超链接</p></div>
```

CSS 代码如下：

```
div h3{ color: #00F; font-size:14px}
div p{ color: #930; font-size:12px}
```

第一行表示定义仅对 DIV 对象里的 h3 子对象有效，蓝色字体，14 号大小；第二行表示定义仅对 DIV 对象里的 p 子对象有效，咖啡色字体，12 号大小。其他不符合条件的对象则无效。

3.1.3 样式表的继承性使用

继承性就是层叠性，样式表的继承规则是指外部的元素样式会保留下来继承给这个元素所包含的其他元素。事实上，所有在元素中嵌套的元素都会继承外层元素指定的属性值（另外修改除外），例如在 DIV 标签中嵌套 p 标签，样式代码如下：

```
div { color: #3366FF;font-size: 13px; }
```

页面代码如下：

```
<div><p>这个段落的字体颜色为浅紫蓝色，文字 13 号字，</p></div>
```

p 元素里内容的属性会继承 DIV 定义的属性。

注意：有些情况下内部选择符不继承周围选择器的值，但理论上这些都是特殊的。例如，上边界属性值是不会继承的，直觉上，一个段落不会同文档 BODY 有一样的上边界值。

另外，当样式表继承遇到冲突时，总是以最后定义的样式为优先。如果上例中增加定义段落 p 的颜色：

```
div { color: #000000;font-size: 13px; }
p {color: #FF0000}
```

页面代码如下：

```
<div><p>这个段落的文字为红色，大小为 13 像素</p></div>
```

可以看到段落里的文字大小为 13 像素是继承 div 属性，而 color 属性则依照最后定义的红色。

不同的选择器定义相同的元素时，要考虑到不同的选择器之间的优先级。ID 选择符、类选择器和 HTML 标签选择器，因为 ID 选择器是最后加在元素上的，所以优先级最高，其次是类选择器。如果想超越这三者之间的关系，可以用！important 提升样式表的优先权，例如以下代码：

```
#blue { color: #00FFFF}
.green { color: #33CC66}
p { color: #FF0000!important }
```

同时对页面中的一个段落加上这 3 种样式，它最后会依照被！important 申明的 HTML 标签选择器样式定义为红色文字。如果去掉！important，则依照优先权最高的 ID 选择器定义为蓝色文字。

3.1.4 注释运用

注释在网页设计中非常有意义，在编写 CSS 代码时，可以在 CSS 中插入适当的注释来解释代码，这样更有利于网页开发以及后续的更新维护。注释在浏览时是不显示的。

注释通常有两种：一种是对样式代码的注释；一种是对浏览器兼容的注释。后者也适用于网页体里对网页内容的注释。

1. 对样式代码的注释

以“/*”开头，以“*/”结尾，如关于段落的 CSS 代码注释，代码如下：

```
/*定义段落样式表*/
p{ font-size: 13px,                    /*设置字体大小为 13 像素*/
color: #666;                           /*字体颜色为灰色*/
}
```

另外还可以对某区域代码进行注释，如：

```
/*定义左边内容样式表*/
#ZXleft{ width:288px; float:left; height:480px;}
```

2. 对浏览器兼容的注释

以“<! --”开头，以“-->”结尾，如内部样式里就有如下代码：

```
<style type="text/css">
<!--
   /*样式内容*/
-->
</style>
```

在浏览器不兼容样式代码的情况下，<! --/*样式内容*/-->里括住的内容可以被隐藏起来，不会在浏览器中出现。

另外，可以在网页体里增加网站功能等的注释，方便设计与维护，如对菜单的注释：

```
<body><div>
<!--菜单功能-->
<p>个人主页</p><p>我的文章</p><p>我的相册</p>
<p>我的朋友</p><p>给我留言 </p><p>更多</p>
</div></body>
```

任务 3.2 建立 CSS 样式表

3.2.1 建立标签选择器类型的 CSS 样式表

标签选择器类型的 CSS 样式也简称标签样式。在了解 CSS 样式的相关知识后，我们开始学习样式的创建，下面以创建层(div)、标题(h3)和段落(p)的 CSS 样式为例介绍其操作步骤，所创建的样式为内部样式。

在网页里添加一个层，在层里分别添加标题和段落，添加后内容代码如下：

```
<body>
  <div>~~下面是关于 CSS 样式的哦~~</div>
  <h3>关于 CSS 样式表</h3>
<p>CSS 就是 Cascading Style Sheets，中文翻译为层叠样式表，简称样式表，它是一种制作网页的新技术。网页设计最初是用 HTML 标记来定义页面文档及格式，学习 CSS 的样式表，主要学习在学习 CSS 之前你应该掌握哪些基础知识，认识 CSS 以及如何使用 CSS，希望能给对网页制作感兴趣的朋友带来帮助。</p>
</body>
```

利用 CSS 样式分别对上述内容作修饰，因为有 3 种标签，所以需要分别对它们作修饰，详细操作如下。

1. 创建 div 标签的 CSS 样式

首先打开 CSS 样式面板(打开方法略)，创建 CSS 样式的步骤如下。

(1) 在 Dreamweaver“设计”视图里，在展开的 CSS 面板中单击带＋号的图标，如图 3-4 所示。

（2）系统弹出“新建 CSS 规则”对话框，在“选择器类型”选项区域单击下拉按钮，弹出的下拉列表中共有 4 种选择器类型，这里选择“标签（重新定义 HTML 元素）”选项，如图 3-5 所示；再在“选择器名称”选项区域单击下拉列表，在弹出的下拉列表中选择 div 选项（或输入 div），如图 3-6 所示。

在“规则定义”下拉列表框选择规则位置，在这里选择“（仅限该文档）”选项，如图 3-7 所示。

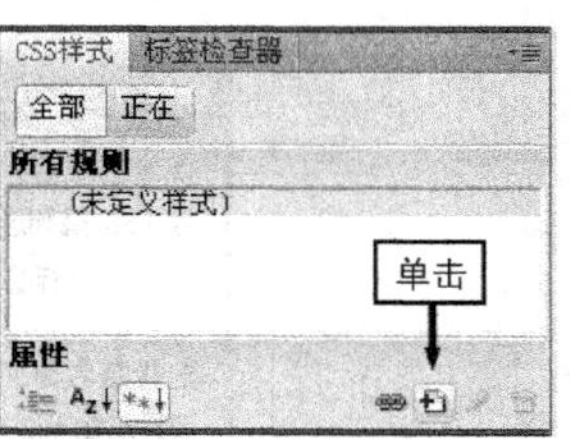

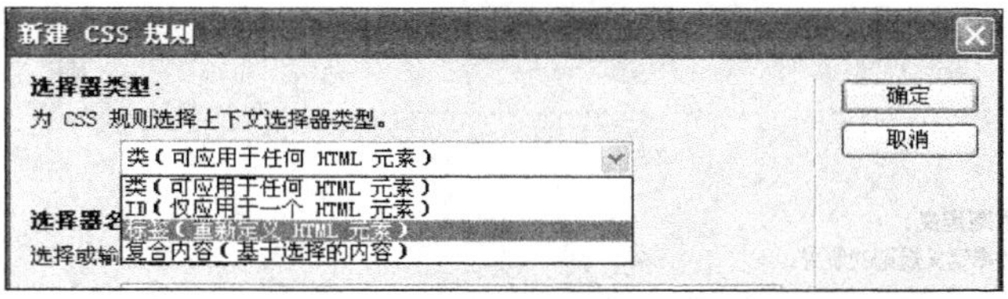

图 3-4　单击带十号图标图

图 3-5　在 4 种选择器类型中选择标签

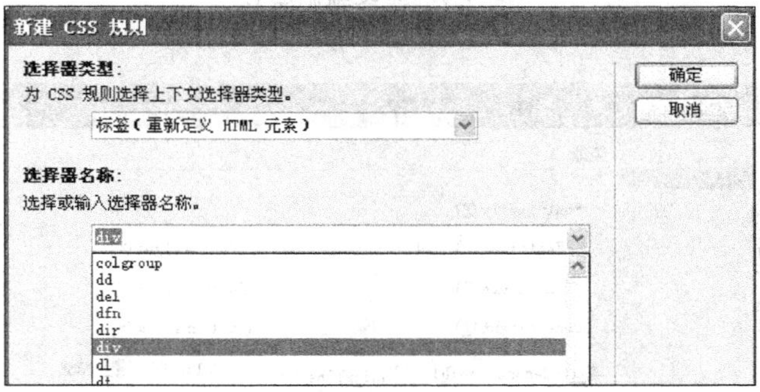

图 3-6　选择标签选择器名称

单击“确定”按钮，这时网页的“代码”视图中立即增加了代码，并且这些代码添加在<head></head>之间，这是因为“（仅限该文档）”的缘故，代码如下：

```
<style type="text/css">
<!-- div{ }
  --></style>
```

这时可以在弹出的“div 的 CSS 规则定义”对话框中对 div 进行属性设置，首先在分类里的“类型”选项区域进行设置，如设置字号与字体颜色属性，分别在 Font-size 和 Color 栏输入或者选择相关值，如图 3-8 所示。

单击“确定”按钮，设置完毕。这时，可以看见在<head></head>之间代码如下：

```
<style type="text/css">
div { font-size:14px;                    /* 设置 div 的字号 */
        color:#666;                      /* 设置 div 的字体颜色 */
}
</style>
```

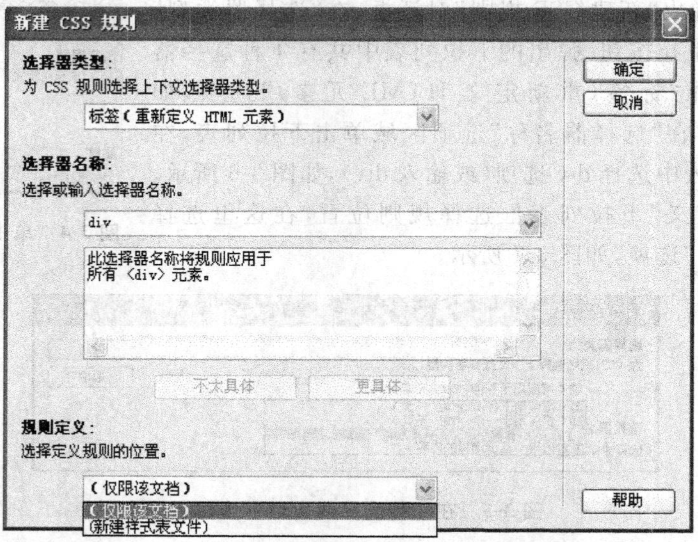

图 3-7 选择规则定义

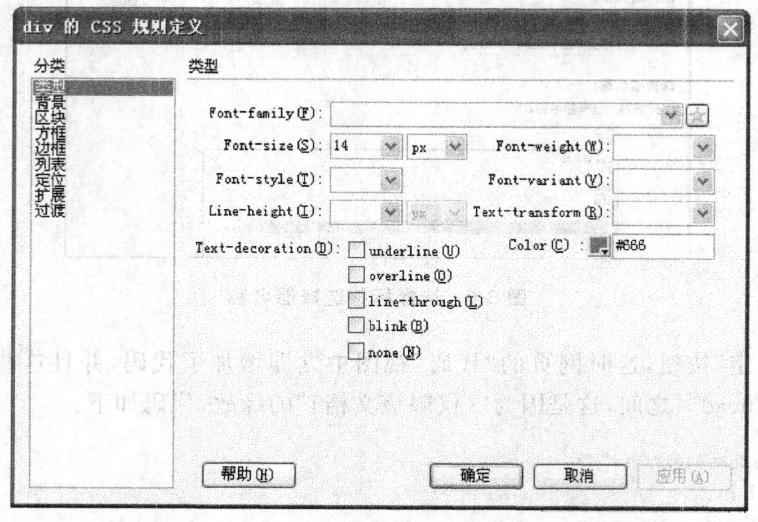

图 3-8 div 里面的字号与字体颜色属性设置

在代码的右边就是注释文字，分别对每个属性作了解释。这就是修饰 div 属性的 CSS 样式，从“div 的 CSS 规则定义”对话框可以得知，div 属性还包含很多内容，这些内容的设置将在以后继续分解。

回到 Dreamweaver 设计视图，可以从展开的“CSS 样式”窗口看见刚才建立的段落样式 div，如图 3-9 所示。

预览网页，如图 3-10 所示，从预览效果可以知道，刚才修饰的 div 标签直接作用于网页里的 div 标签，创建这种标签样式就会自动生效。

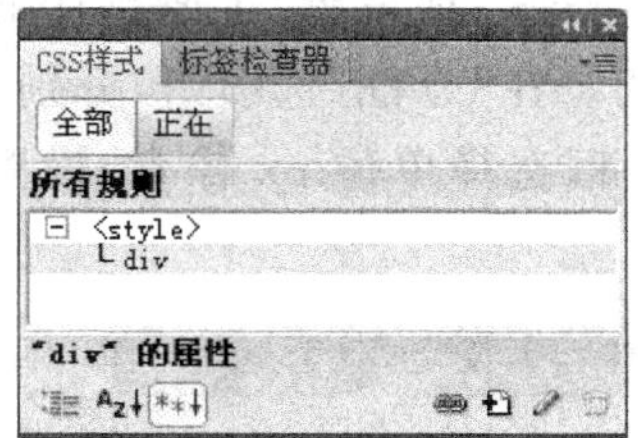

图 3-9 div 被添加到 CSS 样式窗口

图 3-10 修饰 div 标签效果图

2. 创建 h3 标签的 CSS 样式

接下来创建 h3 的 CSS 样式，h3 的样式是居中、下划线和字体颜色、高度和宽度设置。

首先是居中属性设置：在“区块”选项组 Text-align 下拉列表框选择居中属性 center，如图 3-11 所示。

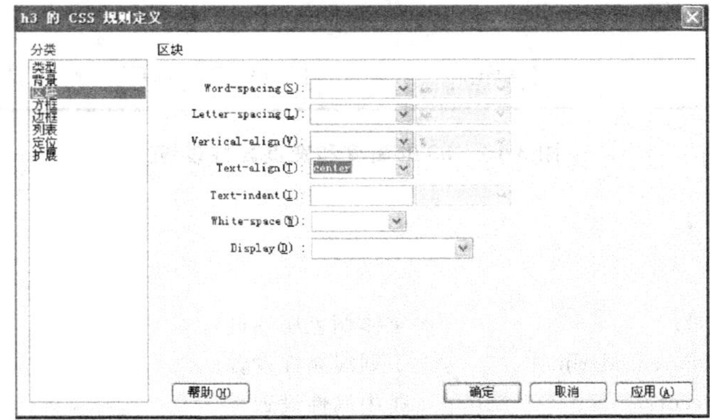

图 3-11 h3 的居中属性设置

其次，设置字体下划线属性和字体颜色属性：单击“类型”选项，在 text-decoration 选项区域选中 underline 复选框即可；字体颜色设置为“#F30”，如图 3-12 所示。

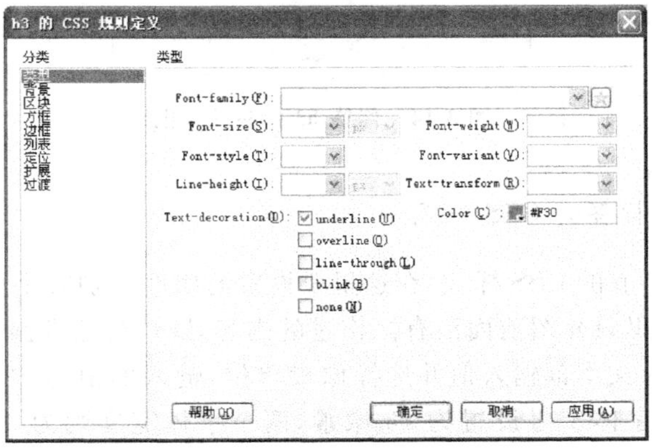

图 3-12 h3 的下划线等属性设置

最后，还要设置 h3 的高度和宽度，之所以要进行这一项设置，主要是让 h3 在网页中靠左显示，关于这个问题，以后还会作进一步的介绍。在"方框"选项组，分别在 Width 和 Height 文本框输入相应的值，同时在右边下拉列表框选择单位 px 像素，设置完毕，单击"确定"按钮即可，如图 3-13 所示。

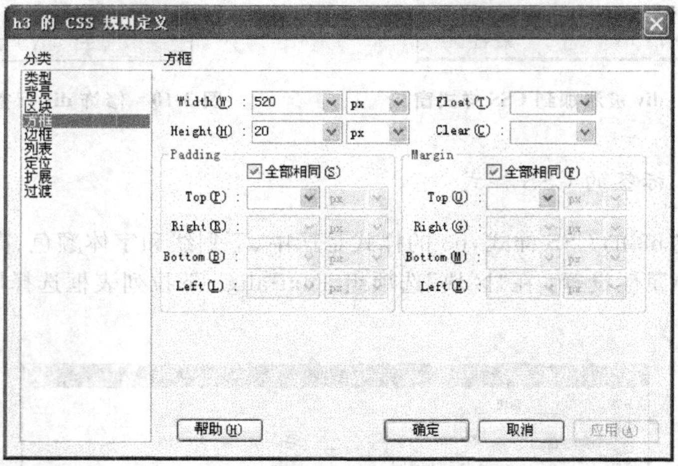

图 3-13　h3 的高度和宽度属性设置

这时代码如下：

```
h3 {
    color: #F30;                          /* 字体颜色属性设置 */
    text-decoration: underline;           /* 下划线属性设置 */
    text-align: center;                   /* 居中属性设置 */
    height: 20px;                         /* 设置 h3 的高度，因为没有设置边线，所以看不见 */
    width: 520px;                         /* 设置 h3 的宽度，因为没有设置边线，所以看不见 */
}
```

预览网页，可见 h3 文字呈现居中状态，有下划线、颜色为橙红色，效果如图 3-14 所示。

图 3-14　修饰 h3 标签效果图

3. 创建段落 p 标签的 CSS 样式

最后要创建段落 p 的 CSS 样式，在这里要设置的属性分别有字号、字体颜色、首行缩进、高度和宽度。这里只介绍前面没有操作过的内容，即首行缩进操作方法。在"区块"选项组，在 Text-indent 文本框输入值并选择像素单位，输入的值为 30，原因是要缩进两个字体字号宽度，每个字体字号设置为 15 像素，两个字体宽度则为 30 像素，如图 3-15 所示。这里要注意的是，字体没有作任何设置，这就意味着字体为默认字体。

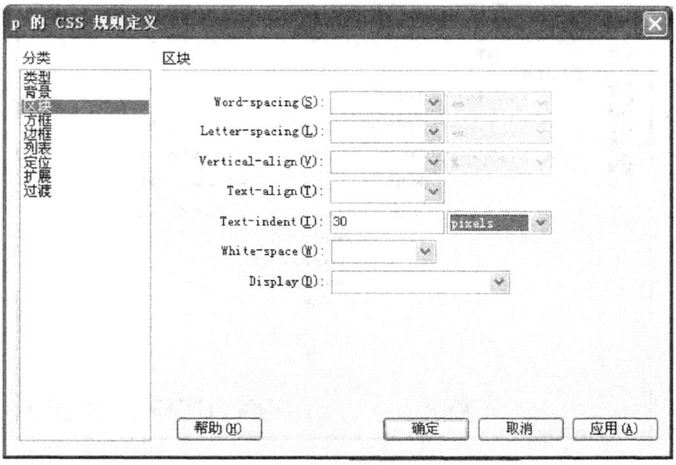

图 3-15　段落 p 的首行缩进属性设置

设置段落 p 的 CSS 代码如下：

```
p {
    text-indent: 30px;          /* 设置 p 里面的首行缩进 */
    height: 70px;               /* 设置 p 的高度,因为没有设置边线,所以看不见 */
    width: 520px;               /* 设置 p 的高度,因为没有设置边线,所以看不见 */
    font-size: 15px;            /* 设置 p 里面的字号 */
    }
```

这时段落标签也自动生效。

4. 修改 CSS 样式

如果上面设置的样式属性设置需要修改，可以直接在“CSS 样式”窗口进行，如对刚完成的段落 p 属性设置效果不满意，可以进一步修改 CSS 样式，操作方法为：移动光标至“CSS 样式”窗口“所有规则”列表的 p 处，如图 3-16 所示，然后双击鼠标即会弹出上述“p 的 CSS 规则定义”对话框。

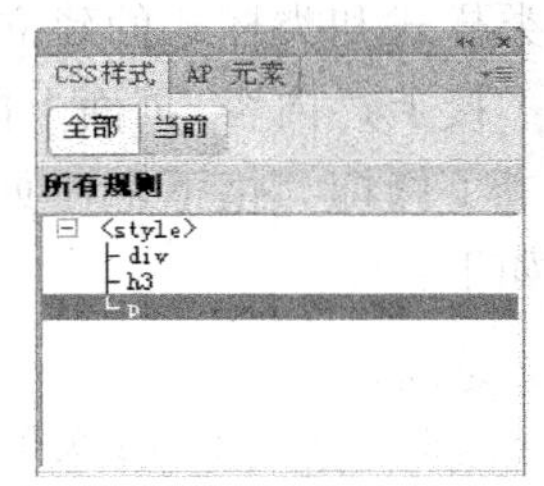

图 3-16　修改段落 p 属性操作图

在弹出的“p 的 CSS 规则定义”对话框中添加行高属性，即让 p 里面的字体上下之间距离变大些，使视觉效果更好，这里输入行高为 18 像素，字号为 13 像素，这个 18 像素已包含字号 13 像素在内的大小，修改完毕单击“确定”按钮即可，如图 3-17 所示。

完成后继续添加如下代码：

```
p { … Font-size:13px;line-height: 18px;  /* 修改 p 的行高属性 */
}
```

现在层(div)、标题(h3)和段落 p 样式均创建完成，可以预览效果，如图 3-18 所示。

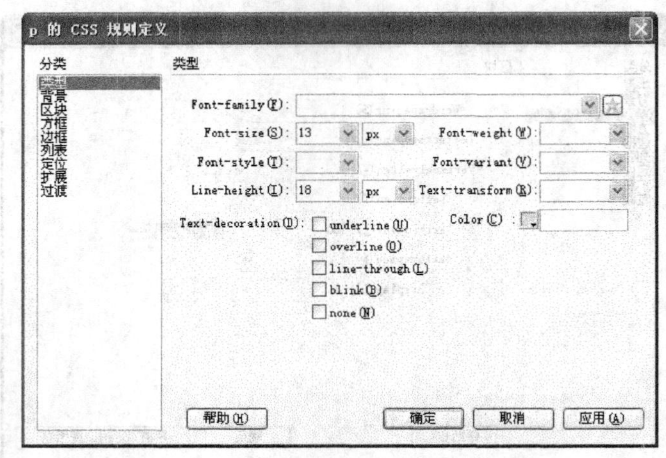

图 3-17 修改段落 p 的字号、行高属性

图 3-18 创建几种标签样式的整体效果图

3.2.2 建立类选择器类型的 CSS 样式表

为什么要建立类选择器类型的 CSS 样式表？如何建立类样式？下面继续学习什么是类样式和类样式的建立。

接上述内容，页面上的网页标签内容通过创建层(div)、标题 3(h3)和段落(p)的样式完成了修饰。接下来在页面上继续添加内容，在第一个段落后再增加一个段落，完成后代码如下：

<body>
<div>~~下面是关于 CSS 样式的哦~~</div>
<h3>关于 CSS 样式表</h3>
<p>CSS 就是 Cascading Style Sheets，中文翻译为层叠样式表，简称样式表，它是一种制作网页的新技术。网页设计最初是用 HTML 标记来定义页面文档及格式，学习 CSS 的样式表，主要学习在学习 CSS 之前你应该掌握哪些基础知识，认识 CSS 以及如何使用 CSS，希望能给对网页制作感兴趣的朋友带来帮助。</p>
<p> CLASS 选择器也叫类选择器，用类选择符你能够把相同的元素分类定义不同的样式，定义类选择器时，在自定类的名称前面加一个点号"."，然后写上名称，值得注意的是整个过程必须是英文输入法，即"."号为英文输入状态；名称为英文或拼音。</p></body>

这时，读者可以看到所增加的段落预览效果跟第一个段落完全相同，如果希望得到不一样的效果应该怎么做？如果直接修改段落标签样式，结果还是两个段落显示相同的效

果，因此，标签样式不能满足这一要求，可以通过创建类样式解决这个问题。

1．创建类样式

在前面的学习中，已经初步接触了“新建 CSS 规则”对话框，它提供了 4 种选择器类型，分别是类（可应用于任何 HTML 元素）、ID（仅应用于一个 HTML 元素）、标签（重新定义 HTML 元素）和复合内容（基于选择的内容），如图 3-19 所示。

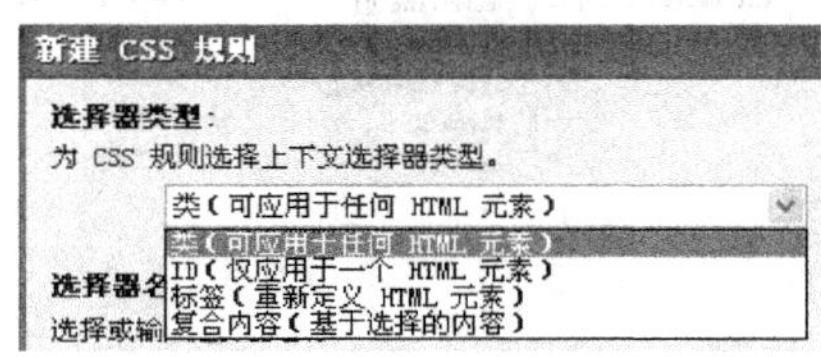

图 3-19　选择类选择器类型

类（可应用于任何 HTML 网页元素），即可以应用于网页任何标签，类选择器类型简称类样式，可以把定义的样式属性应用到网页中任何指定的对象，也称自定义样式，所谓自定义当然就是用户自己想要的样式。其名称均以句点“.”开头，如果用户没有输入，Dreamweaver 会自动输入。所取名称不能是中文名或数字，可以是英文字母或字母和数字的组合。

ID（仅应用于一个 HTML 元素），可以创建对某一具体的标签的属性设置，但只限于某个网页元素，即指定了某一元素的属性后，就不能再指定给别的元素，是唯一的。其名称均以符号“#”开头，也可以自定义，同样是英文字母或字母和数字的组合。

标签（重新定义 HTML 元素），也称 HTML 标签样式。可以将设置的样式属性自动对应所选的标签名称。如创建了 H3 标签的 CSS 样式，那么所有用 H3 标签设置了的文本都会自动更新为标签 H3 所对应的 CSS 样式。

复合内容（基于选择的内容），主要是创建超级链接应用样式和包含路径下的指定内容生效等。这方面的内容应用相当广泛，在下面的学习中再一一剖析。

创建类样式的操作步骤如下。

在“新建 CSS 规则”对话框中，选择“类（可应用于任何 HTML 网页元素）”选项，在“选择器名称”文本框中输入：.p2，规则依然定义在“仅限该文档”，单击“确定”按钮，如图 3-20 所示。

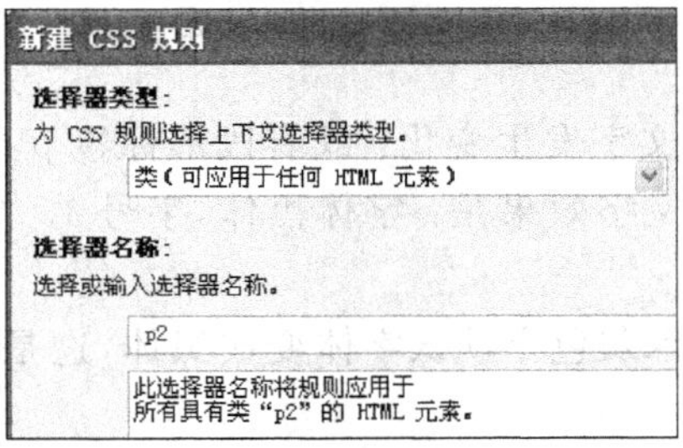

新建 CSS 规则
选择器类型：
为 CSS 规则选择上下文选择器类型。
类（可应用于任何 HTML 元素）
选择器名称：
选择或输入选择器名称。
.p2
此选择器名称将规则应用于
所有具有类“p2”的 HTML 元素。

图 3-20　输入类选择器名称

在弹出的对话框中，选择字体为“黑体”，字体颜色为“#930”，如图 3-21 所示。

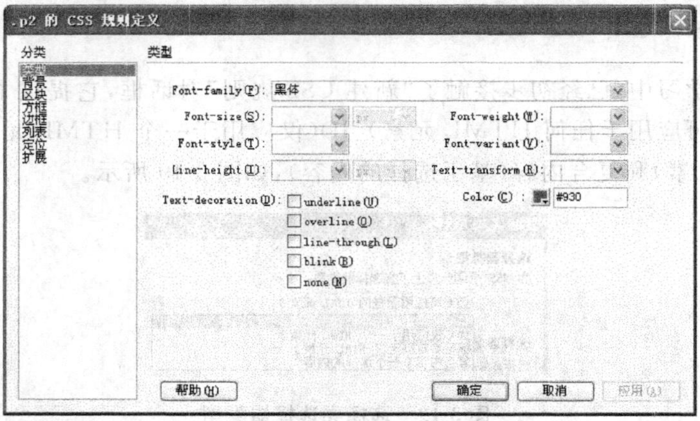

图 3-21　类选择器样式属性设置

设置后代码如下：

```
.p2 { color: #930; font-family:"黑体";}
```

这时页面上的段落文字没有发生任何变化，原因是类样式需要套用才能生效，此时应在需要套用类样式的第二个段落处套用类样式，如何套用？具体方法将在下面介绍。

2. 类样式套用

类样式套用有以下两种方法。

方法一：在“设计”视图里，把光标定位在第二个段落的任何位置，这时属性面板就会自动显示段落属性，在“类”下拉菜单中选择“p2”选项，如图 3-22 所示。注意：“p2”类前面没有“.”符号，原因是样式名称不包含这个“.”符号，它代表类样式，类样式一旦建立好，在 CSS 样式面板或者 head 之间的 CSS 代码显示处为英文状态下的.p2 名称，而在选择或套用时其名称前面的“.”就会隐藏。

图 3-22　在属性面板套用类样式

预览页面，第二段段落文字发生变化：既有段落标签 p 设置的属性效果，也有 p2 类设置的属性效果，即这时的文字效果是：字体黑体，字号 15 像素，字体颜色橙红色，行高 20 像素，首行缩进 30 像素。

读者可能发现，原来的深灰色字默认字体变成黑体，这是被类样式 p2 设置的属性所替换所致。

方法二：直接在 Dreamweaver“代码”视图通过 class 套用，在第二个段落标签<p>

里按空格键，在弹出的选择列表处选择“class”选项，这时在“class”选项后会自动出现“=”和右边的双引号以及“p2”选项，选择“p2”选项即可，如图 3-23 和图 3-24 所示。如果没有出现“p2”选项，把光标移动到“刷新样式表”选项即可出现类样式“p2”。

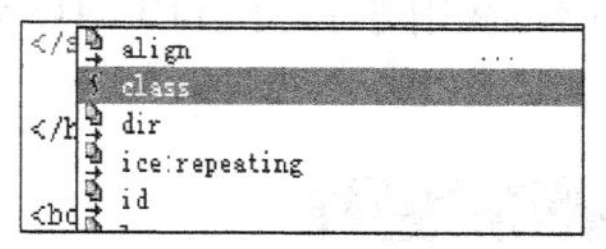

图 3-23 在代码处套用类样式

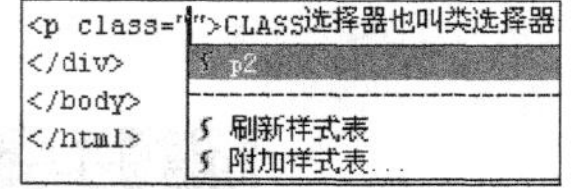

图 3-24 选择类选择器样式 p2

套用类选择器样式后，效果如图 3-25 所示。

关于CSS样式表

CSS就是Cascading Style Sheets，中文翻译为层叠样式表，简称样式表，它是一种制作网页的新技术。网页设计最初是用HTML标记来定义页面文档及格式，学习CSS的样式表，主要学习在学习CSS之前你应该掌握哪些基础知识，认识CSS以及如何使用CSS，希望能给对网页制作感兴趣的朋友带来帮助。

CLASS选择器也叫类选择器，用类选择符你能够把相同的元素分类定义不同的样式，定义类选择器时，在自定类的名称前面加一个点 号“.”，然后写上名称，值得注意的是整个过程必须是英文输入法，即“.”号为英文输入状态；名称为英文或拼音。

图 3-25 类选择器样式套用后的效果图

从效果图可以看出，此时的第一段落文字效果与第二段落不一样，原因就是第一段落自动调用了段落 p 标签样式，而第二段落除了自动调用了段落 p 标签样式外，还套用了类样式“. p2”，即第二段落除了显示 p 标签样式效果外，还显示类样式“. p2”设置的属性效果，这里会涉及优先级等问题，将在以后讲解。

3.2.3 建立 ID 选择器类型的 CSS 样式

继续在上述例子里添加一个段落，段落文件如下。

```
<p> ID 选择器跟类选择器不一样，在 HTML 页面中 ID 参数指定了某个单一元素，ID 选择符是用来对这个单一元素定义单独的样式，某元素一旦使用了某个 ID 选择符，意味着其他元素不能再使用，跟每个人的身份证一样，是唯一的。</p>
```

效果如图 3-26 所示，第三段文字没有套用. p2 类样式的文字效果，这时的文字依然自动调用段落 p 的标签样式效果，接下来通过套用 ID 样式来改变第三段落的文字效果。

关于CSS样式表

CSS就是Cascading Style Sheets，中文翻译为层叠样式表，简称样式表，它是一种制作网页的新技术。网页设计最初是用HTML标记来定义页面文档及格式，学习CSS的样式表，主要学习在学习CSS之前你应该掌握哪些基础知识，认识CSS以及如何使用CSS，希望能给对网页制作感兴趣的朋友带来帮助。

CLASS选择器也叫类选择器，用类选择符你能够把相同的元素分类定义不同的样式，定义类选择器时，在自定类的名称前面加一个点 号“.”，然后写上名称，值得注意的是整个过程必须是英文输入法，即“.”号为英文输入状态；名称为英文或拼音。

ID选择器跟类选择器不一样，在HTML页面中ID参数指定了某个单一元素，ID选择符是用来对这个单一元素定义单独的样式，某元素一旦使用了某个ID选择符，意味着其他元素不能再使用，跟每个人的身份证一样，是唯一的。

图 3-26 用 ID 样式前的文字效果图

1. 创建 ID 样式

新建 ID 样式的操作如下。

(1) 在"新建 CSS 规则"对话框中,选择"ID(仅应用于一个 HTML 元素)"选项,如图 3-27 所示。

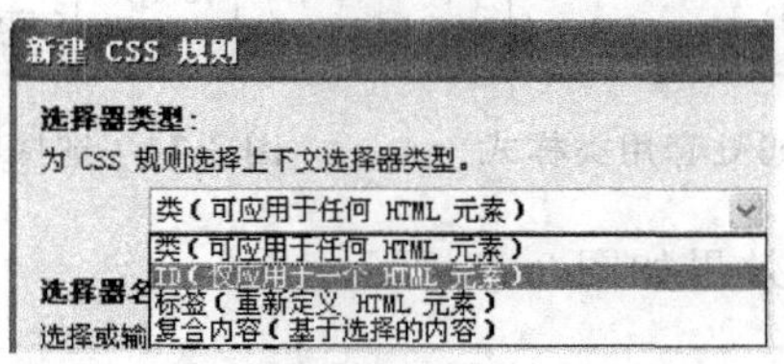

图 3-27　选择 ID 选择器类型

(2) 在"选择器名称"文本框输入选择器名称:#p3,规则定义在"仅对该文档",单击"确定"按钮,如图 3-28 所示。

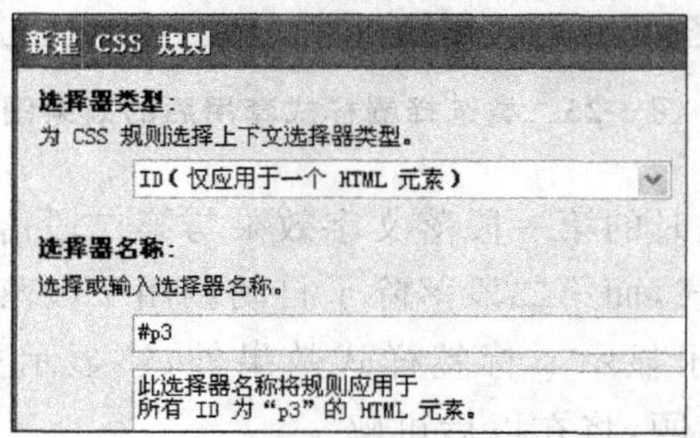

图 3-28　输入 ID 选择器名称

(3) 在继续弹出的"#p3 的 CSS 规则定义"对话框中设置字体颜色、字体下划线属性,单击"确定"按钮,如图 3-29 所示。

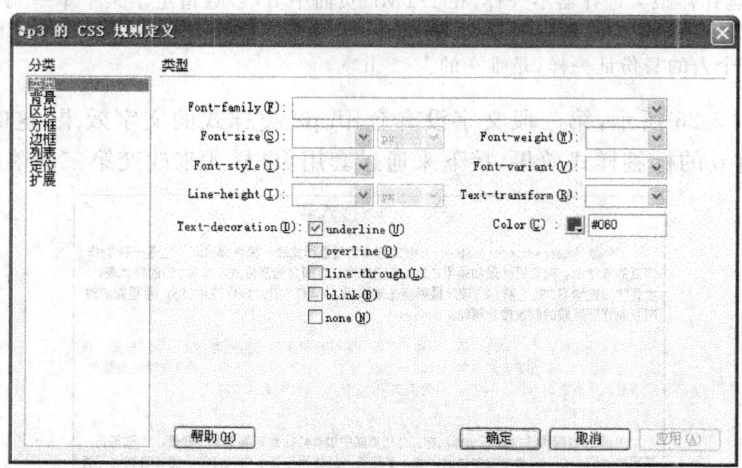

图 3-29　设置 ID 样式

设置好的代码如下：

```
#p3 {color: #060;text-decoration: underline;}
```

这时，第三段落依然还是原来的样子，需要像类样式一样进行样式套用才能生效。

2. 套用 ID 样式

ID 样式套用方法与类样式套用方法相同，也是有多种做法。在套用时选择 ID 样式，如图 3-30 和图 3-31 所示。注意，在选择 ID 样式时，前面的符号“#”也像类样式“.”一样被隐藏掉。

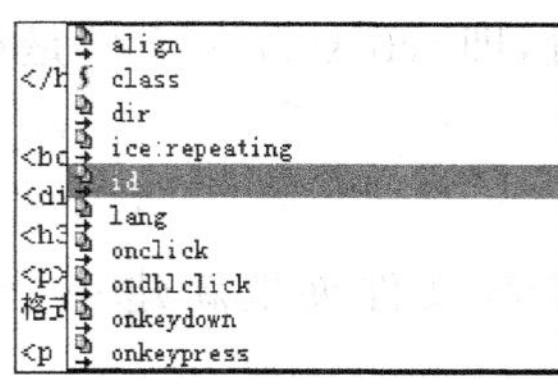

图 3-30　选择 ID

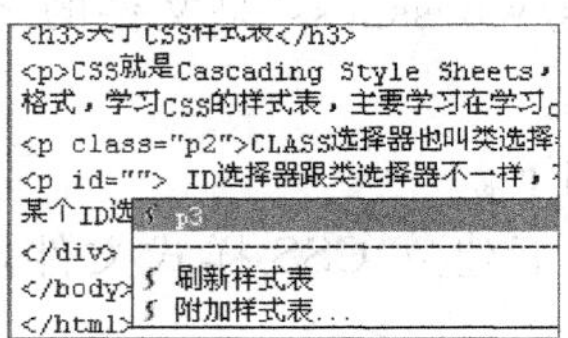

图 3-31　套用 ID 样式

格式套用好后，效果如图 3-32 所示。

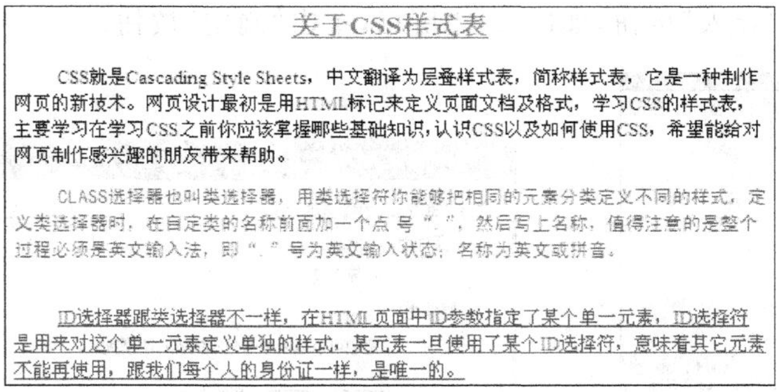

关于CSS样式表

CSS就是Cascading Style Sheets，中文翻译为层叠样式表，简称样式表，它是一种制作网页的新技术。网页设计最初是用HTML标记来定义页面文档及格式，学习CSS的样式表，主要学习在学习CSS之前你应该掌握哪些基础知识，认识CSS以及如何使用CSS，希望能给对网页制作感兴趣的朋友带来帮助。

CLASS选择器也叫类选择器，用类选择符你能够把相同的元素分类定义不同的样式，定义类选择器时，在自定类的名称前面加一个点号“.”，然后写上名称，值得注意的是整个过程必须是英文输入法，即“.”号为英文输入状态；名称为英文或拼音。

ID选择器跟类选择器不一样，在HTML页面中ID参数指定了某个单一元素，ID选择符是用来对这个单一元素定义单独的样式，某元素一旦使用了某个ID选择符，意味着其它元素不能再使用，跟我们每个人的身份证一样，是唯一的。

图 3-32　套用 ID 样式效果图

第三个段落就是刚套用 ID 样式后的效果，CSS 规则提供了很多属性，这些属性可以产生各种各样的效果，这里只介绍最基本的效果，以区别标签、类样式和 ID 样式的设置与运用。

任务 3.3　在网页中插入 CSS 样式表

3.3.1　内部样式表

内部样式表专门针对某个网页，当单个网页文档需要特殊的样式时，就应该使用内部样式表。这种 CSS 一般位于 HTML 文件的头部，即<head>与</head>标签内，并且以<style>开始，以</style>结束。前面学习内容（任务 3.2 建立 CSS 样式）所插入的 CSS 样式全是内部样式，这里不再详述。

3.3.2 链接外部样式表

因为内部样式表只适用于某一个网页，当样式需要应用于很多页面时，内部样式表无法满足需要，这时就需要使用外部样式表。外部样式表是将 CSS 样式代码单独编写在一个独立文件之中，即扩展名为“.css”的文件。在使用外部样式表的情况下，可以通过一个文件外部样式表文件来改变整个站点的外观。当需要调用外部文件表的网页时，可通过<link>标签链接到样式表。<link>标签在页面的<head>区内。如下面例子中表示浏览器将从 wbcss.css 文件中读出定义的样式表，并根据它来格式化页面。rel＝"stylesheet"是指在页面中使用外部的样式表，type＝"text/css"是指文件的类型是样式表文件，href＝"css/wbcss.css"是文件的名称和位置，即 wbcss.css 文件是存放在 CSS 文件夹中的。

具体操作如下。

(1) 在站点下建立 CSS 样式文件，然后在 CSS 文件夹里新建一个 CSS 文件，名为 wbcss.css。

(2) 在 Dreamweaver 打开网页，选择 CSS 面板，在面板右下方有一个“附加样式表”按钮，如图 3-33 所示。

单击该按钮，在弹出的“链接外部样式表”对话框中单击“浏览”按钮，选择刚才建立的 CSS 文件，再单击“导入”按钮，如图 3-34 所示，单击“确定”按钮。

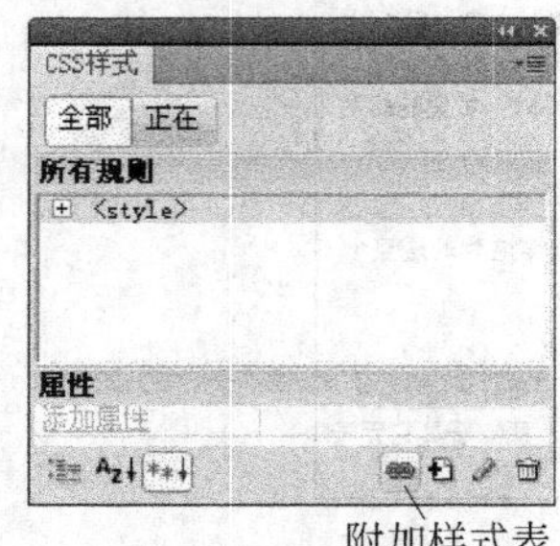

图 3-33 “附加样式表”按钮

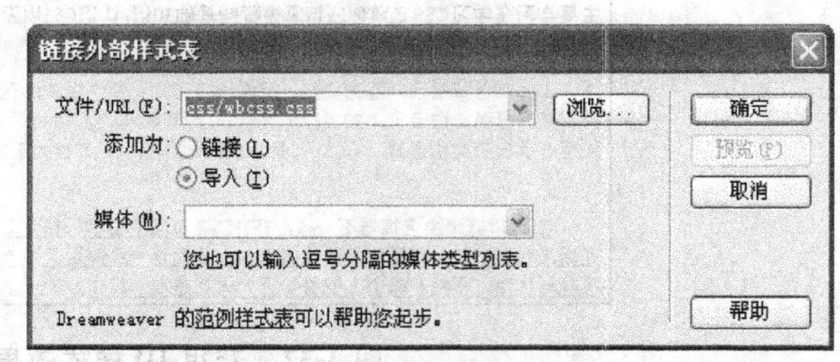

图 3-34 “链接外部样式表”对话框设置

这时在网页代码视图<head>区内可以看见自动生成的代码：

```
<head>
    <link href="css/wbcss.css" rel="stylesheet" type="text/css" />
</head>
```

如果外部样式表 wbcss.css 里设置的 CSS 样式被自动调用或者套用，网页文件里的元素如文字或者图片等就会显示相应的效果。

3.3.3 导入外部样式表

导入外部样式表的操作类似于链接外部样式表，但它是指在内部样式表的<style>里导入一个外部样式表，导入时用@import。如下例，该例中@import url("css/wbdrcss.

css");表示导入 wbdrcss.css 样式表。

```
<head>
<style type="text/css">
@import url("css/wbdrcss.css");
</style>
</head>
```

具体操作方法与链接外部样式表相同,选择"导入"方式即可,如图 3-35 所示。

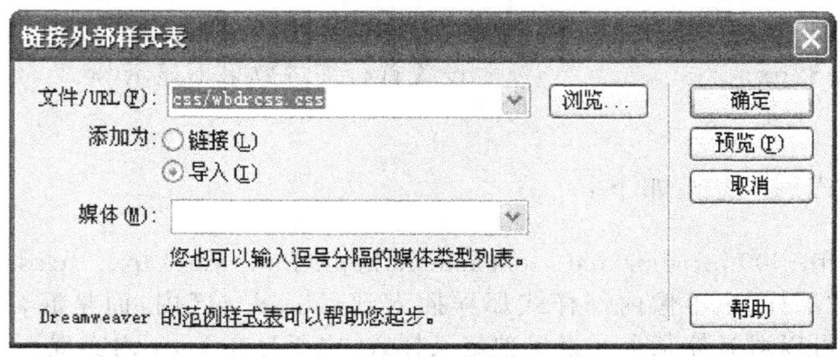

图 3-35 "链接外部样式表"对话框设置

同样,这时在网页代码视图<head>区内可以看见自动生成的代码。如果外部样式表 wbdrcss.css 里设置的 CSS 样式被自动调用或者套用,网页文件里的元素如文字或者图片等就会显示相应的效果。

注意:使用时外部样式表链接的路径方法和外部样式表导入的路径方法类似,但导入外部样式表输入方式更有优势,因为它本质上相当于存在内部样式表中。

不管是使用外部样式表链接还是使用外部样式表导入,都有以下优势。

(1) 代码重用、统一网站风格。

(2) 方便快捷、减少工作量。

(3) 防止代码重复、冗余等。

(4) 方便更新与维护。

3.3.4 内嵌样式表

内嵌样式是直接建立在标签里的样式,内嵌样式表既不像外部样式那样,也不像内部样式那样插入到<head>区内,而是混合在 HTML 标记里使用,这种样式表可以对具体某个元素单独定义样式,主要是在 body 内实现,直接在 HTML 标记里加入 style 参数,因而其优先级最高,参数的内容就是 CSS 的样式属性和值,style 属性可以包含任何 CSS 属性。例如下面设置某一段落的颜色、首行缩进和字体大小的实例。

```
<p style="width:300px;color:red; text-indent:26px;font-size:13px;" >内嵌样式表既不像外部样式那样,也不像内部样式那样插入到<head>区内,而是混合在 HTML 标记里使用,这种样式表可以对具体某个元素单独定义样式,主要是在 body 内实现。</p>
```

效果如图 3-36 所示。

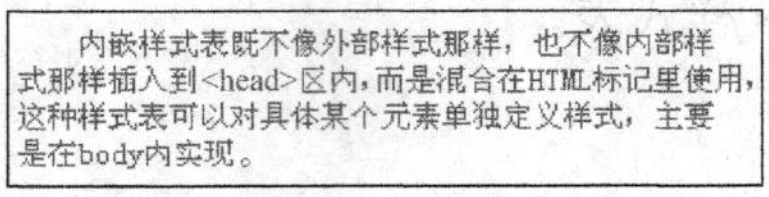

内嵌样式表既不像外部样式那样，也不像内部样式那样插入到<head>区内，而是混合在HTML标记里使用，这种样式表可以对具体某个元素单独定义样式，主要是在body内实现。

图 3-36　对段落设置内嵌样式表效果图

注意：如果这时同时定义段落的类样式或 ID 样式并套用，这里以定义类样式.p4 为例，.p4 代码如下：

```
.p4{ font-size: 16px;                /* 设置字体大小效果不显示 */
    text-indent:32px;                /* 设置首行缩进效果不显示 */
}
```

套用 p4 类样式后，代码如下：

```
<p style="width:300px;color:red; text-indent:26px;font-size:13px;" class="p4">内嵌样式表既不像外部样式那样，也不像内部样式那样插入到<head>区内，而是混合在 HTML 标记里使用，这种样式表可以对具体某个元素单独定义样式，主要是在 body 内实现。</p>
```

尽管段落 p 同时套用了.p4 类样式，但效果依然没变，说明内嵌样式优先级最高，它会替代其他类型样式表定义的样式属性，其他属性再怎么设置都无效。

任务 3.4　解决 CSS 的优先级问题

所谓 CSS 优先级，即是指 CSS 样式在浏览器中被解析的先后顺序。既然样式有优先级，那么就会有一个规则来约定这个优先级，而这个"规则"就是重点。

样式表允许以多种方式规定样式信息。样式可以规定在单个的 HTML 元素中，在 HTML 页的头元素中，或在一个外部的 CSS 文件中。甚至可以在同一个 HTML 文档内部引用多个外部样式表。当同一个 HTML 元素被不止一个样式定义时，会使用哪个样式呢？

一般而言，所有的样式会根据下面的规则层叠于一个新的虚拟样式表中，拥有最高优先权的是谁？

通常浏览器默认设置是：外部样式表→内部样式表（位于<head>标签内部）→内嵌样式（在 HTML 元素内部）。

因此，内嵌样式（在 HTML 元素内部）拥有最高的优先权，这意味着它将优先于以下的样式声明：<head>标签中的样式声明，外部样式表中的样式声明，或者浏览器中的样式声明（默认值）。这只是一个大方面的优先级，前面章节中介绍过 CSS 有很多选择器，那么对于同种样式的 CSS，各个选择器的优先级又如何呢？

一般还可以通过浏览器的插件来查看到底哪个 CSS 起作用，比如 Firebug（Firefox）、Developer Tools（IE8）等。当优先级相同时，哪个 CSS 起作用取决于所处的位置，通常后面的 CSS 优先级要高。但是对于 IE 浏览器，具有相同数值的动态 CSS 取决于添加的顺序前后，而不是添加的位置前后；后添加者的优先级要高。

CSS 优先级通常有以下四大原则。

原则一：继承不如指定。

如果某样式是继承来的，其优先级永远不如具体指定的优先级高。

原则二：＃ID ＞. class ＞标签选择符。

例如：

```
<style type="text/css">
#idColor { color:#FF0000;}          /*红色*/
.classColor{ color:#FFFF00;}        /*黄色*/
span{ color:#00CC00;}               /*绿色*/
</style>
<span id="idColor" class="classColor">文字的最后颜色是…</span>
```

运行代码显示的结果是：字样"文字的最后颜色是……"为红色。

原则三：越具体越强大。

解释：对某个元素的 CSS 选择符样式定义得越具体，层级越明确，该定义的优先级就越高。

例如：

```
<style type="text/css">
<!--
.classColor1 .classColor2 .classColor3{ color:#FF0000;}    /*红色*/
.classvColor2 .classColor3{ color:#FFFF00;}                 /*黄色*/
.classColor3 { color:#00CC00;}                              /*绿色*/
--></style>
<body><div class="classColor1">
<p class="classColor2"><span class="classColor3">文字的最后颜色是…</span> </p>
</div>
</body>
```

运行代码显示的结果是：字样"文字的最后颜色是……"为红色。

原则四：标签＃id ＞＃id ；标签. class ＞ . class。

例如：

```
<style type="text/css">
<!--
span#id3{ color:#FF0000;}          /*红色*/
#id3{ color:#FFFF00;}              /*黄色*/
span.class3{ color:#66FF00;}       /*绿色*/
.class3{ color:#6600FF;}           /*蓝色*/-->
</style>
<span id="id3">文字的最后颜色是…</span>
<span class="class3">文字的最后颜色是…</span>
```

运行代码显示的结果是：字样"文字的最后颜色是……"第一行内元素的字为红色；第二行内元素的字为绿色，证明了原则四正确。

此外，还要注意多重样式表叠加问题。多重样式的叠加就是指插入样式表的几种方法的叠加，如果在同一个选择器上使用几个不同的样式表，这个属性值将会叠加几个样式表，遇到冲突的地方会以最后定义的为准。例如，首先链入一个外部样式表，其中定义了h2 选择器的 color 、text-alig 和 font-size 属性：

```
H2 { color: #00F;                   /* 文字颜色为蓝色 */
     font-size:13px;                /* 字号为 13 像素 */
   background-color: #CCC;          /* 背景色为浅灰色 */
}
H2 { color: #C00;                   /* 文字颜色为红色 */
     font-size: 18px;               /* 字号为 18 像素 */
}
```

那么这个页面 H2 叠加后的样式就是：

```
H2 { color: #C00;                   /* 文字颜色为红色 */
     font-size: 18px;               /* 字号为 18 像素 */
     background-color: #CCC;        /* 背景色为浅灰色 */
}
```

背景色从第一个定义的 h2 样式表里保留下来，而文字颜色和字号在第二个 h2 样式表里都有定义，按照后定义的优先原则而显示第二个样式表定义的效果。

值得注意的是：如果首先定义内部样式表里 h2 选择器的 text-align 和 font-size 属性，然后再链入一个外部样式表，依照后定义的优先级高的原则，结果又不同。

实训3　利用 CSS 样式创建多种样式

1. 实训目的

(1) 完成本教学任务内容，进一步掌握样式的创建与应用。
(2) 掌握各选择器类型特点。
(3) 掌握在网页中插入 CSS 样式的各种方法。

2. 实训内容

运用 CSS 样式，完成如图 3-37 所示的多种样式设置的效果图。

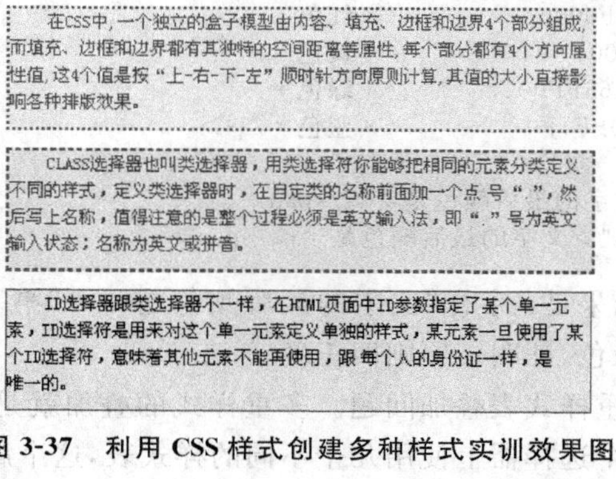

图 3-37　利用 CSS 样式创建多种样式实训效果图

3. 操作步骤

(1) 源文件准备。在站点下新建 sx3. html 文件,在文件设计视图里分别输入图 3-37 中的文字,并把文字分别放在 3 个段落里,完成后原始代码如下:

```
<body>
<p>在 CSS 中,一个独立的盒子模型由内容、填充、边框和边界 4 个部分组成,而填充、边框和边界都有其独特的空间距离等属性,每个部分都有 4 个方向属性值,这 4 个值是按“上-右-下-左”顺时针方向原则计算,其值的大小直接影响各种排版效果。</p>
<p class="p2"> CLASS 选择器也叫类选择器,用类选择符你能够把相同的元素分类定义不同的样式,定义类选择器时,在自定类的名称前面加一个点号“.”,然后写上名称,值得注意的是整个过程必须是英文输入法,即号“.”为英文输入状态;名称为英文或拼音。</p>
<p id="p3"> ID 选择器跟类选择器不一样,在 HTML 页面中 ID 参数指定了某个单一元素,ID 选择符是用来对这个单一元素定义单独的样式,某元素一旦使用了某个 ID 选择符,意味着其他元素不能再使用,跟每个人的身份证一样,是唯一的。</p>
</body>
```

(2) 建立内部样式与样式套用,这里包含建立 p 段落标签样式和类样式. p2。在 sx3. html 文件设计视图处展开“CSS 样式”窗口,单击“+”号按钮新建内部样式。

① p 段落标签样式建立。

a. 在弹出的“新建 CSS 规则”对话框“选择器类型”选项区域单击下拉按钮,在弹出的下拉列表中选择“标签(重新定义 HTML 元素)”选项。

b. 再在“选择器名称”选项区域单击下拉按钮,在弹出的下拉列表中选择“p”(或输入“p”)。

c. 在“规则定义”下拉列表中选择规则位置,此处选择“(仅限该文档)”选项。

单击“确定”按钮,这时网页的“代码”视图中立即增加了代码,并且这些代码添加在<head></head>之间。

d. 按需要选择段落属性和值,单击“确定”按钮,设置完毕。这时,可以看见在<head></head>之间代码如下:

```
<style type="text/css">
p {
    font-family: "宋体";
    font-size: 12px;
    line-height: 18px;
    color: #C00;                    /* 紫红色 */
    background-color: #E1E8EB;   /* 浅紫蓝色 */
    height: 80px;
    width: 400px;
    text-indent: 26px;
    border:2px #C00 dotted;
}
```

制作完毕后,p 标签样式被自动调用。

② 类样式. p2 的建立与套用。

a. 在弹出的“新建 CSS 规则”对话框“选择器类型”选项区域单击下拉按钮,在弹出的下拉列表中选择“类(可应用于任何 HTML 元素)”选项。

b. 在“选择器名称”文本框输入. p2 名称。

c. 在“规则定义”下拉列表中选择规则位置，选择“(仅限该文档)”选项；单击“确定”按钮，这时在网页的“代码”视图又增加了代码，并且这些代码添加在<head><style type="text/css"></style></head>之间。

d. 按需要选择类样式.p2的属性和值，单击“确定”按钮，设置完毕。这时，可以看见在<head></head>之间代码如下：

```
.p2 {color: #60C;                          /*紫蓝色*/
    background-color: #D8E0E6;            /*浅紫蓝色*/
    border:2px #909 dashed;}
```

e. 套用类样式，把光标移动到第2个段落文字处，在属性面板里选择p2类，第2个段落则出现p2类的属性效果，操作完毕。

(3) 建立外部样式与样式套用。#p3类样式的建立步骤如下。

① 在站点下建立CSS文件夹，然后在其里面建立子文件sx3.css。

② 光标定位在sx3.css文件里，在弹出的“新建CSS规则”对话框“选择器类型”选项区域单击下拉列表，在弹出的下拉列表中选择“ID(仅应用于一个HTML元素)”选项。

③ 在“选择器名称”文本框输入#p3。

④ 在“规则定义”下拉列表中选择规则位置，选择“(仅限该文档)”选项。

⑤ 在#p3的规则定义对话框里设置字体颜色、背景色和边框属性，具体代码如下：

```
#p3 {color: #000;                          /*深红色*/
    background-color: #FED2F0;            /*浅紫红色*/
    border:1px #C00 solid;}
```

⑥ 回到sx3.html文件设计视图，在展开的“CSS样式”窗口中单击“附加样式表”按钮。

⑦ 在弹出的“链接外部样式表”对话框“文件/URL”处单击“浏览”按钮，选择sx3.css样式文件；在“添加为”选项区域选中“链接”单选按钮，单击“确定”按钮完成操作。

⑧ 这时在sx3.html文件代码视图中可以看见链接文件代码：<link href="sx3.css" rel="stylesheet" type="text/css" />，说明sx3.css里面的样式可以被sx3.html文件元素所用。

⑨ ID样式套用。在sx3.html文件设计视图中把光标定位在第3个段落文字处，在属性面板ID栏里选择p3ID样式，第3个段落则出现p3ID样式的属性效果，操作完毕。

4. 添加注释

完成上述操作后，对关键CSS代码加上中文注释。

各选择器类型特点：	在网页中插入CSS样式的方法：
(1)	(1)
(2)	(2)
(3)	(3)
(4)	(4)

5. 实训提交要求

本实训分两个时段：代码的实现在课堂中进行；第四部分课后完成。

第2篇

应　用　篇

项目四

应用 CSS 盒子

Project 4

本项目任务是学习使用 CSS 修饰网页元素的模式、方法与技巧，CSS 是 Cascading Style Sheets 的简称，中文译作“层叠样式表单”，通常称作“层叠样式表”，它是一组样式，用于定位美化网页，由 W3C 组织负责制定和发布。

CSS 和(X)HTML 共同完成网页制作，CSS 就是使网页的内容形式与内容结构分离。当然这其中还归功于(X)HTML 语言里的 DIV 标记，使用 CSS+DIV 定位和布局网页更是制作出了一个个优秀网页，创造出一个又一个奇迹。了解更多的 CSS 相关知识对学习和提高网页设计和制作水平非常重要。

盒子模型是 CSS 控制页面的一个很重要的概念，要掌握好盒子模型及其每个元素的用法，才能控制好网页的各个元素，使页面变得千变万化、精彩绝伦。

学习目标

(1) 理解 CSS 盒子模型及其在网页设计中的作用，掌握在网页中应用 CSS 盒子模型的方法。

(2) 掌握如何设置 CSS 盒子的边框、填充、边界等属性。

(3) 掌握网页中 CSS 盒子之间的关系设置。

(4) 掌握 CSS 盒子模型计算方法。

技能目标

(1) 设置 CSS 盒子的边框、填充、边界等属性。

(2) 设置文字盒子属性。

(3) 在网页中设置各种关系的 CSS 盒子。

(4) CSS 盒子模型计算。

任务 4.1　盒子模型探究

日常生活中，人们对盒子最熟悉不过了，所有矩形的东西包括画架、显示器、窗户、房子等都可以视作盒子，而网页上的每个元素都被浏览器看成是一个矩形的盒子，这个盒子由元素的内容、填充、边框和边界组成。CSS 盒子可以形象地比喻为日常生活中的盒子。

4.1.1 盒子模型定义

盒子模型是 CSS 的基石之一，它指定元素如何显示以及（在某种程度上）如何相互交互，盒子模型是现实生活中某些事物本质特性的一种抽象，CSS 盒子模型就是在建立这种特性后所形成的对网页设计定位与布局的一套原则和规范，如图 4-1 所示。

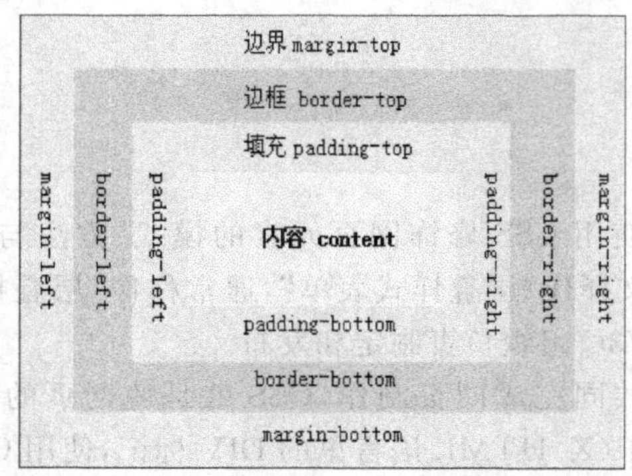

图 4-1　CSS 盒子模型

从 CSS 盒子模型图分析，内容就是盒子里装的东西；而填充就是盒子与这些东西的空隙；边框就是盒子本身；至于边界就是与其他盒子之间的空隙。与现实生活中的盒子（图 4-2）不同的是，现实生活中的东西一般不能大于盒子，否则会导致东西装不下或者盒子被撑坏，而 CSS 盒子具有弹性，里面的东西大过盒子本身时会自动适度变大。

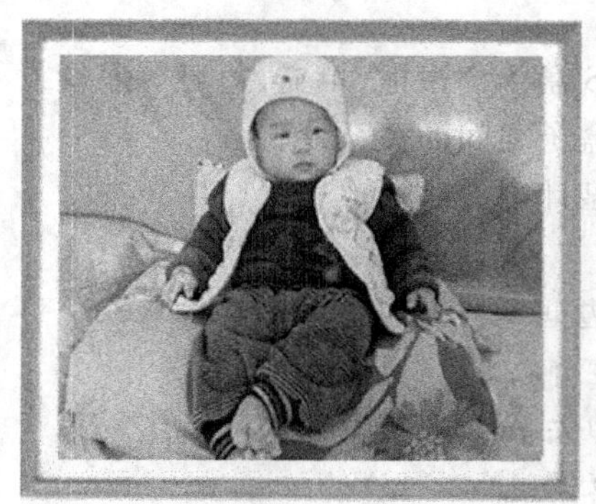

图 4-2　现实生活中的盒子

CSS 盒子模型特定的内部结构有其独特的空间距离等属性，属性值的大小直接影响整个网页排版效果。如图 4-1 所示，每个部分都有 4 个方向属性值，分别是：上（top）、右（right）、下（bottom）和左（left），这 4 个值是按“上-右-下-左”顺时针方向原则计算的，其值的大小直接影响各种排版效果。

当然，一个盒子会占有一个矩形，它具有一定的宽度值（width）或者高度值（height），这也是直接影响排版效果的另一些重要属性。

4.1.2　在标准流中定位默认 CSS 盒子

盒子在标准流中的定位就是默认 CSS 样式控制的标准文档流。前面例子使用了自编的 CSS 样式 cssBox.css 控制网页，取消样式控制就会改变所有排版效果，如果把浏览器窗口还原为最大，则 DIV 标签、段落文字会跟着浏览器窗口增加而变宽，段落行数相应减少……这就是标准文档流，即 body 下的某些元素在网页中按从上到下或从左到右的顺序排列，将窗体自上而下分成一行一行，并在每行中按从左至右的顺序排放元素，标准文档流又称标准流。

标准流就是 CSS 规定的默认的块级元素和内联元素的排列方式，就是没有经过任何 CSS 样式修饰的原始排列，即是竖排和横排两种。从前面一些例子可以看到，不管 body 下来是一个或两个节点，还是节点有多层，如 p、div、ul、li 等，这些都是标准流里的盒子，而这些盒子只有两种：竖排的块级元素和横排的内联元素。

1. 块级元素(Block-level Elements)

li 占据着一行，并且和相邻 li 依次竖直排列，左右撑满，即占有独立区，如图 4-3 所示。ul、p、div 具有同样的性质，这些就是块级元素，常用的块级元素还有：form、h1、h2、h3、h4、table 等。

2. 内联元素(Inline Elements)

b 没有像 li 那样占据一行，而是在文字元素上指定了一定的范围，各个字母之间横向排列，也就是它不占有独立的区域，如图 4-4 所示；如果在 b 的右边继续添加其他内联元素内容，如用 i 修饰的某些文字，则这些文字依然会跟 b 的文字同一行，这些就是内联元素，也叫行内元素。

图 4-3　占据着一行的 li 效果图 　　　　**图 4-4　指定了一定的范围的 b 效果图**

常用的内联元素还有：a、strong、span、i、img 等。

排版用得较多的块级元素是 div、p、ul、li 标记，内联元素是 span 标记。

在网页里，从 body 节点下来既有块级元素又有内联元素，如一个个的盒子自然形成了一个序列，同级的盒子和各自的子盒子都排列有序，就像江河一样有干流和支流(所以称为标准“流”)。所以网页上的元素各有各的区域和位置，它们之间的关系有条不紊，这就是盒子之间的关系。

这一切都是 CSS 规定的默认情况下的标准流，通过人工编写设计 CSS 样式后，各盒子之间的区域和位置可以发生人为的变化，正是这种变化使 CSS 样式如能工巧匠般大显身手。

任务4.2 设置盒子边框

盒子模型的margin和padding属性比较简单，只能设置宽度值，最多分别对上、右、下、左设置宽度值。而边框border的属性类型有颜色(color)、宽度(width)和样式(style)，各自也有上、右、下左4个方向的属性值，分别介绍如下。

(1) border-color：设置边框颜色，通常为十六进制的值，如蓝色为“#0000FF”，边框颜色属性设置一个元素的边框颜色。属性值设置原理同padding。

(2) border-width：设置边框宽度，可以设置为medium、thin、thick和<length>，其中<length>为具体的数值，如3px等，width的默认值为“medium”，一般浏览器都将其解析为2px，边框宽度属性值设置原理同上，但不允许使用负值长度。

(3) border-style：设置边框风格，可以设为实线(solid)、虚线(dashed)、点划线(dotted)、双线(double)等效果，但IE浏览器不太支持border-style，在实际制作网页时常用solid：实线或者dashed：虚线。图4-5和图4-6所示分别是在Firefox 9和IE8浏览器下的8种border-style的预览效果，还有一些效果很多浏览器都不支持，因而不一一列举。

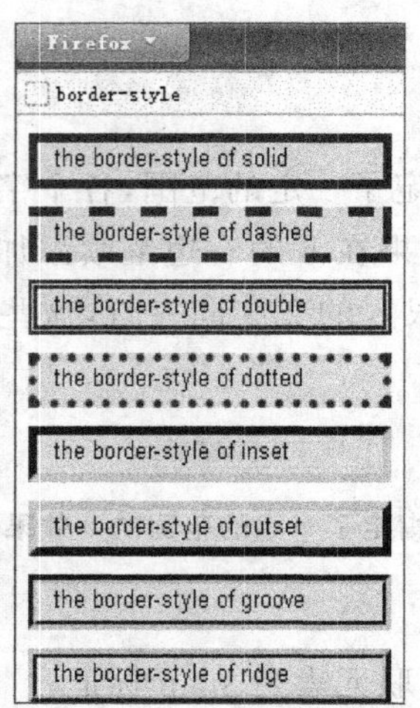

图4-5 Border-style在Firefox 9下的预览效果图

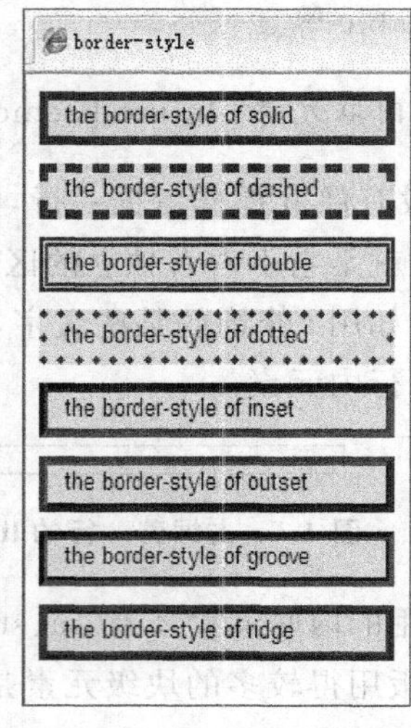

4-6 Border-style在IE8下的预览效果图

本实例源代码如下：

```
<html>
<head>
<meta http-equiv="Content-Type" content="text/html; charset=gb2312" />
<title>border-style</title>
<style type="text/css">
body{ font-size:13px; font-family:Geneva, Arial, Helvetica, sans-serif;}
div{ width:190px; height:20px; background-color:#99FFCC; margin-top:10px; padding-left:
```

```
10px}
.solid{ border: 5px solid #003366;}
.dashed{ border: 5px dashed #003366;}
.double{ border: 5px double #003366;}
.dotted{ border: 5px dotted #003366;}
.inset{ border: 5px inset #003366;}
.outset{ border: 5px outset #003366;}
.groove{ border: 5px groove #003366;}
.ridge{ border: 5px ridge #003366;}</style>
</head>
<body>
<div class="solid">the border-style of solid</div>
<div class="dashed">the border-style of dashed</div>
<div class="double">the border-style of double</div>
<div class="dotted">the border-style of dotted</div>
<div class="inset">the border-style of inset</div>
<div class="outset">the border-style of outset</div>
<div class="groove">the border-style of groove</div>
<div class="ridge">the border-style of ridge</div>
</body>
</html>
```

CSS 样式设计中，往往把 border 的 3 种属性值写在一起，此种写法简单明了，如上述例子代码：.solid{ border：5px solid #003366;}。

第 1 个参数是 border 的宽度，第 2 个参数是 border 的风格，第 3 个是 border 的颜色。

设置图片边框，原始图如图 4-7 所示，效果图如图 4-8 所示。

图 4-7 原始图

图 4-8 图片加边框效果图

在网页文件里首先插入一对 div 标签，然后在这对 div 标签之间插入一张小图片，小图片高度是 180 像素，宽度是 250 像素，然后通过 CSS 设置 div 标签的边框属性，以达到添加边框的效果。因为 div 标签在标准流状态下边框是透明的，并且其宽度是占据整行，一直延伸到浏览器边缘，所以必须在 CSS 里设置其宽度，这里设置的 div 标签宽度跟图同等宽，然后设置其边框属性。代码如下：

```
<html>
<head>
<title>加边框</title>
```

```
<style type="text/css">
div{ width:250px; height:180px;border:2px solid #003366;}
</style>
</head>
<body>
<div><img src="img/4-yundong.gif"></div></body></html>
```

边框是内容的外边框，默认情况下盒子的边框是无，背景色是透明，所以用户在默认情况下看不到盒子，但是CSS边框也跟表格一样，虽然默认时边框看不见，但依然占有一定的空间，因此在计算盒子的宽和高时一定要把它计算在内。

任务4.3 设置盒子填充

填充padding属性也称为盒子的内边距，就是盒子边框到内容之间的距离，和表格的填充属性(cellpadding)比较相似。如果填充属性为0，则盒子的边框会紧挨着内容，这样通常不美观。

当用户对盒子设置了背景颜色或背景图像后，那么背景会覆盖padding和内容组成的范围，并且默认情况下背景图像是以padding的左上角为基准点在盒子中平铺的。

CSS盒子模型的padding用于控制内容与边框之间的距离，属性值如下。

(1) 设置1个属性值，含义是：上下左右4个方向的padding均为相同值，如：padding:2px;。

(2) 设置2个属性值，含义是：第1个值指上下两个方向的padding的值，第2个值指左右两个方向的padding值，如：padding:2px 4px;。

(3) 设置3个属性值，含义是：第1个值指上padding的值，第2个值指左右padding值，第3个值指下padding值，如：padding:2px 3px 4px;。

(4) 设置4个属性值，含义是：按"上-右-下-左"方向的4个padding值，如：padding:3px 6px 4px 8px;。

值得注意的是：当一个盒子设置了背景色或背景图时，默认情况下背景色或背景图的范围是内容和填充(padding)所处的范围，并且为平铺状态，所以padding没有背景色或背景图属性，只有宽度属性。

继续上述例子，在已经有边框的div标签上继续添加填充，通过CSS设置div标签的填充，但是填充是透明看不见的，所以为了有更好的视觉效果，还添加了div标签背景色，代码如下：

```
<html>
<head>
<title>加填充</title>
<style type="text/css">
div{ width: 250px; height: 180px; border: 2px solid #003366; padding: 10px; background:
#D1E9FF}
</style></head>
<body>
```

```
<div><img src="img/4-yundong.gif" ></div>
</body></html>
```

这时切回设计视图，选中刚刚添加了填充的 div 标签，可以看到在 div 标签内添加填充的地方有左斜条纹，在以后的设计中，左斜条纹就是已经在网页元素中添加填充属性的标记效果。设计视图效果如图 4-9 所示，浏览器下预览添加填充的效果如图 4-10 所示。

图 4-9 设计视图下添加填充属性效果图

图 4-10 浏览器下预览添加填充的效果图

任务 4.4 设置盒子边界

边界(margin)是指盒子之间的距离。一张网页由许多个盒子组成，或相邻、或嵌套，不管哪种情况，它们之间都存在一个距离。

margin 属性值的设置方法与 padding 一样，也可以设置不同的数值个数，其值的大小同样影响着网页排版效果，边界可以设置负值，但边框和填充不可以。

继续上述例子，在 div 标签上继续添加盒子的边界，只需要在 CSS 代码里添加属性 margin：10px；即可，即添加 div 标签 4 个方向离其他盒子 10 个像素的距离，代码如下：

```
<html ><head>
<title>添加边界</title>
<style type="text/css">
div{ width:250px; height:180px;border:2px solid #003366; padding:10px; background:
#D1E9FF; margin:10px;}</style></head>
<body><div><img src="img/4-yundong.gif" ></div></body></html>
```

这时切回设计视图，选中刚刚添加了边界的 div 标签，可以看到在 div 标签外添加的边界地方有刚好与添加填充方向相反的右斜条纹，在以后的设计中，右斜条纹就是说明已经在网页元素中添加边界属性标记。设计视图效果如图 4-11 所示，在浏览器下预览添加填充的效果，如图 4-12 所示。

浏览器下预览添加边界的效果图乍看起来没变化，事实上是发生了改变，因为此时看见的效果已经离开了浏览器上边和左边各 10 个像素的距离。关于边界更多内容，如盒子之间的边界计算问题等，将在下面阐述。

图 4-11 设计视图下添加边界属性效果图

图 4-12 浏览器下预览添加边界的效果图

任务 4.5 文字盒子属性设置

网页上的任何网页元素都可以看成是 CSS 盒子，所以文字元素盒子同样具有 CSS 盒子的任何属性，同样使用上述例子，完成以下属性设置：①把图片换成文字；②把所有 div 标签换成段落 p 标签。

完成后代码如下：

```
<html>
<head>
<title>文字盒子例子</title>
<style type="text/css">
p{ width:180px; border:2px solid #003366; padding:10px; background:#D1E9FF; margin:
10px; text-indent:28px; font-size:13px; }
</style></head>
<body>
<p>网页上的任何网页元素都看成是 CSS 盒子,所以文字元素盒子同样具有 CSS 盒子的任何属
性。</p></body></html>
```

网页上的任何网页元素都看成是CSS盒子，所以文字元素盒子同样具有CSS盒子的任何属性。

图 4-13 文字盒子效果图

效果如图 4-13 所示。

注意：这时的边界代码 margin:10px;好像没有生效，事实不是这样，因为这代码是指段落 p 和外界的距离，所以不可能在段落里看见效果。

任务 4.6 CSS 盒子模型计算

盒子之间的距离直接影响排版效果，只有掌握好 margin 才能得心应手地对不同盒子的位置关系进行调整，才能更好地对网页元素进行 CSS 样式控制。

4.6.1 一个 CSS 盒子实际宽度计算

一个 CSS 盒子实际宽度＝左边界＋左边框＋左填充＋内容宽度＋右填充＋右边框＋右边界，如图 4-14 所示。

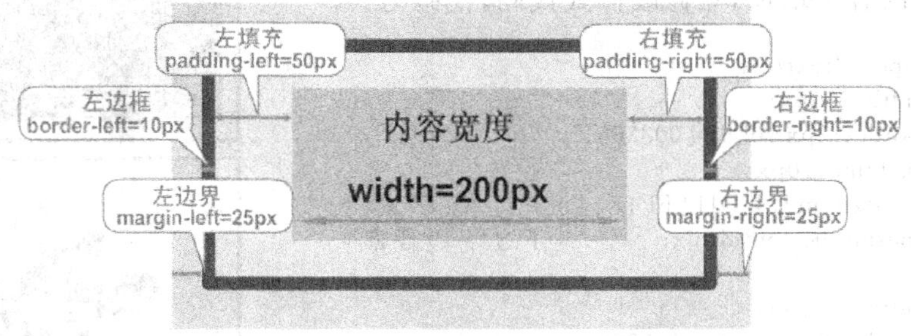

图 4-14 一个 CSS 盒子的计算图

因此，一个盒子的总宽度＝25px＋10px＋50px＋200px＋50px＋10px＋25px。

盒子高度的计算方法与宽度相同。

4.6.2 块级元素之间的距离计算：取最大者

下面将通过两个例子来阐述这方面的知识技能。

(1) 继续看图 4-8 的例子，为其增加网页内容和修改样式代码。

① 增加网页内容是在原来基础上又增加如下相同内容：

```
<div><img src="img/4-yundong.gif" height="180" width="250"></div>
```

② 修改样式内容就是在原来基础上把 4 个方向的边界值改为一个方向值即下边界值，就是把代码 margin:10px;改为 margin-bottom:10px;。在标准文档流下，块级元素是竖直排列的，因此这时只需要计算上下边界距离即可。

增加后代码如下：

```
<html>
<head>
<meta http-equiv="Content-Type" content="text/html; charset=utf-8" />
<title>添加边界</title>
<style type="text/css">
div{ width:250px;
     border:2px solid #003366;
     padding:10px;
     background:#D1E9FF;
     margin-bottom:10px;            /*下边界 10 像素*/
}
</style></head>
<body>
<div><img src="img/4-yundong.gif" height="180" width="250"></div>
<div><img src="img/4-yundong.gif" height="180" width="250"></div></body>
</html>
```

结果：两个区块 DIV 的距离为 10px，效果如图 4-15 所示，这是在 Dreamweaver 设计视图单击上方 DIV 出现的底部边界效果。

图 4-15　上方 DIV 边界效果图

(2) 继续对上面例子进行修改。

① 网页内容不增加，只修改样式代码，代码为：

```
<style type="text/css">
.div1{ width:180px;
        border:2px solid #003366;
        padding:10px;
        background:#D1E9FF;
        margin-bottom:10px;        /* 下边界 10 像素 */
}
.div2{ width:180px;
        border:2px solid #003366;
        padding:10px;
        background:#D1E9FF;
        margin-top:20px;           /* 上边界 20 像素 */
}
</style>
```

② 在网页里进行样式套用，分别在两个 DIV 里进行类样式套用，套用后代码如下：

```
<body>
<div class="div1"><img src="img/4-yundong.gif" height="180" width="250"></div>
<div class="div2"><img src="img/4-yundong.gif" height="180" width="250"></div>
</body>
```

在浏览器上运行网页的效果如图 4-16 所示。

图 4-16　分别单击上下块级元素出现的设计效果图

上方区块 DIV 的下边界设置为 10 像素，下方区块 DIV 的上边界设置为 20 像素，从效果图里可以看出，上方区块 DIV 的下边界比下方区块 DIV 的上边界所占空间少一倍，所以，上下两个区块其边界值取最大者。

注意：水平排放的块级元素如何计算边界？在网页设计中往往需要块级元素水平排列，这需要 CSS 样式控制的代码同样计算准确，那么块级元素之间的水平 margin 应如何计算？其实是一样的，只是这时计算的是两者的水平距离，取最大者，其原理跟竖直排列相同，这里不再详述。

4.6.3 行内元素之间的距离计算：margin-right+margin-left

这是较容易理解的距离，在此不举例说明。

4.6.4 嵌套关系的距离计算：子块级元素离父块级元素距离为 margin + padding

这是个嵌套例子，所谓嵌套就是父与子的两个盒子，也就说这个例子就是计算父级元素与子元素的距离，如下面例子中父辈是 div，子辈是 img，网页文件代码如下：

```
<body>
<div><img src="img/4-jljs.jpg" width="150" height="160" /></div>
</body>
```

编写 CSS 代码如下：

```
<style type="text/css">
div{ width:156px; height:166px;  /* 设置 div 的宽度与高度属性 */
      border:4px solid #36F;     /* 设置 div 的边线属性 */
     padding:5px;                /* 设置 div 的填充属性 */
     background:#CFF;            /* 设置 div 的背景色属性 */
}
img{ margin:3px;                 /* 设置 img 的边界属性 */
}
</style>
```

从 CSS 代码可以看出，上述语句既设置 div 的 CSS 代码，又设置 img 的 CSS 代码，预览结果如图 4-17 所示。

图 4-17 盒子嵌套效果图

结果是：子离父上边距离为 8px，计算方法为用 3px(img 的 margin)＋5px(div 的 padding)，子离父其他边的距离计算方法相同。

任务 4.7 CSS 盒子模型与 DOM 树关系应用

为了透彻掌握 CSS 盒子模型，还要进一步研究 HTML 结构才能更好地理解 CSS 盒子模型，而研究 HTML 结构则首先要解决"DOM 树"的问题。DOM 是 Document Object Model(文档对象模型)的缩写，根据 W3C DOM 规范，DOM 是一种与浏览器、平台、语言无关的接口,使用户可以访问页面其他的部分标准组件。

在 IE 浏览器中,任意打开一个网站主页,都可以看见其 HTML 结构,而可以浏览这个 HTML 结构的工具就是开发人员工具。打开方法如下:在 IE 浏览器菜单栏单击“工具”命令,选择“开发人员工具”选项,如图 4-18 所示。

在弹出的“开发人员工具”面板中,首先看见的是文档头和 HTML 标签,当用户单击 HTML 标签前面的“+”号,HTML 结构便层层展开,如图 4-19 所示。

图 4-18 “开发人员工具”命令

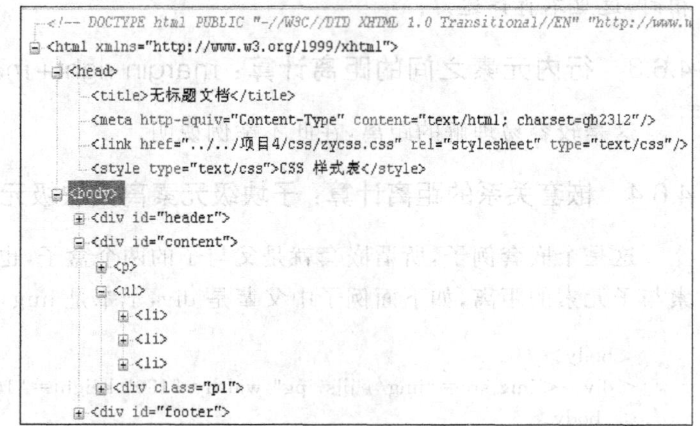

图 4-19 展开的 DOM 树图

展开的 HTML 结构包含整个页面的所有属性,首先是 HTML 架构,其次就是使用的样式文件,还有网页相关的 Web 标准。

当然,每个网页的 HTML 结构都不相同,得出的 DOM 树也不相同。HTML 结构就像一棵倒挂的树,HTML 是树根,是所有网页元素的祖先,由其分支下来的是 head 和 body。图 4-19 是部分节点打开的效果图,这棵树把一个 HTML 文档的内容组织起来,形成了一层层严格的层次结构。body 是浏览器窗口中显示的所有网页元素的根节点,div 等都是 body 的下级节点。同样 p、ul、div 是 div 的下级节点;3 个 li 又是 ul 的下级节点等。

这棵树的各个节点与网页是一一对应的关系,都对应于网页上的一个区域。用鼠标单击任何一个节点,立即在浏览器窗口中看到一个蓝色的矩形框,从 html 根节点到最后节点都一样,图 4-19 所示为单击 HTML 根节点后浏览器窗口出现蓝色矩形框的情况,蓝色矩形框框住整个浏览器窗口,并紧贴着浏览器窗口边框,没有任何空隙;单击 body 节点,蓝色矩形框框住所有的网页元素,并从左边延伸到右边,但并没有紧贴着浏览器窗口的边框,而是留有一定空隙,这是由于默认情况下的 body 会有一个若干像素的 margin;单击 li 节点,浏览器窗口同样出现蓝色矩形框……这些蓝色矩形框就表示该节点在浏览器中所占的区域,正是前面所说的 CSS 盒子。

这就是要掌握的 HTML 结构即 DOM 树与 CSS 盒子知识,只有弄懂了这些才能利用 CSS 盒子模型理念去设计与 HTML 结构一一对应的 CSS 样式。

实训 4　CSS 盒子的应用

1. 实训目的

（1）掌握 CSS 盒子各部分内容的设置。

（2）灵活运用 CSS 盒子完成各种 CSS 盒子的设置。

2. 实训内容

运用 CSS 盒子，完成网页元素的设置，效果图如图 4-20 所示，这是一个由多种网页盒子（即网页元素）组成的简单页面，请完成整个效果的设置。

世界环境日的由来

来源：CHINA.COM.CN | 浏览次数：31066次

1972年6月5日在瑞典首都斯德哥尔摩召开《联合国人类环境会议》，会议通过了《人类环境宣言》，并提出将每年的6月5日定为"世界环境日"。同年10月，第27届联合国大会通过决议接受了该建议。世界环境日的确立，反映了世界各国人民对环境问题的认识和态度，表达了我们人类对美好环境的向往和追求。

图 4-20　CSS 盒子的应用效果图

3. 操作步骤

（1）源文件准备。在站点下新建 sx4.html 文件，在文件设计视图里分别输入如下文字，并把文字分别放在不同的标签里，完成后原始代码如下：

```
<body>
<div>
  <h1>世界环境日的由来</h1>
  <h2>来源：CHINA.COM.CN | 浏览次数：31066 次 </h2>
  <div>
<p>1972 年 6 月 5 日在瑞典首都斯德哥尔摩召开《联合国人类环境会议》，会议通过了《人类环境宣言》，并提出将每年的 6 月 5 日定为"世界环境日"。同年 10 月，第 27 届联合国大会通过决议接受了该建议。世界环境日的确立，反映了世界各国人民对环境问题的认识和态度，表达了我们人类对美好环境的向往和追求。</p>
  </div>
</div></body>
```

（2）通过 IE 浏览器预览原始网页文件 sx4.html，然后打开"开发人员工具"，展开 DOM 树结构，如图 4-21 所示。从图 4-21 可以看见网页里有一对父辈 DIV 标签，其下有 3 对子标签，分别是 h1、h2 和 div，后者 div 也包含一对子标签 p。

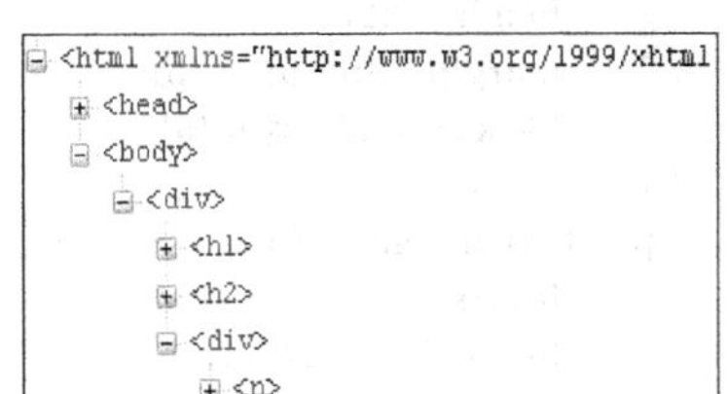

图 4-21　实训 DOM 树结构图

（3）建立各 CSS 盒子样式，这个实训内容要求建立内部样式。

① 建立最大父辈 DIV 样式。在这里可以设置成 ID 样式，操作方法如下。

a. 打开 sx4. html 文件，在 CSS 样式面板单击"+"号新建内部样式。

b. 在弹出的"新建 CSS 规则"对话框中的"选择器类型"下拉列表中选择"ID(仅应用于一个 HTML 元素)"选项。

c. 再在"选择器名称"文本框输入 #content 名称。

d. 在"规则定义"下拉菜单中选择规则位置，选择"(仅限该文档)"选项。

e. 在 #content 的规则定义面板里设置边框属性、高度和宽度，具体代码如下：

```
#content {
    border: 2px dashed #630;      /* DIV 边框属性设置 */
    width: 500px;                 /* DIV 宽度属性设置 */
    height:170px;                 /* DIV 高度属性设置 */
}
```

f. ID 样式 #content 的套用，在 sx4. html 文件中，将光标定位在最大父辈 DIV 里，在属性面板选择 ID 样式：content，这时可以看见最大父辈 DIV 生效。

② 分别建立 h1、h2 和 p 的标签样式。

a. 在 CSS 样式面板单击"+"号，在弹出的"新建 CSS 规则"对话框中的"选择器类型"下拉列表中选择"标签(重新定义 HTML 元素)"选项。

b. 在"选择器名称"下拉列表中选择"h1"选项(或输入"h1")。

c. 在"规则定义"下拉列表中选择规则位置，选择"(仅限该文档)"选项。

d. 单击"确定"按钮，在 h1 的规则定义面板里设置字号、字体颜色和居中对齐，具体代码如下：

```
h1 {
    font-size: 20px;
    text-align: center;
    color: #333;
}
```

制作完毕后，h1 标签样式被自动调用。

h2 和 p 的标签样式建立方法同上，这里不再详述，这两个标签样式建立后，代码分别如下：

```
h2 { font-size: 12px;
    text-align: center;
    border-top: #ccc 1px dashed;
    color: #666;
    height: 22px;
    margin: 3px 5px 8px 0;
    background: #f5f5f5;
}
p { text-indent: 26px;
    font-size: 13px;
    line-height: 18px;
}
```

h2 和 p 标签样式建立后同样被自动调用。

项目五

网页元素美化

Project 5

本项目任务是学习各网页元素的美化，网页由各种元素组成，把一个个网页元素当成盒子修饰好后，再组合成一张张大网页。

一个优秀的网站一定有其独特的魅力，要么构思巧妙，美不胜收；要么主题新颖，令人过目不忘；要么功能强大，魅力无限……衡量优秀网站的标准有多种，而设计漂亮精美的页面元素是最基本的要求，如漂亮的导航条、独具特色的下拉菜单、不为人知的表格甚至极小的特色按钮等。因此掌握各种页面元素的设置，是创建优秀网站的必备条件。

对各种页面元素的设置要通过CSS样式来完成，CSS样式可以将网页内容和表现形式进行分离，通过CSS样式的控制，网页才会赏心悦目而又千变万化。

学习目标

(1) 理解CSS样式的实际应用。

(2) 掌握应用CSS样式美化网页元素的方法，包括修饰和控制文字、段落、链接、图像、表单、表格等。

技能目标

(1) 应用CSS样式美化段落文字、丰富文字效果。

(2) 应用CSS样式控制页面文字链接样式。

(3) 应用CSS样式控制列表小图像、页面背景图。

(4) 应用CSS样式修饰美化表单。

(5) 应用CSS样式修饰美化表格。

任务5.1　丰富的文字效果设置

5.1.1　CSS样式修饰文字

(1) 字体(font-family)。网页中的字体可设置多种，依次从浏览器中查找。如果字体本身有空格，使用双引号。通常情况下正文使用serif字体，标题和表格使用sans-serif字体。因为有的用户的计算机上并没有安装某些字体，因此在设置字体的时候，必须多设置几项，避免浏览器设置成默认字体。

（2）文字大小(font-size)。文字大小可使用相对大小，也可以使用绝对大小。常见的单位包括 inch（英寸）、cm（厘米）、mm（毫米）、pt（印刷的点数）、px（像素）、pc（pica＝12pt）。CSS 提供了 7 个固定值：xx-small、x-small、small、medium、large、x-large、xx-large。相对大小使用百分比来设置，一般很多人都会选用这种方式。相对一般是相对父标记的字体大小。采用%和 em 都是相对于父标记而言的比例。如果没有父标记，则根据浏览器的默认值来设定，与鼠标的滚动放大没有关系。

（3）文字颜色(color)。

（4）文字粗细(font-weight)。

（5）文字风格(font-style)。

（6）下划线，顶划线和删除线(text-decoration)。

可将下划线，顶划线和删除线同时赋值给某些文字，使其具有多种效果。

（7）英文字母大小写(text-transform)。

5.1.2 CSS样式修饰段落

（1）段落的水平对齐方式(text-align)。

（2）段落的垂直对齐方式(vertical-align)。

段落的垂直对齐方式也可以设置数值，表示位移。

（3）行间距和字间距(line-height，letter-spacing)。

例如，有如下段落文字，通过修改 CSS 样式，可使其呈现出多种文字效果。

<p>使用 CSS 样式修饰文字和段落使用 CSS 样式修饰文字和段落使用 CSS 样式修饰文字和段落……使用 CSS 样式修饰文字和段落</p>

样式修饰 1 的代码如下：

```
<style type="text/css">
p{ font-family:"宋体";              /*字体*/
   font-size:13px;                  /*字体大小*/
   color:#333333;                   /*字体颜色*/
   text-indent:27px;                /*首行缩进*/
   text-decoration:underline;       /*字符间距*/
   line-height:18px;                /*字符间距*/
   letter-spacing:6px;              /*字符间距*/
}
</style>
```

可以得出如图 5-1 所示的文字预览效果。

使用CSS样式修饰文字和段落使用CSS样式修饰文字和段落使用CSS样式修饰文字和段落使用CSS样式修饰文字和段落使用CSS样式修饰文字和段落使用CSS样式修饰文字和段落使用CSS样式修饰文字和段落使用CSS样式修饰文字和段落使用CSS样式修饰文字和段落使用CSS样式修饰文字和段落使用CSS样式修饰文字和段落使用CSS样式修饰文字和段落使用CSS样式修饰文字和段落

图 5-1 美化文字段落 1

样式修饰2：去掉CSS样式下划线和字体间的间距属性可得到如图5-2所示的文字效果。

使用CSS样式修饰文字和段落使用CSS样式修饰文字和段落使用CSS样式修饰文字和段落使用CSS样式修饰文字和段落使用CSS样式修饰文字和段落使用CSS样式修饰文字和段落使用CSS样式修饰文字和段落使用CSS样式修饰文字和段落使用CSS样式修饰文字和段落使用CSS样式修饰文字和段落使用CSS样式修饰文字和段落使用CSS样式修饰文字和段落使用CSS样式修饰文字和段落使用CSS样式修饰文字和段落

图5-2 美化文字段落2

此时的CSS样式代码如下：

```
p { font-family:"宋体";
    font-size:13px;
    color:#333333;
    text-indent:27px;
    line-height:18px;            /*行高*/
}
```

任务5.2 设计漂亮的表格

在DIV+CSS布局技术出现以前，表格是布局网页的主要元素，即CSS+TABLE布局。时至今日，表格依然是网站建设不可缺失的元素，主要应用在后台动态网站建设方面，许多动态数据依然通过表格在页面上显示。下面列举一个较为实用的漂亮表格实例。

实例：巧用单元格间距显示表格边线效果。见本书配套文件：项目五美化网页元素-table2.html。

操作过程如下。

(1) 在网站里新建文件，在设计视图下插入一个4行4列，宽度为400像素的表格。

(2) 分别输入文本，填好后文件代码如下：

```
<table width="400" border="0" cellpadding="0" cellspacing="0" >
  <tr>
    <td> </td>
    <td>英文表示</td>
    <td>方向值</td>
    <td>负值</td>
  </tr>
  <tr>
    <td>填充</td>
    <td>padding</td>
    <td>4个方向</td>
    <td>无</td></tr>
  <tr>
    <td>边框</td>
    <td>border</td>
    <td>4个方向</td>
    <td>无</td></tr>
  <tr>
```

```
    <td>边界</td>
    <td>magin</td>
    <td>4个方向</td>
    <td>有</td></tr>
</table>
```

(3) 此时切换到设计视图,效果如图5-3所示。

	英文表示	方向值	负值
填充	padding	4个方向	无
边框	border	4个方向	无
边界	magin	4个方向	有

图5-3 表格原始效果图

(4) 设置表格属性。从图5-3可以看出,原始表格的单元格之间是用双虚线隔开的(预览时看不见双虚线),因此,要美化表格,可以把单元格设置成使用一条实线隔开,这样就必须把表格填充属性和间距属性设置成0,如图5-4所示。

图5-4 表格属性设置

设置后代码如下:

```
<table width="400" border="0" cellpadding="0" cellspacing="0">
```

(5) 编写CSS样式美化表格代码。

```
<style type="text/css">
table{ text-align:center; font-size:13px; color:#069;}
td{ border:1px solid #069}
</style>
```

效果如图5-5所示。

	英文表示	方向值	负值
填充	padding	4个方向	无
边框	border	4个方向	无
边界	magin	4个方向	有

图5-5 美化表格效果图

任务5.3 文字超链接各种样式的设置

在网页制作中,几乎所有漂亮的网页都用了CSS样式来修饰文字超链接,在超链接中CSS提供了4个伪类,用于对链接进行样式控制,每个伪类用于控制一种超链接状态。

a:link——未访问过的超链接。

a:link，用于a对象未被访问时的样式。在运用中，有时会直接使用a{}这样的样式书写，此时对于＜a＞超链接样式＜/a＞这样没有href=""的，即没有实际链接路径的对象也会起作用。

a:visited——已被访问过的超链接。

a:visited，用于a对象在其链接地址已被访问过时的样式。定义网页过期时间或者用户清空历史记录时将影响该伪类的作用。

a:hover——鼠标正移动到超链接上。

a:hover，用于设置鼠标移动到其超链接上时的样式。该伪类是非常实用的状态之一。注意，在CSS定义中，a:hover必须被置于a:link和a:visited之后，才是有效的。

a:active——选定的超链接。

a:active，用于超链接被用户单击（在鼠标单击后未被释放）时的样式。注意，在CSS定义中，几种连接状态必须按顺序设置，否则会失效，如a:active必须被置于a:hover之后，才是有效的。

下面的例子就是通过CSS样式的修饰，制作出各种特色的超链接效果，如图5-6所示。

（1）文字超链接制作。首先在页面上插入一个9行2列，宽度为300像素的表格，如图5-7所示。

各种超链接CSS样式	
常见链接样式风格	高级链接样式风格
普通链接	
无下划线	按钮风格链接
双划线链接	特效链接
删除线链接	切换链接
色彩下划线	
远近下划线	
双下划线	

图5-6　文字超链接各种CSS样式风格效果

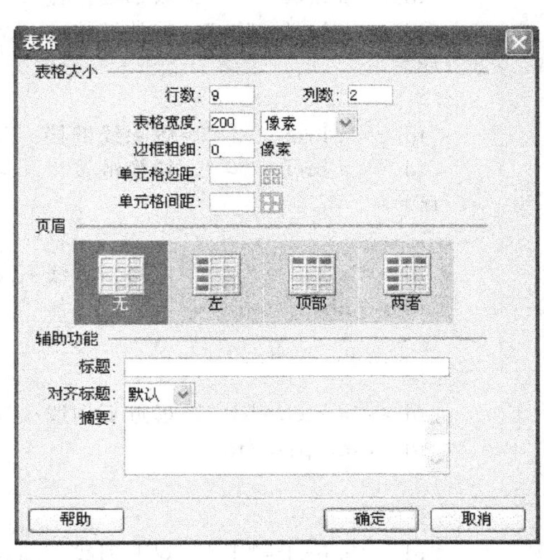

图5-7　插入表格

再打开属性面板，对表格进一步进行设置，如图5-8所示。

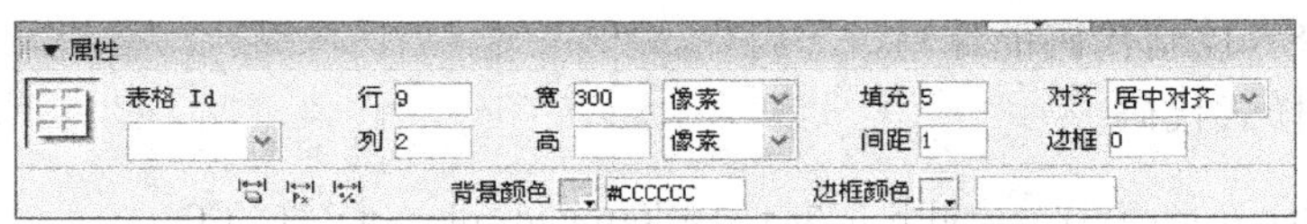

图5-8　设置表格属性

分别在每个单元格输入文字内容，并对相应文字做空的超链接，效果如图 5-9 所示。

各种超链接CSS样式	
常见链接样式风格	高级链接样式风格
普通链接	带背景色链接
无下划线	按钮风格链接
双划线链接	特效链接
删除线链接	切换链接
色彩下划线	
远近下划线	
双下划线	

图 5-9　文字空链接效果图

此时的结构代码如下：

```
<table>
  <tr>
    <td >各种超链接 CSS 样式</td>
  </tr>
  <tr>
    <td >常见链接样式风格</td>
    <td>高级链接样式风格</td>
  </tr>
  <tr>
    <td><a href="#">普通链接</a></td>
    <td><a href="#">带背景色链接</a></td>
  </tr>
  <tr>
    <td><a href="#">无下划线</a></td>
    <td><a href="#">按钮风格链接</a></td>
  </tr>
  <tr>
    <td><a href="#">双划线链接</a></td>
    <td><a href="#">特效链接</a></td>
  </tr>
  <tr>
    <td><a href="#">删除线链接</a></td>
    <td><a href="#">切换链接</a></td>
  </tr>
  <tr>
    <td><a href="#">色彩下划线</a></td>
    <td> </td>
  </tr>
  <tr>
    <td><a href="#">远近下划线</a></td>
    <td> </td>
  </tr>
  <tr>
    <td><a href="#">双下划线</a></td>
    <td> </td>
  </tr>
</table>
```

下面是 CSS 控制代码的编写。

(2) CSS 样式代码

```
table{ border-spacing:1px; width:300px; background-color:#CCCCCC; }
td{ font-size:12px;
    padding:5px;
    background-color:#FFFFFF;}
```

```
a { font-family: "宋体";
    font-size: 9pt; text-decoration: none}
.header1 { line-height: 15px;
           text-align:center;
           font-size:12px;
           font-weight:bold;}
.tdgbcolor{ background-color: #D6D6D6;}
/* 设置普通链接 */
.clink1{color: #CC0000;
        text-decoration: underline;}
/* 设置无下划线 */
.clink2{text-decoration : none;
        color: #006699;}
/* 设置双划线链接 */
.clink3 { color: #006600;
          text-decoration: underline overline}
/* 设置删除线链接 */
.clink4 { color: #0066FF;
          text-decoration: line-through}
/* 设置色彩下划线 */
.clink5 { border: #66CC00 solid;
          height: 0px;
          color: #0066FF;
          border-width: 0px 0px 1px}
/* 设置远近下划线 */
.clink6 { border: #FF0000 solid;
          height: 0px;
          color: #0066FF;
          border-width: 0px 0px 1px;
          padding-bottom: 5px}
/* 设置双下划线 */
.clink7 { border: #FF0000 double;
          height: 0px;
          color: #0066FF;
          border-width: 0px 0px 3px}
/* 设置带背景色链接 */
.clink8 { border:1px #006633 solid;
          color: #006633;
          background-color: #66FFCC;
          height: 20px;
          padding-top: 5px;
          padding-right: 5px;
          padding-bottom: 5px;
          padding-left: 5px;
          width: 130px;}
/* 设置按钮风格链接 */
.clink9 { padding-right: 2px;
         padding-left: 2px;
         padding-bottom: 2px;
```

```
            padding-top: 2px;
            background-color: #D9DEE8;
            height: 25px;
            width: 150px;
            text-align: center;
            border: #D9DEE8;
            border-style:inset;
            border-top-width: 2px;
            border-right-width: 2px;
            border-bottom-width: 2px;
            border-left-width: 2px;
            color: #666666;
            font-size:12px;}
/*设置特效链接*/
.clink10{text-decoration : none;color: #006699;
          height: 25px;
          width: 130px;
          padding-top: 4px;
          padding-right: 4px;
          padding-bottom: 4px;
          padding-left: 4px;
          border: 1px #0000CC dashed;
          text-align: center}
/*设置切换链接*/
.clink11 { color: #006666;
            text-decoration: none;
            height: 36px;
            width: 128px;
            font-family: "宋体";
            font-size: 12px;
            background-image:url(../bg1.jpg);
            padding-top: 6px;
            padding-left: 5px;
            text-align: center}
a.clink1:hover{ color: #0000FF;text-decoration: underline}
a.clink2:hover{ text-decoration : underline;color: #339900;}
a.clink3:hover { color: #9900CC; text-decoration: none}
a.clink4:hover { color: #FF0099; text-decoration: none}
a.clink5:hover { border: solid;
                  height: 0px;
                  color: #0066FF;
                  border-width: 0px 0px 1px;
                  border-color: #00FF00 #00FF00 #00FF33 #00FF33}
a.clink6:hover { border: #FF0000 solid;
                 height: 0px; color: #990000;
                 border-width: 0px 0px 1px;
                 padding-bottom: 2px}
a.clink7:hover { border: #FF0000 double;
                  height: 0px;
```

```
                          color: #0066FF;
                          border-width: 0px 0px 5px}
a.clink8:hover { border: 1px #333333 solid;
                          color: #333333;
                          background-color: #FF9966;
                          height: 20px;
                          padding-top: 5px;
                          padding-right: 5px;
                          padding-bottom: 5px;
                          padding-left: 5px;
                          width: 130px;}
a.clink9:hover { border-right: #99CCFF 1px outset;
                         padding-right: 2px;
                         border-top: #99CCFF 1px outset;
                         padding-left: 2px;
                         padding-bottom: 2px;
                         border-left: #99CCFF 1px outset;
                         padding-top: 2px;
                         border-bottom: #99CCFF 1px outset;
                         background-color: #C8D8F0;
                         height: 25px;
                         width: 150px;
                         text-align: center;
                         font-size:12px; }
a.clink10:hover{ text-decoration : none;
                          color: #FF6600;
                          height: 25px;
                          width: 130px;
                          padding-top: 4px;
                          padding-right: 4px;
                          padding-bottom: 4px;
                          padding-left: 4px;
                          border: 1px #FF3333 solid;
                          text-align: center}
a.clink11:hover { color: #FFFFFF;
                           text-decoration: none;
                           background-image: url(../bg2.gif);
                           height: 36px; width: 128px;
                           padding-top: 6px;
                           padding-left: 5px;
                           text-align: center}
```

这里包含很多文字超链接属性风格，当上面属性编写完毕后，还要进一步套用样式才有效。所有的样式套用都应该套在超链接标签<a>里，如：

```
<td><a href="#" class="clink8">带背景色链接</a></td>
```

表示这里的超链接已经套用了设置 clink8 类的样式，因而“带背景色链接”文字就会出现所设置的效果。

所有的超链接都套用 CSS 样式后，结构代码如下：

```
<table>
  <tr>
    <td colspan="2" class="header1">各种超链接 CSS 样式</td>
</tr>
  <tr>
    <td class="tdgbcolor">常见链接样式风格</td>
    <td class="tdgbcolor">高级链接样式风格</td>
</tr>
  <tr>
    <td><a href="#" class="clink1">普通链接</a></td>
    <td><a href="#" class="clink8">带背景色链接</a></td>
</tr>
  <tr>
    <td><a href="#" class="clink2">无下划线</a></td>
    <td><a href="#" class="clink9">按钮风格链接</a></td>
</tr>
  <tr>
    <td><a href="#" class="clink3">双划线链接</a></td>
    <td><a href="#" class="clink10">特效链接</a></td>
</tr>
  <tr>
    <td><a href="#" class="clink4">删除线链接</a></td>
    <td><a href="#" class="clink11">切换链接</a></td>
</tr>
  <tr>
    <td><a href="#" class="clink5">色彩下划线</a></td>
    <td> </td>
</tr>
  <tr>
    <td><a href="#" class="clink6">远近下划线</a></td>
    <td> </td>
</tr>
  <tr>
    <td><a href="#" class="clink7">双下划线</a></td>
    <td> </td></tr></table>
```

预览完成制作后的效果，效果图参考图 5-6。

任务 5.4　文字超链接多种样式混合应用

CSS 样式的修饰还可以在同一个页面制作出多种不同的文字超链接效果。如前面的例子，在几个地方增加了超链接，因为没有进行超链接样式修饰，所以原始效果如图 5-10 所示。

在CSS中，一个独立的盒子模型由内容-填充-边框和边界4个部分组成，而填充、边框和边界都有其独特的空间距离等属性，每个部分都有4个方向属性值，这4个值是按“上-右-下-左”顺时针方向原则计算，其值的大小直接影响各种排版效果。

图 5-10 超链接原始效果图

5.4.1 整体超链接效果制作

操作步骤如下。

（1）网页文件代码如下：

```
<body>
<div>在 CSS 中，一个独立的盒子模型由<a href="#">内容</a>、<a href="#">填充</a>、<a href="#">边框</a>和<a href="#">边界</a>4 个部分组成，而填充、边框和边界都有其独特的空间距离等属性，每个部分都有 4 个方向属性值，这 4 个值是按“上-右-下-左”顺时针方向原则计算，其值的大小直接影响各种排版效果。</div>
</body>
```

（2）修饰 div 的 CSS 样式代码如下：

```
div{ width:280px; height:120px; background-color:#EEE; border:3px #900 solid;
     color:#663300; font-family:"宋体"; font-size:13px; padding:20px; margin:30px;
     line-height:18px; text-indent:27px;}
```

（3）增加修饰超链接样式代码。

① 单击 CSS 面板中的“+”按钮，在弹出的“新建 CSS 规则”对话框中，选中“选择器类型”选项区域中的“高级(id、伪类选择器等)”单选按钮，如图 5-11 所示。

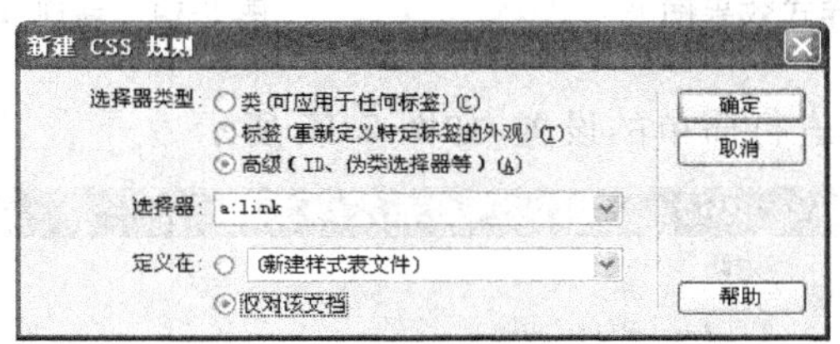

图 5-11 新建 a:link 规则

在“选择器”下拉列表中选择 a:link 选项，定义在“仅对该文档”，在弹出的对话框中进行简单的设置，如图 5-12 所示。

设置完毕，系统自动增加了如下 CSS 代码：

```
a:link {
       font-family: "宋体";
       font-size: 13px;
       color: #CC3300;
       text-decoration: none;
}
```

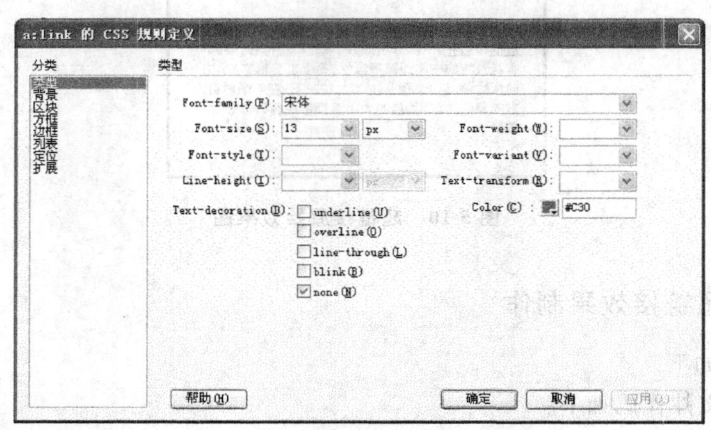

图 5-12　设置 a:link 样式

此时 4 个超链接效果相同，呈现出橙红色，如图 5-13 所示。

② 按照相同方法，继续添加 a:visited 链接效果，单击 CSS 面板中的"+"按钮，在弹出的"新建 CSS 规则"对话框中，在"选择器类型"选项区域选中"高级(id、伪类选择器等)"选项，在"选择器"下拉列表中选择 a:visited 选项，定义在"仅对该文档"，如图 5-14 所示。

在CSS中，一个独立的盒子模型由内容-填充-边框和边界4个部分组成，而填充、边框和边界都有其独特的空间距离等属性，每个部分都有4个方向属性值，这4个值是按"上-右-下-左"顺时针方向原则计算，其值的大小直接影响各种排版效果。

图 5-13　设置 a:link 样式效果图

新建 CSS 规则
选择器类型：类(可应用于任何标签)(C)
标签(重新定义特定标签的外观)(T)
高级(ID、伪类选择器等)(A)
选择器：a:visited
定义在：(新建样式表文件)
仅对该文档
确定
取消
帮助

图 5-14　新建 a:visited 规则

在弹出的对话框中进行简单的设置，如图 5-15 所示。

a:visited 的 CSS 规则定义
分类：类型 背景 区块 方框 边框 列表 定位 扩展
类型
Font-family(F): 宋体
Font-size(S): 13 px
Font-weight(W):
Font-style(T):
Font-variant(V):
Line-height(I): px
Text-transform(R):
Text-decoration(D): underline(U) overline(O) line-through(L) blink(B) none(N)
Color(C): #C30
帮助(H) 确定 取消 应用(A)

图 5-15　设置 a:visited 样式

③ 按照相同方法，继续添加 a:hover 链接效果，设置样式对话框如图 5-16 所示。

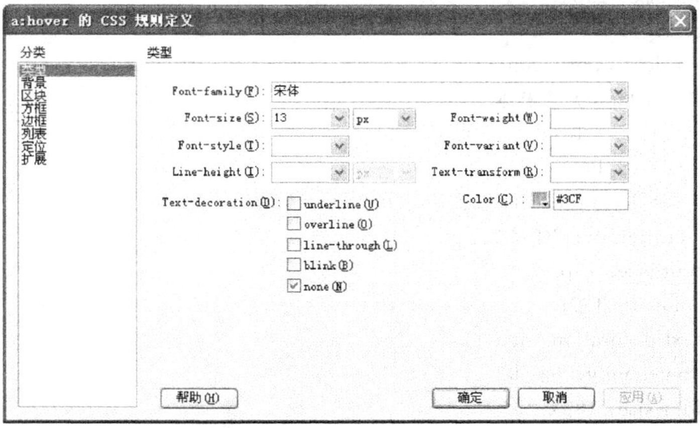

图 5-16　设置 a:hover 样式

这时样式代码如下：

```
a:link {
    font-family: "宋体";
    font-size: 13px;
    color: #C30;
    text-decoration: none;
}
a:visited {
    font-family: "宋体";
    font-size: 13px;
    color: #C30;
    text-decoration: none;
}
a:hover {
    font-family: "宋体";
    font-size: 13px;
    color: #3CF;
    text-decoration: none;
}
```

这时的页面文字超链接样式都是一样的，因为都自动套用前面设置的样式，也就是 4 个文字超链接的 3 种状态相同，即 a:link、a:visited 和 a:hover 都一样。

然而，网页往往需要至少几种不同的样式效果，所以，为了增加页面的可看性和趣味性，必须制作几种不同的样式。

5.4.2　多种(个性)超链接效果制作

制作方法如下。

(1) 复制上述代码 3 份。

(2) 分别在 a:之间加入类名并分别修改样式。

```
a.tc:link {font-family: "宋体";
          font-size: 13px;
          color: #F09;
          text-decoration: none;}
a.tc:visited {font-family: "宋体";
             font-size: 13px;
             color: #F09;
             text-decoration: none;}
a.tc:hover {font-family: "宋体";
           font-size: 13px;
           color: #CCC;
           text-decoration: none;}
a. bk:link {font-family: "宋体";
           font-size: 13px;
           color: #903;
           text-decoration: none;}
a. bk:visited {font-family: "宋体";
              font-size: 13px;
              color: #903;
              text-decoration: none;}
a. bk:hover {font-family: "宋体";
            font-size: 13px;
            color: #6C6;
            text-decoration: none;}
a. bj:link {font-family: "宋体";
          font-size: 13px;
          color: #F00;
          text-decoration: none;}
a.bj:visited {font-family: "宋体";
             font-size: 13px;
             color: #F00;
             text-decoration: none;}
a.bj:hover {font-family: "宋体";
           font-size: 13px;
           color: #96C;
           text-decoration: none;}
```

(3) 套用类名。

```
<body>
<div>在 CSS 中,一个独立的盒子模型由<a href="#" class="nr">内容</a>-<a href=
"#" class="tc">填充</a>-<a href="#" class="bk">边框</a>和<a href="#" class
="bj">边界</a>4 个部分组成,而填充、边框和边界都有其独特的空间距离等属性,每个部分
都有 4 个方向属性值,这 4 个值是按"上-右-下-左"顺时针方向原则计算,其值的大小直接影响各
种排版效果。</div>
</body>
```

(4) 预览效果，如图 5-17 所示，界面中除了出现 4 种样式外，在鼠标经过各个超链接时都显示不同效果。

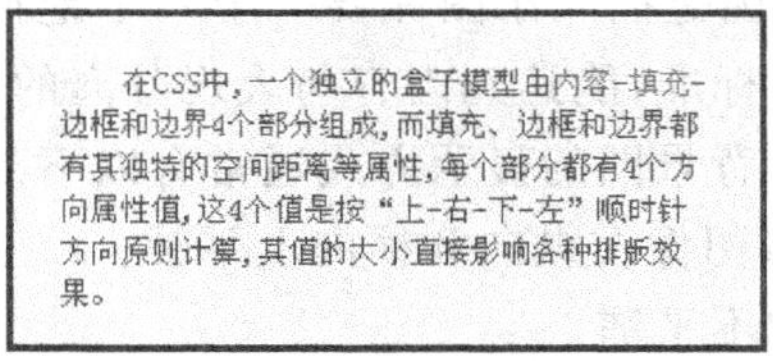

在CSS中，一个独立的盒子模型由内容-填充-边框和边界4个部分组成，而填充、边框和边界都有其独特的空间距离等属性，每个部分都有4个方向属性值，这4个值是按“上-右-下-左”顺时针方向原则计算，其值的大小直接影响各种排版效果。

图 5-17　文字超链接多种样式应用效果图

任务 5.5　设置列表小图片

5.5.1　设置列表小图片操作

列表小图片是网页设计中不可缺少的网页元素，在网页美化中起着非常重要的作用。图 5-18 是关于 CSS 盒子模型内容的一个简单解说，把列表小图片放在内容前面，显得既整洁又漂亮。

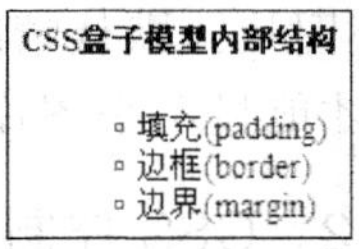

CSS盒子模型内部结构

- 填充(padding)
- 边框(border)
- 边界(margin)

图 5-18　设置列表小图片

制作方法如下。

(1) 在站点下新建“列表小图片.html”文件，代码如下：

```
<body>
    <h5>CSS 盒子模型内部结构</h5>
      <ul>
         <li>填充(padding)</li>
         <li>边框(border)</li>
         <li>边界(margin)</li></ul>
</body>
```

(2) 编写 CSS 样式代码。列表小图标就是加在网页标签<li>里的小图片，所以先把准备好的小图片复制到网站下相应的文件夹里，再进行 CSS 样式代码编写，这里直接把名为 icon1.gif 的小图片复制到网站与“列表小图片.html”同目录下的文件夹里，代码如下：

```
<style type="text/css">
ul{ list-style-type:none;}
li{ background:url(icon1.gif) no-repeat 0px 6px;              /*小图片的导入和位置控制设置*/
                  font-size:14px;
                line-height:16px;
                padding-left:10px;                /*文字向右移动 10px,这样就不会遮住小图片*/
}
</style>
```

这时<ul>和<li>标签会直接套用 CSS 样式代码，效果立竿见影。关键代码解释如下。

① background:url(icon1.gif) no-repeat 0px 6px;即为小图片的导入、小图片不重复

显示、小图片 x 轴和 y 轴的位置。

② 小图片的导入：就是小图片所在的站点位置，这里采用的是背景图的导入，为什么不是直接插入小图片？原因是插入小图片要一个一个地插入，而背景图的导入则只需要设置一次即可，符合 W3C 标准，能达到内容与表现分离的目的。

③ 小图片不重复显示：背景图的显示方式通常有以下几种方式。

- repeat：默认值，背景图像在纵向和横向上平铺。
- no-repeat：背景图像不平铺。
- repeat-x：背景图像仅在横向上平铺。
- repeat-y：背景图像仅在纵向上平铺。

这里只需要一张小图片，因此选用 no-repeat 参数。

④ 控制小图片在 x 轴和 y 轴的值：默认情况下导入小图片 x 轴和 y 轴值都是 0，即会在左上角的位置，这时，根据需要把小图片放在垂直居中的地方，0px 6px 表示 x 轴的值为 0 像素、y 轴的值为 6 像素。

⑤ padding-left:10px；让文字离开左边 10 像素，即往右边方向移动 10 像素，防止遮住小图片。默认情况下，文字会盖住导入的小图片，因此必须给列表增加填充把文字挪开，才能显示小图片。

5.5.2 CSS 控制网页背景图片属性设置

背景(background)是 CSS 中一个重要的的部分，也是需要知道的 CSS 的基础知识之一。背景(background)包含以下多个背景属性。

(1) background-color：指定填充背景的颜色。

(2) background-image：引用图片作为背景。

(3) background-position：指定元素背景图片的位置。

(4) background-repeat：决定是否重复背景图片。

(5) background-attachment：决定背景图是否随页面滚动。

这些属性可以全部合并为一个缩写属性：background。需要注意的一个要点是背景占据元素的所有内容区域，包括 padding 和 border，但是不包括元素的 margin。它在 Firefox、Safari、Opera 以及 IE8 中工作正常，但是 IE6 和 IE7 中，background 没把 border 计算在内。

背景的属性剖析如下。

(1) background-color 属性用纯色来填充背景。有许多方式指定这个颜色，以下方式都得到相同的结果。

- background-color：blue。
- background-color：#0000ff。
- background-color：transparent(透明)。

(2) 背景图(background-image)。background-image 属性允许指定一个图片展示在背景中。它可以和 background-color 连用，因此如果图片不重复的话，图片覆盖不到的地方都会被背景色填充。

值得注意的是，当 background-image 属性和 background-color 属性连用时，background-color 属性必须放在后面，否则背景色可能会因为浏览器不支持而看不到效果。

(3) 背景平铺(background-repeat)。设置背景图片时，默认把图片在水平和垂直方向平铺以铺满整个元素。这也许是用户需要的，但是有时会希望图片只出现一次，或者只在一个方向平铺。以下为可能的设置值和结果。

```
background-repeat: repeat;        /* 默认值，在水平和垂直方向平铺 */
background-repeat: no-repeat;     /* 不平铺，图片只展示一次 */
background-repeat: repeat-x;      /* 水平方向平铺(沿 x 轴) */
background-repeat: repeat-y;      /* 垂直方向平铺(沿 y 轴) */
background-repeat: inherit;       /* 继承父元素的 background-repeat 属性 */
```

(4) 背景定位(background-position)。background-position 属性用来控制背景图片在元素中的位置，实际上指定的是图片左上角相对于元素左上角的位置。

下面的例子中，设置了一个背景图片并且用 background-position 属性来控制它的位置，同时也设置了 background-repeat 为 no-repeat。计量单位是像素。第一个数字表示 x 轴(水平)位置，第二个是 y 轴(垂直)位置。

```
background-position: 0 0;         /* 元素的左上角 */
background-position: 75px 0;      /* 把图片向右移动 75px */
background-position: -75px 0;     /* 把图片向左移动 75px */
background-position: 0 100px;     /* 把图片向下移动 100px */
```

在实际运用中，用一行代码就可以把对背景图片位置控制的设置完成，如上述例子的代码：

```
li{ background:url(icon1.gif) no-repeat 0px 6px;/* 小图片的导入和位置控制设置 */
              font-size:12px;
             line-height:16px;
    padding-left:10px;                         /* 文字向右移动 10px,这样就不会遮住小图片 */
   }
```

任务 5.6　设计精美表单

表单有多种，包括通常放在首页左边的登录表单；申请成为某会员的注册表单；作为查询功能的某种信息搜索引擎或者如“百度”、“谷歌”等只有一个强大功能的网页所使用的表单等。

以下实例是利用 CSS 制作一个漂亮而精美的用户登录表单，效果如图 5-19 所示。

图 5-19　漂亮的登录表单效果 1

通常布局表单是通过表格完成的，而这个例子是用列表实现的。制作步骤如下。

(1) 在网页里切换到“代码”视图，把光标定位在<body></body>之间，选择“插入”菜单的“文本”选项，单击无序列表图标“ul”，这时无序列表标签便被插入到<body>

</body>之间(注意,不要在“设计”视图下进行这一步骤),代码如下所示:

```
<body>
<ul></ul>
</body>
```

(2) 继续在“代码”视图下,把光标定位在<ul></ul>标签之间,插入表单,在菜单栏执行“插入”→“表单”→“表单”命令,如图 5-20 所示。

这时代码如下:

```
<body>
<ul><form action="" method="get"></form></ul></body>
```

(3) 插入列表标签。把光标定位在刚插入的<form action="" method="get"></form>之间,选择“插入”菜单中的“文本”选项,单击列表图标“li”,这时列表标签便被插入到表单之间,如图 5-21 所示。

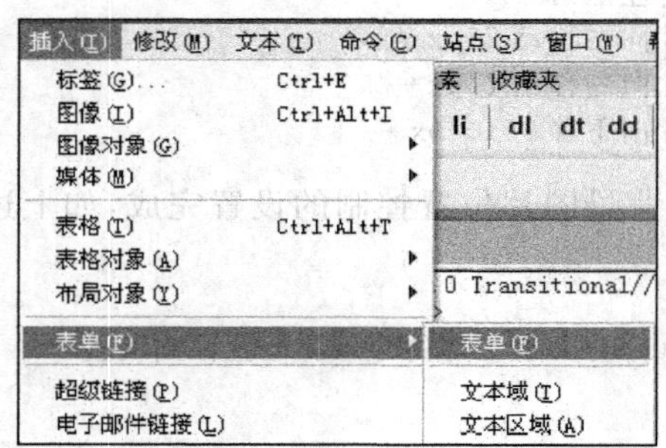

图 5-20 插入表单命令

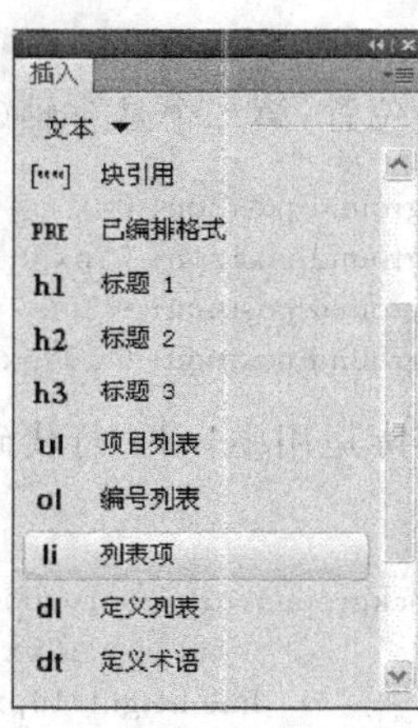

图 5-21 插入列表标签

代码如下:

```
<body>
<ul><form action="" method="get"><li></li></form></ul>
</body>
```

(4) 把光标定位在<li></li>后面,继续插入一对<li></li>,整理后代码如下:

```
<ul><form action="" method="get">
        <li></li>
        <li></li>
        </form>
</ul>
```

(5) 在每对<li></li>之间分别插入内容。把光标定位在第一对<li></li>之间,输入:账号,然后在文字后面插入文本域表单元素:在菜单栏执行“插入”→“表单”→“文本域”命令,如图 5-22 所示。

继续在“文本域”后面插入按钮(方法同上),在菜单栏执行“插入”→“表单”→“按钮”命令,如图 5-23 所示。

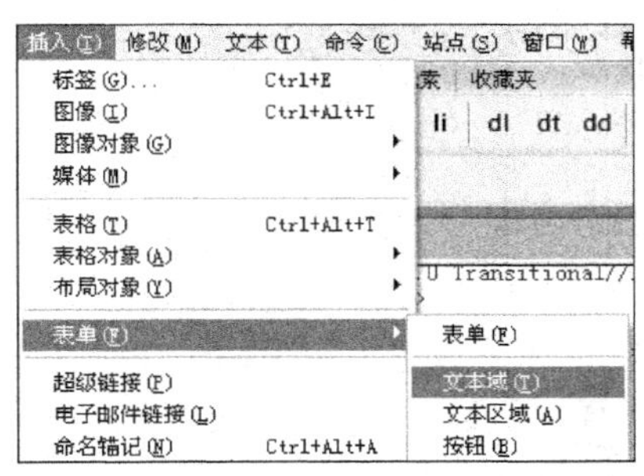

图 5-22　插入文本域命令

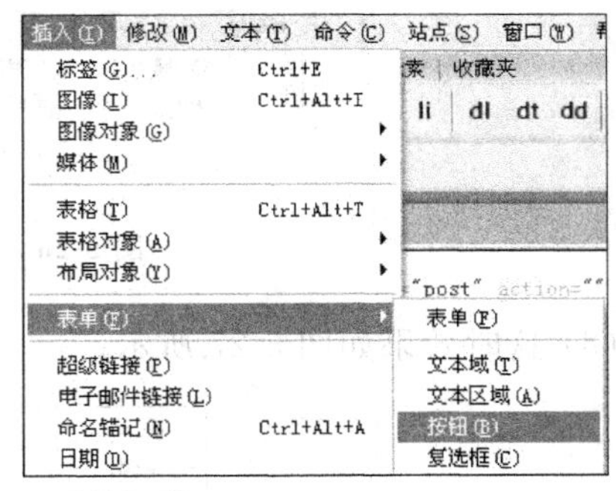

图 5-23　插入按钮命令

完成后代码如下:

```
<li>账号:<input name="name" type="text" /><input name="" type="button" />
```

(6) 按照同样方法,把光标定位在第二对<li></li>之间,输入:密码,然后插入文本域表单元素,再插入第二个按钮,完成后代码如下:

```
<body>
<ul>
  <form action="" method="get">
    <li>账号:<input type="text" name="textfield" /><input name="" type="button" />
</li>
    <li>密码:<input type="text" name="textfield2" /><input name="" type="button" />
</li>
  </form></ul>
</body>
```

(7) 此时切换至“设计”视图,可以看到设置效果,如图 5-24 所示。

图 5-24　表单原始效果图

修改按钮文字。分别单击两个按钮,在属性面板“值(V)”文本框中分别输入:登录和注册,如图 5-25 所示。

图 5-25　按钮属性设置

修改文本域名字。分别单击选中两个文本域，在属性面板上修改账号名字为：name和password，修改属性如图5-26所示。

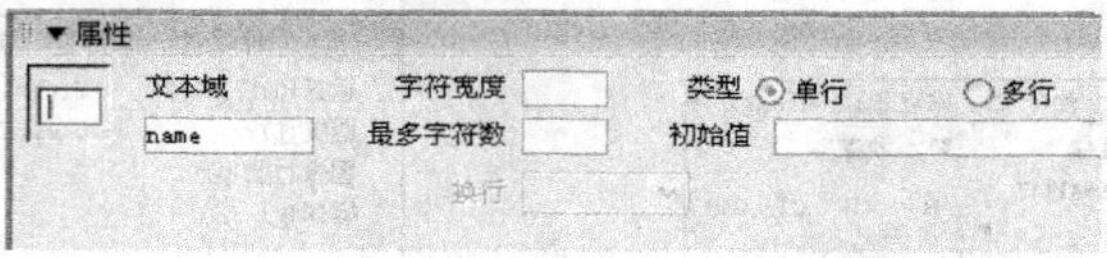

图 5-26　设置文本域账号名称

(8) 这时效果如图5-27所示。

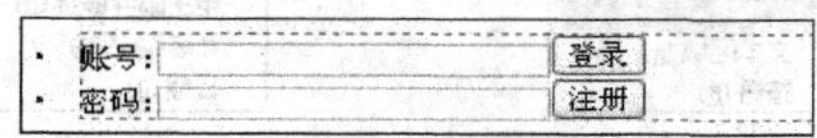

图 5-27　已设置好的表单图

这时代码如下：

```
<body>
<ul>
    <form action="" method="get">
    <li>账号:<input name="name" type="text" />
        <input type="button" name="" value="登录" />
    </li>
    <li>密码:<input name="password" type="text" />
        <input type="button" name="" value="注册" /></li>
    </form>
</ul>
</body>
```

注意：*表单(form)主要完成交互功能，即完成客户端向服务器端提交数据的过程，当用户单击button按钮时，会创建一个onclik事件，其过程包括：①向服务器提交数据；②向客户端再发送一遍页面内容。*

接下来开始美化这个登录表单，修饰表单的CSS代码如下：

```
/*修饰项目列表属性*/
ul{ list-style-type:none;}
/*修饰列表项属性*/
li{ font-family:"宋体"; font-size:12px; color:#666666; }
/*修饰文本域属性*/
.txt{ border:solid #336666 1px; font-size:12px; color:#999999; color:#FF0000; width:120px; height:16px;}
  /*修饰按钮属性*/
.btn{ border:solid #336666 1px; font-size:12px; color:#999999; }
```

这些代码中ul和li是直接被调用属性的网页标签，因此，此时在"设计"视图下可以马上看到ul和li标签里的内容效果发生变化，而修饰文本域属性的.txt和修饰按钮属性的.btn就不能马上看到效果，必须进行套用，因为这两者都是设成伪类的，所以可以直接在需要调用的文本域和按钮处用class调用。调用后代码如下。

```
<input type="text" name="textfield" class="txt" />
<input type="button" name="" value="登录" class="btn" />
```

另外，还可以通过选中某个表单元素进行套用，例如，套用账号文本域样式的方法如下：切换到"设计"视图，单击名为 name 的文本域，在属性面板上选择"类"为 txt 样式，如图 5-28 所示。

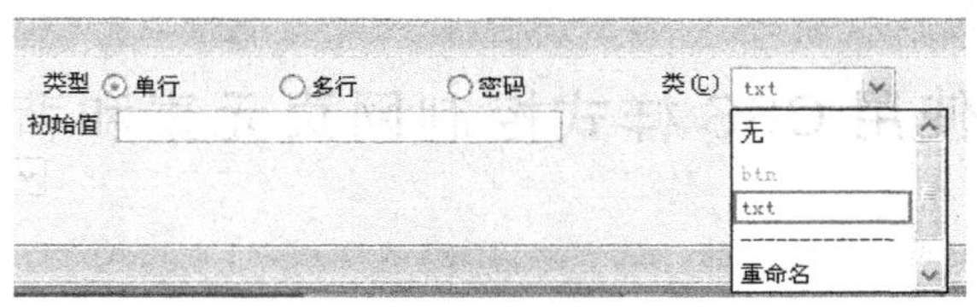

图 5-28　表单样式套用

同样，其他元素都可以通过这种方法进行样式套用。完成后代码如下：

```
<body>
 <ul>
 <form action="" method="get">
 <li>账号:<input name="name" type="text" class="txt" />
           <input type="button" name="" value="登录" class="btn" /></li>
 <li>密码:<input name="password" type="text" class="txt" />
           <input type="button" name="" value="注册" class="btn" /></li>
 </form>
</ul>
</body>
```

表单修饰可以多种多样，同样是上面的表单元素代码，可以换一种风格，只要把样式换掉就可以，样式代码如下：

```
ul{ list-style-type:none;                    /*修饰项目列表属性*/
}
li{ font-family:"宋体";
    font-size:14px;
    color:#666666;                           /*修饰列表项属性*/
}
.txt{ border-left:none;
      border-right:none;
      border-top:none;
      border-bottom:solid #336666 1px;
      font-size:12px;
      color:#999999;
      color:#FF0000;
      width:120px;
      height:16px;                           /*修饰文本域属性*/
}
.btn{ font-size:12px; color:#999999;         /*修饰按钮属性*/
}
```

运行效果如图 5-29 所示。

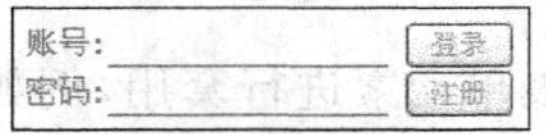

图 5-29 漂亮的登录表单效果 2

实训 5 使用 CSS 样式控制网页元素和背景图位置

1. 实训目的

(1) 进一步掌握 CSS 样式的使用方法。

(2) 使用 CSS 样式控制网页元素或网页背景图的位置。

2. 实训内容

运用 CSS 样式可以控制背景图的位置,网页上几乎所有网页元素或网页的背景图都可以利用这个特点进行创作,往往会收到很多意想不到的效果,下面选择添加列表图和背景图实例进行实训,效果如图 5-30 所示。

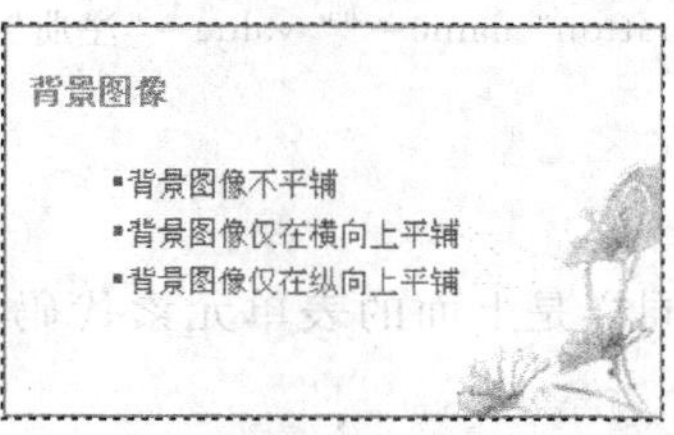

图 5-30 控制层背景图和列表背景图位置效果图

3. 操作步骤

(1) 源文件准备。在站点下新建 sx5. html 文件,在文件设计视图里分别输入图 5-30 所示的文字,并把文字分别放在不同的标签里,完成后原始代码如下:

```
<body>
<div>
  <h4>背景图像</h4>
  <ul>
    <li>背景图像不平铺</li>
    <li>背景图像仅在横向上平铺</li>
    <li>背景图像仅在纵向上平铺</li>
  </ul>
</div>
</body>
```

(2) 建立各 CSS 盒子样式，这个实训内容要求建立、链接外部样式。

① 在网站里建立 sx5. css 样式文件。

② 把 sx5. css 样式文件链接到 sx5. html 文件里，在 sx5. html 文件设计视图下，在展开的 CSS 样式面板中，单击“附加样式表”按钮。

在弹出的“链接外部样式表”对话框中的“文件/URL”文本框右侧单击“浏览”按钮，选择 sx5. css 样式文件；在“添加为”选项区域选中“链接”单选按钮，单击“确定”按钮完成操作。

这时在 sx5. html 文件代码视图可以看到链接文件代码：

```
<link href="sx5.css" rel="stylesheet" type="text/css" />
```

说明 sx5. css 里面的样式可以被 sx5. html 文件元素所用。

③ 设置样式代码。

a. 在 sx5. css 样式文件里设置样式代码，在弹出的“新建 CSS 规则”对话框中的“选择器类型”下拉列表中选择“类(可应用于任何 HTML 元素)”选项。

b. 在“选择器名称”文本框输入. div_li 名称。

c. 在“规则定义”栏选择规则位置，选择“(仅限该文档)”选项，单击“确定”按钮。

d. 按需要选择类样式. div_li 的属性和值，单击“确定”按钮，设置完毕，这时，可以看到 sx5. css 样式文件里代码如下：

```
.div_li { height: 160px;                              /* 设置 DIV 高度和宽度属性 */
          width: 280px;
          border: 1px solid #960;                     /* 设置 DIV 边框属性 */
          background:url(bgimg.gif) no-repeat bottom right;    /* 设置 DIV 右下角的背景图 */
}
```

e. 把. div_li 类样式套用在 DIV 标签上，单击 DIV 标签，在属性面板上选择 div_li 类即可。

f. 这时预览网页，可见 DIV 宽度为 280 像素，有边框，右下角有背景图。

④ 建立 li 样式。接下来要设置 h3、ul 和 li 样式，因为这些都是标签样式，这里只讲解 li 样式的建立操作。步骤如下。

a. 在 sx5. css 样式文件里设置样式代码，在 CSS 样式面板中单击“+”号，在弹出的“新建 CSS 规则”对话框中的“选择器类型”下拉列表中选择“标签(重新定义 HTML 元素)”选项。

b. 在“选择器名称”下拉列表中选择 li(或输入 li)。

c. 在“规则定义”栏选择规则位置，选择“仅限该文档”选项。

d. 单击“确定”按钮，在 li 的规则定义面板里设置列表小图标、字体颜色等，具体代码如下：

```
li{ background:url(icon1.gif) no-repeat 4px 7px;
    padding-left:10px;
    font-size:13px; color:#930;
```

```
    line-height:20px;
}
```

制作完毕，li标签样式被自动调用。h3和ul的标签样式建立方法同上，这里不再讲述，这两个标签样式建立后，代码分别如下：

```
h3{ color:#C60;
    font-size:14px;
    margin-left:10px;}
ul{ list-style-type:none}
```

4. 添加注释

完成上述操作后，列出上例中的关键CSS代码，并加上中文注释。

控制背景图或列表小图表位置的几个参数：
(1) (2) (3) (4)

项目六

CSS 盒子浮动

Project 6

本项目学习任务是把美化好的网页元素进行布局排版，即设计好其在网页中的排放位置。浮动(float)属性是 CSS 的定位属性之一。最直接的效果就像在 Word 里设置的图文并茂的文字环绕效果，文本可以按照需要围绕图片排版。此外，还可以布局多种网页架构等。

学习目标

(1) 理解浮动属性及其在网页设计与制作中的作用。

(2) 理解标准流以及在标准流中定位网页元素的原理，掌握块级元素和行内元素在标准流中的排放位置。

(3) 掌握使用浮动属性实现竖直变一行、图片文字混排等效果的方法。

(4) 掌握使用浮动属性实现多种网页布局效果的方法。

(5) 掌握使用浮动属性布局网页架构的方法。

技能目标

(1) 使用浮动属性实现竖直变一行效果。

(2) 使用浮动属性实现图文混排等效果。

(3) 使用浮动属性实现多种网页布局效果。

(4) 使用浮动属性布局网页架构。

(5) 通过浮动属性掌握网页布局的常用技术及运用方法。

任务 6.1 理解浮动属性

浮动属性最重要的作用就是：把块级元素如 div、p 等变成行内元素，利用这个特性可以使原本在标准流下竖直排放的块级元素变成横向排放(一行)，实现各种排版需要，从而可以灵活地实现各种形式的排版要求，是网页布局不可缺少的属性。

CSS 中有一个 float 属性，默认为 none，也就是标准流通常的情况，如果将 float 属性的值设置为 left 或 right，元素就会向其父元素的左侧或右侧靠紧，同时在默认情况下，盒子的宽度不再伸展，而是收拢，根据盒子里面的内容的宽度来确定。

现在介绍 CSS 中 float，而网页布局和定位中的另一个重要属性 position 将在后面学习。

6.1.1 理解标准流

(1) HTML 元素在标准状况下的定位方式如下。

① 行内元素在同一行内横向排列。

② 块级元素占满整个一行,在页面中竖向排列。

元素不会移动到其他地方去,对于嵌套的元素盒子也是嵌套的关系,除非设置浮动属性或定位属性,否则所有盒子都是在标准流中定位的。顾名思义,标准流中元素盒子的位置由元素在 HTML 中的位置决定。

(2) 网页里的任何元素都可以视作 CSS 盒子,进行网页设计制作时,必须要进行布局与定位。通常有以下 3 种定位形式:①在标准流下定位;②在浮动属性下定位;③在定位属性下定位。

6.1.2 块级元素和行内元素在标准流里的排放位置

首先看下面原始网页文件:

```
<body>
<div>这是 DIV1</div>
<div>这是 DIV2</div>
<div>这是 DIV3</div>
<ul>
  <li>这是列表 1</li>
  <li>这是列表 2</li>
  <li>这是列表 3</li>
</ul>
<div>这是 DIV 父辈<div>这是 DIV 嵌套子辈</div></div>
<p>这是段落 1</p>
<p>这是段落 2</p>
<p>这是段落 3</p>
<span>这是 span1</span>
<span>这是 span2</span>
<span>这是 span3</span>
<a href="#">这是超级链接 1</a>
<a href="#">这是超级链接 2</a>
</body>
```

在这个例子里,属于块级元素的是:div、p、ul 和 li,属于行内元素的是 span 和 a,这些元素在网页里没有经过任何修饰情况下的排放就是指标准流里的排放,效果如图 6-1 所示。

从图 6-1 可以知道:块级元素占满整个一行,在页面中竖向排列;行内元素在同一行内横向排列。因此这个例子可以让读者更好地理解 HTML 元素在标准状况下的定位方式。

这是DIV1
这是DIV2
这是DIV3

- 这是列表1
- 这是列表2
- 这是列表3

这是DIV父辈
这是DIV嵌套子辈

这是段落1

这是段落2

这是段落3

这是span1 这是span2 这是span3 这是超级链接1 这是超级链接2

图 6-1 块级元素和行内元素在标准流里的排放位置

任务 6.2 使用浮动属性实现竖直变一行效果

HTML 元素的定位方式后面能否改变？答案是肯定的，正因为它可以改变，才使网页布局千变万化，如何改变？在后面的章节中会一一分别介绍，下面首先学习使用浮动属性改变 HTML 元素位置的简单例子，通过浮动，把原本不是一行的两张图片变成一行。操作如下。

（1）在页面里插入两对 dtv 标签，然后分别插入图片，完成后代码如下：

```
<html><head>
<meta http-equiv="Content-Type" content="text/html; charset=utf-8" />
<title>竖直变一行</title>
</head>
<body>
<div><img src="img/img1.png" width="56" height="56" /></div>
<div><img src="img/img2.png" width="56" height="56" /></div>
</body></html>
```

（2）切换到 Dreamweaver 中的“设计”视图，得到如图 6-2 所示的效果。

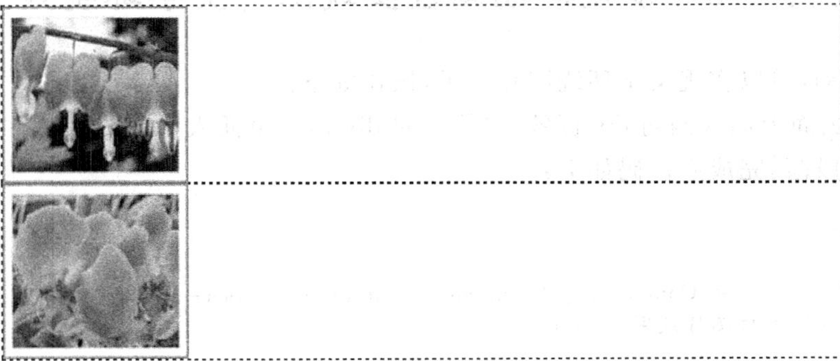

图 6-2 存放在 div 里的图片效果图

(3) 设置浮动属性,代码如下:

```
<html><head>
<meta http-equiv="Content-Type" content="text/html; charset=utf-8" />
<title>竖直变一行</title>
<style type="text/css">
.float1{ float:left;}
</style>
</head>
```

(4) 在第一对 div 标签里套用刚才设置的 CSS 类样式:.float1,套用好后,整个文件代码如下:

```
<html><head>
<meta http-equiv="Content-Type" content="text/html; charset=gb2312" />
<title>竖直变一行</title>
<style type="text/css">
. float 1{ float:left;}
</style></head>
<body>
<div class="float1 "><img src="img/flower1.jpg" width="150" height="123" /></div>
<div><img src="img/flower2.jpg" width="150" height="123" /></div>
</body></html>
```

使用浮动属性后,两张图片变成一行,如图 6-3 所示。

图 6-3 图片浮动效果图

任务 6.3 使用浮动属性实现图片文字环绕效果

通过浮动,可以实现文字环绕图片效果,操作如下。

(1) 在页面上插入两对 div 标签,在第一对 div 标签里插入一张图片,第二对 div 标签里存放文字段落,完成后代码如下:

```
<html>
<head>
<meta http-equiv="Content-Type" content="text/html; charset=utf-8" />
<title>文字环绕图片效果</title>
</head>
<body>
```

```
<div><img src="img/flower1.jpg" width="150" height="123" /></div>
<div><p>没有设置浮动属性的段落文字,它会围绕已设置浮动属性的块级元素。没有设置浮动属性的段落文字,它会围绕已设置浮动属性的块级元素。没有设置浮动属性的段落文字,它会围绕已设置浮动属性的块没有设置浮动属性的段落文字,它会围绕已设置浮动属性的块级元素。没有设置浮动属性的段落文字,它会围绕已设置浮动属性的块级元素。没有设置浮动属性的段落文字,它会围绕已设置浮动属性的块级元素级元素。</p></div>
</body></html>
```

(2) 设置浮动属性和段落样式,代码如下:

```
<style type="text/css">
.float1{ float:left;}
div p{ color:#069; font-size:13px; text-indent:28px;}
</style>
```

(3) 在第一对 div 标签里套用刚才设置的 CSS 类样式:.float1,套用好后,整个文件代码如下:

```
<html><head>
<meta http-equiv="Content-Type" content="text/html; charset=utf-8" />
<title>文字环绕图片效果</title></head>
<body>
<div class="float1"><img src="img/flower1.jpg" width="150" height="123" /></div>
<div><p>没有设置浮动属性的段落文字,它会围绕已设置浮动属性的块级元素。没有设置浮动属性的段落文字,它会围绕已设置浮动属性的块级元素。没有设置浮动属性的段落文字,它会围绕已设置浮动属性的块没有设置浮动属性的段落文字,它会围绕已设置浮动属性的块级元素。没有设置浮动属性的段落文字,它会围绕已设置浮动属性的块级元素。没有设置浮动属性的段落文字,它会围绕已设置浮动属性的块级元素级元素。</p></div>
</body></html>
```

(4) 预览效果如图 6-4 所示。

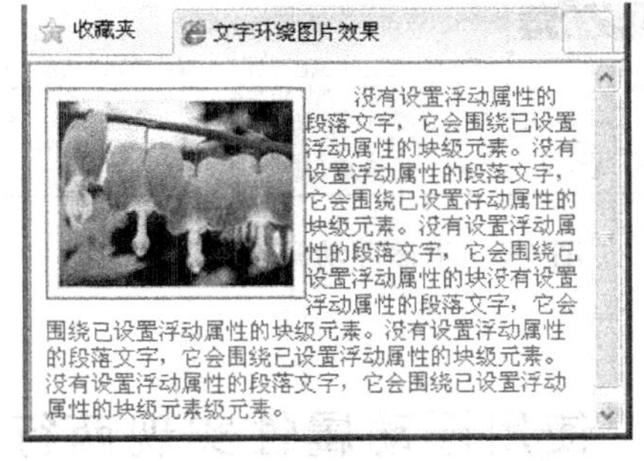

图 6-4　文字环绕图片效果图

任务 6.4　使用浮动清除属性

以上两个例子都是使用浮动属性达到的效果,不管是文字还是图片,只要前面的元素套用浮动属性,其相邻的元素就会跟随显示浮动特性。但是,在日常的网页布局中,其相邻的元素往往不需要浮动，这时可以使用浮动的清除属性来完成。通过清除属性，可以把跟随浮动的元素变回原来的样子。下面代码就是使用浮动属性和清除浮动属性的例子，在第一对div标签里套用了浮动属性的样式，在第二对div标签里则套用了清除浮动的样式。

```
<html>
<head>
<meta http-equiv="Content-Type" content="text/html; charset=utf-8" />
<title>清除浮动属性</title>
<style type="text/css">
.float1{ float:left;}
div p{ color:#069; font-size:13px; text-indent:28px;}
.clear1{ clear:both;}
</style></head>
<body>
<div class="float1"><img src="img/flower1.jpg" width="150" height="123" /></div>
<div class="clear1"><p>没有设置浮动属性的段落文字，它会围绕已设置浮动属性的块级元素。没有设置浮动属性的段落文字，它会围绕已设置浮动属性的块级元素。没有设置浮动属性的段落文字，它会围绕已设置浮动属性的块没有设置浮动属性的段落文字，它会围绕已设置浮动属性的块级元素。没有设置浮动属性的段落文字，它会围绕已设置浮动属性的块级元素。没有设置浮动属性的段落文字，它会围绕已设置浮动属性的块级元素级元素。</p></div>
</body></html>
```

预览效果如图6-5所示。

图6-5 清除浮动属性预览效果图

任务6.5 使用浮动属性实现两行两列布局

接下来继续介绍浮动属性，如果用户希望通过浮动属性实现两行两列的效果，其实现方法有多种，分别如下。

1. 浮动应用实例1

把原本竖直排列的图片变成两行两列排放。

```
<html>
<head>
<meta http-equiv="Content-Type" content="text/html; charset=gb2312" />
<title>浮动应用例子 1</title>
<style type="text/css">
.float1{ float:left}</style></head>
<body>
<div><div class="float1"><img src="img/flower1.jpg" width="150" height="123" />
</div>
  <div><img src="img/flower2.jpg" width="150" height="123" /></div></div>
<div><div class="float1"><img src="img/flower3.jpg" width="150" height="123" />
</div>
  <div><img src="img/flower4.jpg" width="150" height="123" /></div></div>
</body>
</html>
```

预览效果如图 6-6 所示。

图 6-6　应用浮动属性变成两行两列效果图 1

2. 浮动应用实例 2

还是把原本竖直排列的图片变成两行两列排放，只是这一次与上面的图片顺序不同。

```
<html><head>
<meta http-equiv="Content-Type" content="text/html; charset=utf-8" />
<title>浮动应用例子 2</title>
<style type="text/css">
.float1{ float:left; }
</style></head>
<body>
<div class="float1">
  <div><img src="img/flower1.jpg" width="150" height="123" /></div>
  <div><img src="img/flower2.jpg" width="150" height="123" /></div>
</div>
<div>
  <div><img src="img/flower3.jpg" width="150" height="123" /></div>
  <div><img src="img/flower4.jpg" width="150" height="123" /></div>
```

```
</div></body></html>
```

预览效果如图 6-7 所示。

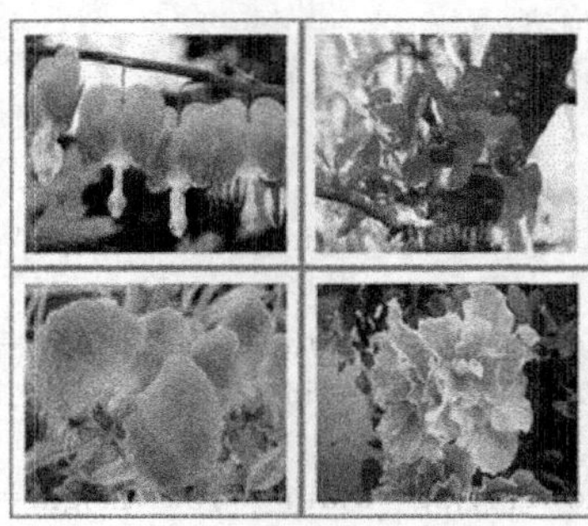

图 6-7　应用浮动属性变成两行两列效果图 2

以下两个实例分别与上面两个实例具有相同的效果(效果图略),但是使用的浮动方法不同。

3. 浮动应用实例 3

```
<html><head>
<meta http-equiv="Content-Type" content="text/html; charset=gb2312" />
<title>浮动应用例子 3</title>
<style type="text/css">
.float1{ float:left}
</style>
</head>
<body>
  <div class = "float1" > < img src = "img/flower1. jpg" width = "150" height = "123" />
</div>
  <div><img src="img/flower2.jpg" width="150" height="123" /></div>
  <div class = "float1" > < img src = "img/flower3. jpg" width = "150" height = "123" />
</div>
  <div><img src="img/flower4.jpg" width="150" height="123" /></div>
</body></html>
```

4. 浮动应用实例 4

```
<html><head>
<meta http-equiv="Content-Type" content="text/html; charset=gb2312" />
<title>浮动应用例子 4</title>
<style type="text/css">
.float1{ float:left;}</style>
</head>
<body>
<div class="float1">
   <div><img src="img/flower1.jpg" width="150" height="123" /></div>
```

```
    <div><img src="img/flower2.jpg" width="150" height="123" /></div></div>
<div class="float1">
    <div><img src="img/flower3.jpg" width="150" height="123" /></div>
    <div><img src="img/flower4.jpg" width="150" height="123" /></div>
</div></body></html>
```

实训 6 使用浮动属性布局网页架构

1. 实训目的

(1) 进一步掌握 CSS 样式的浮动属性的使用方法。
(2) 布局一个简单的网页架构。

2. 实训内容

浮动属性是 CSS 网页布局的一个重要方法,本实训要求通过使用浮动属性搭建一个网页架构,搭建效果如图 6-8 所示。

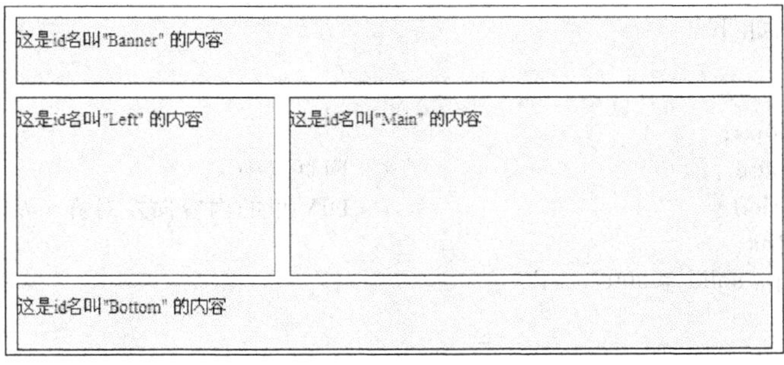

图 6-8 网页架构布局效果图

3. 操作步骤

(1) 源文件准备。在站点下新建 sx6.html 文件,在文件设计视图里分别输入如下内容,并把文字分别放在不同的标签里,完成后原始代码如下:

```
<body>
<div id="Page">
  <div id="Banner">这是 id 名叫"Banner" 的内容</div>
  <div id="Left">这是 id 名叫"Left" 的内容</div>
  <div id="Main">这是 id 名叫"Main" 的内容 </div>
  <div id="Bottom">这是 id 名叫"Bottom" 的内容</div>
</div></body>
```

通过代码可以看出,在输入的网页原始代码里有两个特点:一是所有的标签都是 div 标签,但必须有一个最大的,即有父辈 div,其他为子辈 div;二是已经把标签标识分别套进相关的 div 标签里,即已经把 ID 样式套进相关的 div 标签里。

(2) 建立各 ID 样式，这个实训内容要求建立、链接外部样式。

① 在网站里建立 sx6. css 样式文件；

② 把 sx6. css 样式文件链接到 sx6. html 文件里，在 sx6. html 文件设计视图中，展开 CSS 样式面板，单击“附加样式表”按钮。

在弹出的“链接外部样式表”对话框中“文件/URL”文本框右侧单击“浏览”按钮，选择 sx6. css 样式文件；在“添加为”选项区域选中“链接”单选按钮，单击“确定”按钮完成操作。

这时在 sx6. html 文件代码视图可以看见链接文件代码：<link href="sx6. css" rel="stylesheet" type="text/css" />，说明 sx6. css 里面的样式可以被 sx6. html 文件元素所用。

③ 在 sx6. css 样式文件里设置样式代码。

a. 将光标定位在 sx5. css 文件里，在弹出的“新建 CSS 规则”对话框“选择器类型”下拉列表中选择“ID(仅应用于一个 HTML 元素)”选项。

b. 在“选择器名称”文本框输入父辈 div 的 ID 样式名称＃ Page。

c. 在“规则定义”下拉列表中选择规则位置，选择“仅限该文档”选项。

d. 在＃Page 的规则定义面板里设置网页居中、div 填充、div 里的内容向左对齐等关键代码，具体代码如下：

```
#Page {
    width: 600px;
    margin:0 auto;                          /* 网页居中 */
    text-align:left;                        /* DIV 里的内容向左对齐 */
    padding:3px;
    border: 1px solid #000;
}
```

e. 回到 sx6. html 文件设计视图，在展开的 CSS 样式面板中单击“附加样式表”按钮。

f. 在弹出的“链接外部样式表”对话框中“文件/URL”文本框右侧单击“浏览”按钮，选择 sx6. css 样式文件；在“添加为”选项区域选中“链接”单选按钮，单击“确定”按钮完成操作。

g. 这时在 sx6. html 文件代码视图可以看见链接文件代码：<link href="sx6. css" rel="stylesheet" type="text/css" />，说明 sx6. css 里面的样式可以被 sx6. html 文件元素所用，这时父辈 div 不用再套用(因为前面已经套用了)便可以产生效果。

接下来接续设置其他 ID 样式，因为方法相同，这里略，设置好后 CSS 代码如下：

```
#Banner {                                   /* 定义 ID 为 Banner 的样式 */
    padding-top:10px;
    height: 40px;
    border: 1px solid #000;
    margin: 5px;
    background-color: #EEE;
}
#Left {                                     /* 定义 ID 为 Left 的样式 */
```

```
    padding-top:10px;
    width: 200px;
    float: left;
    margin: 5px;
    border: 1px solid #000;
    height: 130px;
    background-color: #EEE;
}
#Main {                                     /*定义 ID 为 Main 的样式*/
    padding-top:10px;
    margin: 5px;
    float: right;
    border: 1px solid #000;
    width: 375px;
    height: 130px;
    background-color: #EEE;
}
#Bottom {                                   /*定义 ID 为 Bottom 的样式*/
    padding-top:10px;
    border: 1px solid #000;
    margin:0px 5px;
    clear: both;
    height: 40px;
    background-color: #EEE;
}
```

4. 添加注释

完成上述操作后,列出所运用的 CSS 关键代码,并加上中文注释。

关键代码:
(1)
(2)
(3)
(4)

项目七

CSS 盒子定位

Project 7

本项目学习任务是跟项目六相同，也是把美化好的网页元素进行布局排版，但是使用的属性、方法不相同，本项目使用的是定位属性(position 属性)，而且两者是并存关系，相辅相成。

学习目标

(1) 理解定位属性及其在网页设计与制作中的作用。

(2) 掌握定位的 4 个属性值及其应用。

(3) 了解 display 属性，掌握隐藏与显示网页元素的方法。

(4) 通过定位属性掌握网页布局的常用技术及运用方法。

技能目标

(1) 运用定位 4 个属性实现网页元素的绝对定位、相对定位等效果，分别以浏览器父辈 div、祖父辈 div 为参照物进行绝对定位。

(2) 实现网页元素的相对定位效果。

(3) 配合 display 属性，实现隐藏与显示网页元素和行竖转换效果。

(4) 绝对定位与相对定位配合使用，实现多种网页布局效果。

任务 7.1 了解定位属性

网页中的定位就是要将某个元素放到某个位置，这个动作可以称为定位操作，可以使用任何 CSS 规则来实现，泛指网页排版中的定位操作。

在 CSS 中有一个非常重要的属性 position，这个单词翻译为中文也是定位的意思。然而要使用 CSS 进行定位操作并不仅仅通过这个属性来实现。

position 属性可以设置为以下 4 个属性值之一。

(1) static：这是默认的属性值，也就是该盒子按照标准流(包括浮动方式)进行布局。

(2) relative：称为相对定位，使用相对定位的盒子的位置常以标准流的排版方式为基础，然后使盒子相对于它原本的标准位置偏移指定的距离。相对定位的盒子仍在标准流中，它后面的盒子仍以标准流方式对待它。

(3) absolute：绝对定位，盒子的位置以它的包含框为基准进行偏移。绝对定位的盒子从标准流中脱离，也就是对其后的兄弟盒子的定位没有影响，就好像这个盒子不存在一样。

(4) fixed：称为固定定位，它和绝对定位类似，只是以浏览器窗口为基准进行定位，也就是当用户拖动浏览器窗口的滚动条时，依然保持对象位置不变。

任务 7.2 应用定位属性

div 是一级块级元素，可以包含段落、标题、表格、章节、图片等元素，它包围的元素会自动换行。而 span 也和 div 一样，可以容纳各种网页元素而被广泛应用。但是 span 是一个行内元素，在它的前后是不会换行的，它没有结构的含义，只是运用样式。span 可以包含在 div 中，而反之则不成立。下面是一个包含框实例：

```
<div id="father">
   <div id="son"><img src="../image/zp1.jpg" /></div>
</div>
```

在一对 ID 名为"father"的 div 里包含着一对 ID 名为"son"的 div，并且它又包含着一张路径指向 image 文件夹的图片。这就是网页元素的嵌套现象。定位中，绝对定位就是解决嵌套现象的元素定位问题。

7.2.1 绝对定位的应用

绝对定位是网页布局中最重要的应用属性之一，下面将从各个角度阐述绝对定位在网页中的应用。

1. 绝对定位在网页中应用实例 1(绝对定位——以浏览器为参照物)

```
<head>
<title>绝对定位——以浏览器为参照物</title>
<style type="text/css">
.father{ width:200px; height:200px; border:2px solid #36C; background-color:#9CF; }
.son{ position:absolute; top:0px; right:0px; }</style></head>
<body>
<div class="father">
  <div class="son"><img src="flw.gif" width="115" height="128" /></div>
</div></body>
```

在子辈设置了绝对定位，这时子辈以浏览器为参照物，如图 7-1 所示。

2. 绝对定位在网页中应用实例 2(绝对定位——以父辈 div 为参照物)

```
<html> <head>
<title>绝对定位——以父辈 div 为参照物</title>
<style type="text/css">
.father { width: 200px; height: 200px; border: 2px solid #36C; background-color: #9CF;
position:relative }
.son{ position:absolute; top:0px; right:0px; }
</style>
```

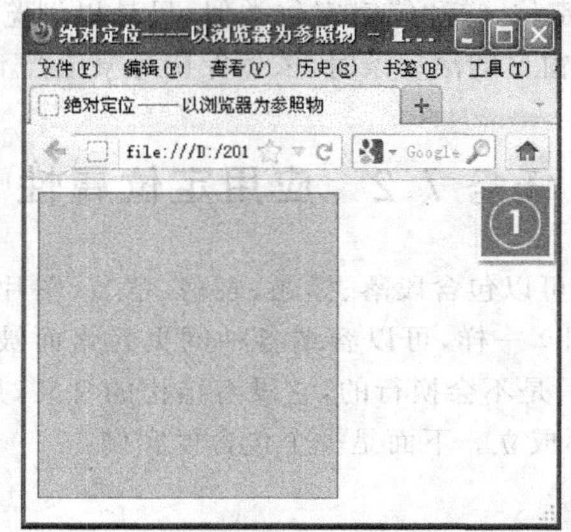

图 7-1　以浏览器为参照物的绝对定位效果图

```
</head>
<body>
<div class="father">
  <div class="son"><img src="flw.gif" width="115" height="128" /></div>
</div>
</body></html>
```

在子辈设置了绝对定位，这时子辈以父辈 div 为参照物，如图 7-2 所示。

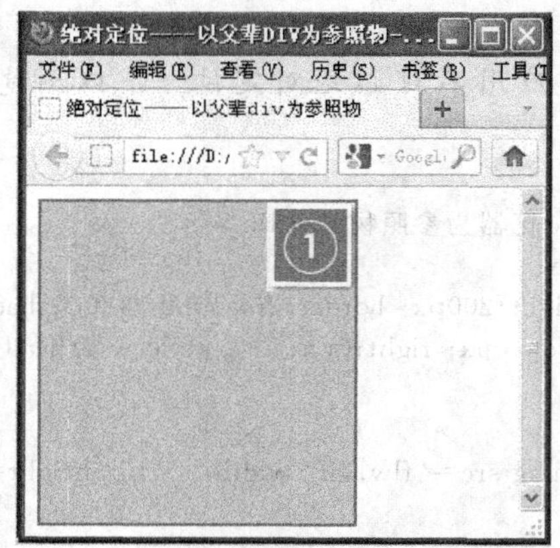

图 7-2　以父辈 div 为参照物的绝对定位效果图

这时只需要在.father 类上添加 position：relative 代码就可以。这点很重要，一定要记住！

3. 绝对定位在网页中应用实例 3（绝对定位——以祖父辈 div 为参照物）

在父辈 div 外又增加一对祖父辈 div，并且设置了.gr 类的 CSS 属性，把 position：relative 代码放在这里。

```
<html> <head>
<title>绝对定位——以祖父 div 为参照物</title>
<style type="text/css">
.gr{ width:300px; height:300px; border:2px solid #36C; background-color:#FCC; position:relative }
.father{ width:200px; height:200px; border:2px solid #36C; background-color:#9CF; }
.son{ position:absolute; top:0px; right:0px; }</style></head>
<body>
<div class="gr">
 <div class="father">
  <div class="son"><img src="flw.gif" width="115" height="128" /></div></div>
</div>
</body></html>
```

如图 7-3 所示。

图 7-3 以祖父辈 div 为参照物的绝对定位效果图

注意：绝对定位是解决子辈与祖先之间的距离问题，兄弟之间的距离则用 margin 或者 padding 解决，当然 margin 或者 padding 也可以解决相邻包含框之间的距离问题。

4. 绝对定位脱离标准流实例

```
<html><head>
<meta http-equiv="Content-Type" content="text/html; charset=gb2312" />
<title>绝对定位脱离标准流</title>
<style type="text/css">
.fa{ width:500px; height:270px; background-color:#FFC; border:1px solid #069; font-size:13px; position:relative}
.po1{ position:absolute; top:0px; left:0px;}
.po2{ position:absolute; top:0px; right:0px;}
</style></head>
<body>
<div class="fa">
```

```
  <div class="po1"><img src="photo2.jpg" width="133" height="230" /></div>
  <div class="po2"><img src="photo2.jpg" width="133" height="230" /></div>
<div><p>absolute:绝对定位,相对其设置了 position 属性的父类包含框进行定位,如父类没有设置该属性,则以浏览器窗口为基准进行定位,绝对定位的盒子脱离标准流,对其后的盒子无影响,就好像不存在一样。absolute:绝对定位,相对其设置了 position 属性的父类包含框进行定位,如父类没有设置该属性,则以浏览器窗口为基准进行定位,绝对定位的盒子脱离标准流,对其后的盒子无影响,就好像不存在一样。absolute:绝对定位,相对其设置了 position 属性的父类包含框进行定位,如父类没有设置该属性,则以浏览器窗口为基准进行定位,绝对定位的盒子脱离标准流,对其后的盒子无影响,就好像不存在一样</p></div>
</div></body></html>
```

预览效果如图 7-4 所示,因为两张图片设置了绝对定位,它们就像架在水上的桥梁一样,因而文字可以顺利通过图片,从底下穿过,因而遮住了部分文字。

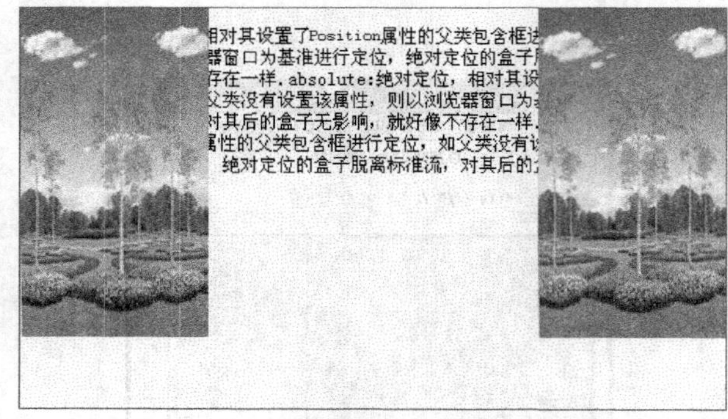

图 7-4　绝对定位脱离标准流效果图

5. 浮动没有脱离标准流实例

```
<html><head>
<meta http-equiv="Content-Type" content="text/html; charset=gb2312" />
<title>浮动没有脱离标准流</title>
<style type="text/css">
.gr{ width:450px; height:320px; background-color:#CFF; border:1px solid #069; padding:20px; font-size:13px;}
.fa{ width:430px; height:300px; background-color:#FFC; border:1px solid #069; position:relative}
.son1{ float:left}
.son2{ float:right}
</style></head>
<body>
<div class="gr">
<div class="fa">
  <div class="son1"><img src="photo2.jpg" width="133" height="230" /></div>
  <div class="son2"><img src="photo2.jpg" width="133" height="230" /></div>
<div><p>absolute:绝对定位,相对其设置了 position 属性的父类包含框进行定位,如父类没有设置该属性,则以浏览器窗口为基准进行定位,绝对定位的盒子脱离标准流,对其后的盒子无影响,就好像不存在一样.absolute:绝对定位,相对其设置了 position 属性的父类包含框进行定位,如
```

```
父类没有设置该属性,则以浏览器窗口为基准进行定位,绝对定位的盒子脱离标准流,对其后的盒子无影响,就好像不存在一样。absolute:绝对定位,相对其设置了 position 属性的父类包含框进行定位,如父类没有设置该属性,则以浏览器窗口为基准进行定位,绝对定位的盒子脱离标准流,对其后的盒子无影响,就好像不存在一样.</p></div>
  </div></div>
</body></html>
```

预览效果如图 7-5 所示,两张图片分别设置了浮动属性,但是并不像绝对定位那样脱离标准流,而是环绕着图片,没有任何的文字被遮住。

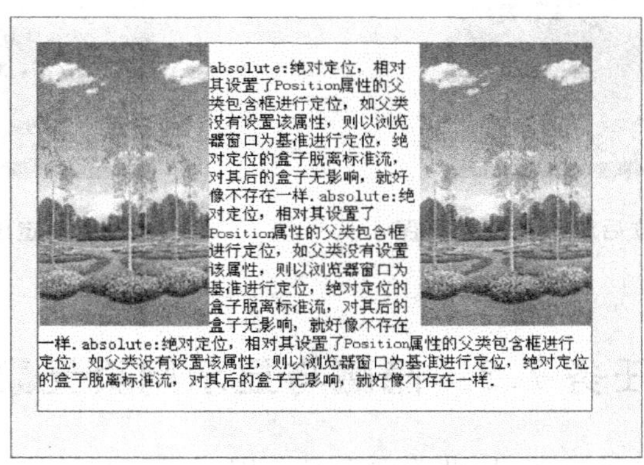

图 7-5 浮动没有脱离标准流效果图

7.2.2 相对定位应用

前面介绍过,相对定位是相对自己的位置偏移,因而在网页布局中可以更简单地让自己在原来位置上做相对位置的变化,如下面实例:

```
<html>
<head>
<meta http-equiv="Content-Type" content="text/html; charset=utf-8" />
<title>相对定位</title>
</head>
<body>
<img src="fengjing.jpg" width="215" height="161" />
</body>
</html>
```

这时原文件预览效果如图 7-6 所示。

从预览效果图可以看见,图片贴近浏览器左上角,但是没有完全贴近,因为盒子在没有任何修饰情况下离浏览器有一些默认距离,大概 2～3 像素。

增加相对定位代码如下:

```
<style type="text/css">
.imgxd{ position:relative; left:10px; top:10px}
</style>
```

图 7-6 相对定位原始效果图

代码相对定位就是分别相对图片自己左边 10 像素和顶部 10 像素，切回设计视图可以看到如图 7-7 所示的效果图。

这时图片已经分别偏离左边和右边，同时光标在闪烁，这就是图片原始位置。预览页面，效果如图 7-8 所示。

图 7-7　相对定位后设计视图效果图

图 7-8　相对定位预览效果图

任务 7.3　隐藏与显示网页元素

网页元素被视为 CSS 盒子，因此隐藏和显示网页元素就是隐藏与显示 CSS 盒子，是网页布局与定位又一重要属性方法，利用这些方法可以让网页元素在适当时候隐藏或显示，以完成特有的功能，如二级菜单的显示等就用到这些方法，而这些方法是通过 display 属性实现的。display 属性的主要语法如下。

```
display:none;    /*表示隐藏*/
display:block;   /*表示显示为块级元素，前后会带有换行意思*/
display:inline;  /*表示让块级元素排成一行*/
```

接下来介绍 display 3 种属性在网页中的应用。

7.3.1　隐藏网页元素

```
<html>
<head>
<meta http-equiv="Content-Type" content="text/html; charset=utf-8" />
<title>隐藏网页元素</title>
<style type="text/css">
.divsx{ width:215px; height:161px; border:1px solid #003}
</style>
</head>
<body>
<p>显示与隐藏文字或图片等元素</p>
<div class="divsx"><img src="fengjing2.jpg" width="215" height="161" /></div>
</body>
</html>
```

这时，设计视图效果如图 7-9 所示。

使用隐藏代码修饰文字后，文字便隐藏起来，代码如下：

```
<style type="text/css">
.divsx{ width:215px; height:161px; border:1px solid #003}
.yincang{ display:none;                    /*隐藏*/
}
</style>
```

在文字段落处套用样式：<p class="yincang">显示与隐藏文字或图片等元素</p>。

这时预览效果，如图 7-10 所示，文字已经看不到了，值得注意的是，这时的文字依然还在网页文件里，并没有删除，只是被隐藏起来。

图 7-9 使用隐藏方法前设计视图效果

图 7-10 文字被隐藏后的效果图

7.3.2 行竖转换网页元素

继续使用 display 属性，可以完成块级元素变成一行的排列顺序，或者把行内元素变成竖直排列的顺序。

```
<html><head>
<meta http-equiv="Content-Type" content="text/html; charset=utf-8" />
<title>行竖转换</title>
<style type="text/css">
div{}
</style></head>
<body>
<div><img src="fengjing3.jpg" width="215" height="161" /></div>
<div><img src="fengjing3.jpg" width="215" height="161" /></div>
<div><img src="fengjing3.jpg" width="215" height="161" /></div>
</body></html>
```

此时 div 在标准流下为竖直结构，编写 CSS 样式代码：

```
<style type="text/css">
div{ display:inline;                    /*行属性*/
}
</style>
```

代码设置了标签 div 的行属性，使所有 div 标签下的图片由竖变行排列，预览效果如图 7-11 所示。

图 7-11　实现 div 由竖变行效果图

继续在网页上添加 span 标签，span 标签属于行内元素，即在标准流下是一行排列，所以当把 3 对 span 标签里插入图片时，显示出成行排列效果，在网页上添加 span 标签和图片后代码如下（包括原来的代码）：

```
<body><div><img src="fengjing3.jpg" width="215" height="161" /></div>
      <div><img src="fengjing3.jpg" width="215" height="161" /></div>
      <div><img src="fengjing3.jpg" width="215" height="161" /></div><br />
      <span><img src="fengjing4.jpg" width="215" height="161" /></span>
      <span><img src="fengjing4.jpg" width="215" height="161" /></span>
      <span><img src="fengjing4.jpg" width="215" height="161" /></span>
</body>
```

注意，为了看清效果，特意在第三对 DIV 后添加了换行标签，让新添的 span 标签内容单独成为一行，效果如图 7-12 所示。

图 7-12　span 标签在标准流下效果图

继续添加代码，将其由行转换成竖，CSS 代码如下（包括原来的代码）：

```
<style type="text/css">
div{ display:inline;                              /*行属性*/
}
span{ display:block;                              /*块级属性(竖直)*/
}
</style>
```

结果如图 7-13 所示。

由此可见，使用 display:inline;可以实现块级元素的行排列转变；使用 display:block;可以实现行内元素的竖直排列转变。完成后整个文件代码如下：

```
<html><head>
<meta http-equiv="Content-Type" content="text/html; charset=utf-8"/>
<title>行竖转换</title>
<style type="text/css">
div{ display:inline;                    /*行属性*/
}
span{ display:block;                    /*块级属性(竖直)*/
}
</style></head>
<body>
  <div><img src="fengjing3.jpg" width="215" height="161" /></div>
  <div><img src="fengjing3.jpg" width="215" height="161" /></div>
  <div><img src="fengjing3.jpg" width="215" height="161" /></div><br/>
  <span><img src="fengjing4.jpg" width="215" height="161" /></span>
  <span><img src="fengjing4.jpg" width="215" height="161" /></span>
  <span><img src="fengjing4.jpg" width="215" height="161" /></span>
</body></html>
```

图 7-13　实现 SPAN 由行变竖直效果图

实训7　使用定位属性布局网页

1. 实训目的

(1) 进一步掌握CSS样式的定位属性的使用方法。

(2) 灵活掌握定位属性的应用。

2. 实训内容

定位是CSS样式布局的另一个重要方法，就是使用绝对定位、相对定位等实现各种网页定位效果，这里有两张放在原始网页标准流位置的图片，要求使用定位方法把它们放在div里，并进行修饰美化，产生如图7-14所示的效果。

图7-14　绝对定位网页应用效果图

3. 操作步骤

(1) 源文件准备。

在站点下新建sx7.html文件，在文件设计视图里分别插入图片，并把图片分别放在不同的div标签里，完成后原始代码如下：

```
<body>
<div class="divda">
   <div class="huapo1"><img src="hua1.jpg" width="150" height="150" /></div>
   <div class="huapo2"><img src="hua2.jpg" width="150" height="150" /></div>
</div>
</body>
```

通过代码可以看出，在输入的网页原始代码里有两个特点：一是所有的标签都是div标签，但必须有一个最大的，即有父辈div，其他为子辈div；二是已经把类样式分别套进相关的div标签里。

(2) 建立各类样式，这个实训内容要求建立内部样式。

① 类样式.divda的建立与套用。

a. 在“新建CSS规则”对话框“选择器类型”下拉列表中选择“类(可应用于任何

HTML 元素)"选项。

b. 在"选择器名称"文本框中输入.divda 名称。

c. 在"规则定义"下拉列表中选择规则位置,选择"仅限该文档"选项,单击"确定"按钮,这时在网页的"代码"视图又增加了代码,并且这些代码添加在<head><style type="text/css"></style></head>之间。

d. 按需要选择类样式.divda 的属性和值,单击"确定"按钮,设置完毕,CSS 代码如下:

```
.divda{ width:400px;
        height:200px;
        border:2px solid #666;
        background-color:#999;
        position:relative;                /*参照物属性设置*/
        }
```

这时最大 div 立即出现 divda 类的属性效果,操作完毕。

② 类样式.huapo1 和.huapo2 的建立与套用,因为方法同上,因此这里不再重复,设置后 CSS 代码如下:

```
.huapo1{ position:absolute; left:30px; top:20px;}
.huapo2{ position:absolute; right:30px; top:20px;}
```

4. 添加注释

完成上述操作后,列出所运用的 CSS 关键代码,并加上中文注释。

关键代码:
(1)
(2)
(3)

第3篇

实　战　篇

项目八

首页设计与美化

Project 8

首页是网站的门户，网站建设中首页不但能吸引顾客，树立企业形象，更能影响搜索引擎的排名甚至直接影响着经济利益，因此一定注意企业门面的设计。

在首页中既要展示网站的主要内容、重点信息、公司信息、网站导航等，又要做得精美绝伦，吸引眼球，如何才能达到这种效果？作为开发方，必须跟企业多方沟通、多方调研、决定方案之后才能开始设计与制作网站首页。

学习目标

(1) 理解首页的定义，认识首页在网站中的重要性。

(2) 掌握首页设计的相关原则。

(3) 掌握首页栏目的设计，学会抓住网站主题设计首页风格、设计版面与突出特色。

(4) 掌握 Logo 设计原则。

(5) 掌握首页布局的常用技术。

技能目标

(1) 首页版面架构设计。

(2) 网站 Logo 制作。

(3) 首页栏目设计。

(4) 首页整体设计与制作。

某网站首页效果图如图 8-1 所示。

图 8-1　网站首页效果图

任务 8.1　首页版面框架设计

根据需求，网站首页布局版面设计框架如图 8-2 所示，页头用于存放网站 Logo 和网站导航；广告动画用于存放 Flash 等动画；主体内容左边和主体内容右边用于存放网站主要内容；脚注为网页的最下边，用于存放网站版权、备案号等信息。

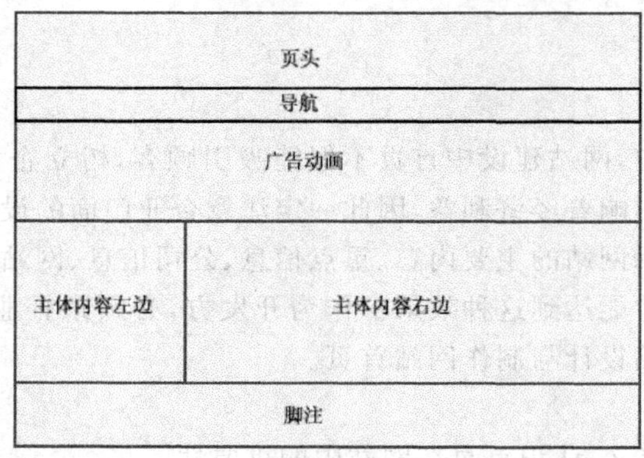

图 8-2　首页版面设计框架图

当首页版面设计框架图定下来后，就可以继续按着这个框架设计其他部分的内容。

任务 8.2　网站 Logo 制作

每个网站都必须设计一个 Logo。Logo 就是商标、徽标、标志，体现了一个网站独特的文化元素，理想的 Logo 可以给用户留下深刻的印象。当用户进入一个站点时，网站 Logo 无疑是首先进入用户视线的，对于企业，它不仅仅是一个标志，更像一个商铺的招牌，无论是哪个行业店面都有着自己独一无二的招牌，它反映着一个企业的品牌文化和企业文化内涵，所以 Logo 设计非常重要。

制作网站必须进行素材收集与整理，这些素材来源于企业或社会，包括图片、文字、声音、视频等素材，当收集到一定量的素材后就可以开始制作网站首页。网站首页包含 Logo、动画等设计，下面讲解本网站 Logo 设计，Logo 将设成 HUI HUANG 标识，即直接使用企业的全拼进行设计，Logo 设计步骤如下。

(1) 打开 Photoshop 软件，执行"文件"→"新建文件"命令，在打开的对话框中作如图 8-3 所示的设置。

(2) 打开"图层"面板(若软件尚未默认出现"图层"面板，请从菜单栏执行"窗口"→"图层"命令，对"图层"进行选中)。

(3) 单击"新建图层"按钮，如图 8-4(红框框住)所示。

① 出现"图层 1"后，双击"图层 1"3 个字(红框所示)，此时便可以将"图层 1"的名称改为"1"，如图 8-5 所示。

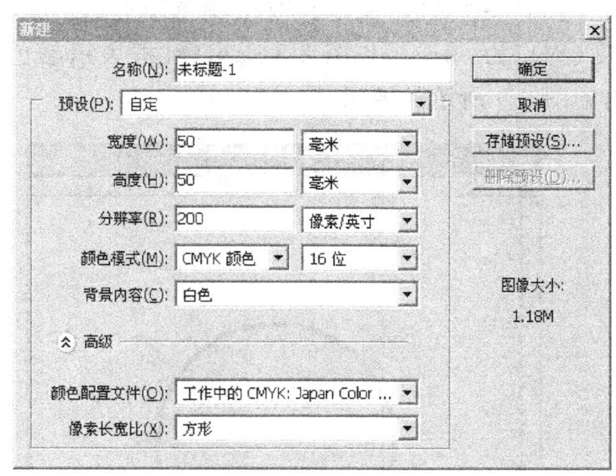

图 8-3　新建 Photoshop 文件及设置

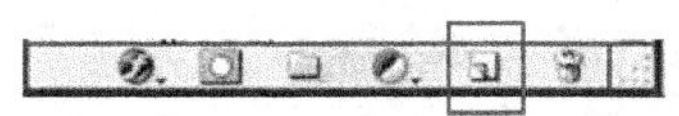

图 8-4　“新建图层”按钮

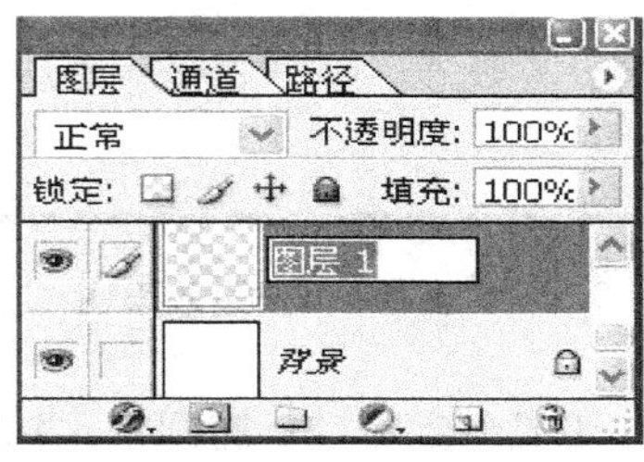

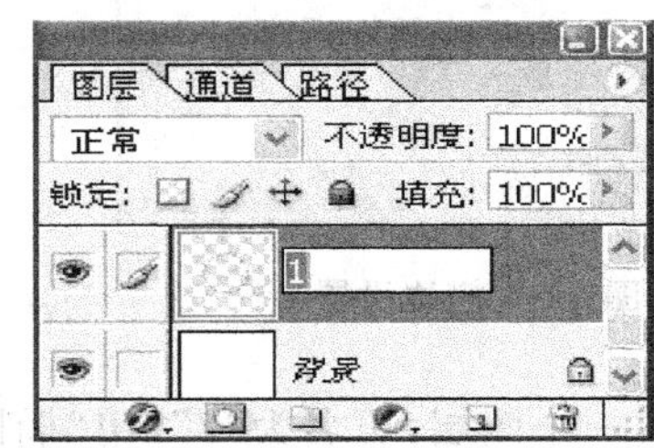

图 8-5　更改图层 1 名称

② 激活“椭圆选框工具”，如图 8-6 所示。

③ 按住 Shift 键，在图层“1”中拖动鼠标绘制正圆，效果如图 8-7 所示。

矩形选框工具 M
椭圆选框工具 M
单行选框工具
单列选框工具

图 8-6　激活“椭圆选框工具”

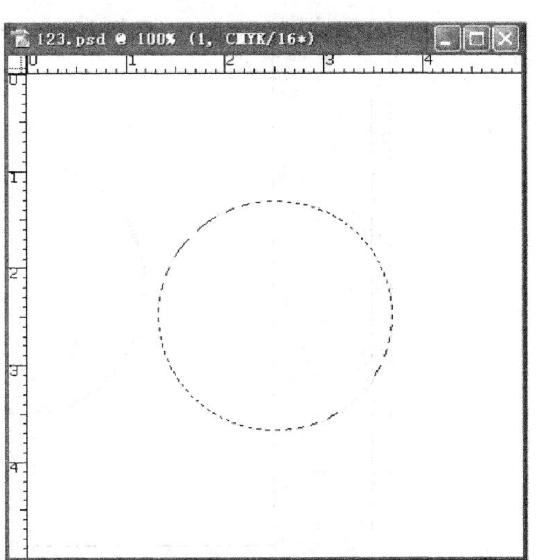

图 8-7　拖动鼠标绘制正圆

④ 打开“描边”工具(在菜单栏执行“编辑”→“描边”命令),双击颜色填充(C:95 M:90Y:29K:1),进行描边工作,描边“宽度(W)”为:4px ,如图 8-8 所示(红框表示颜色填充)。然后按 Ctrl+D 键取消虚线,得出如图 8-9 所示的效果。

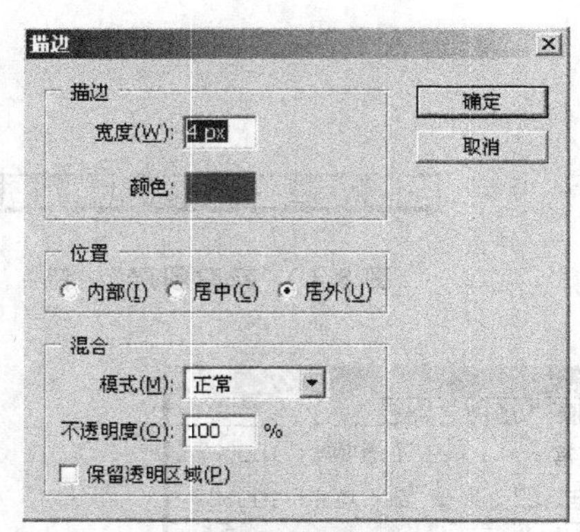

图 8-8 描边设置

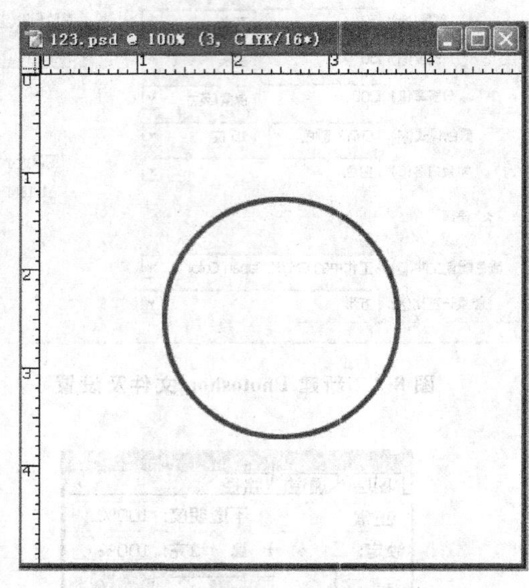

图 8-9 描边效果图

(4) 新建一个图层,更名为“2”,用“椭圆选框工具”绘制一个椭圆形,并对其进行“描边”工作(方法同上),描边“宽度(W)”为:2px,颜色填充不变,效果如图 8-10 所示。

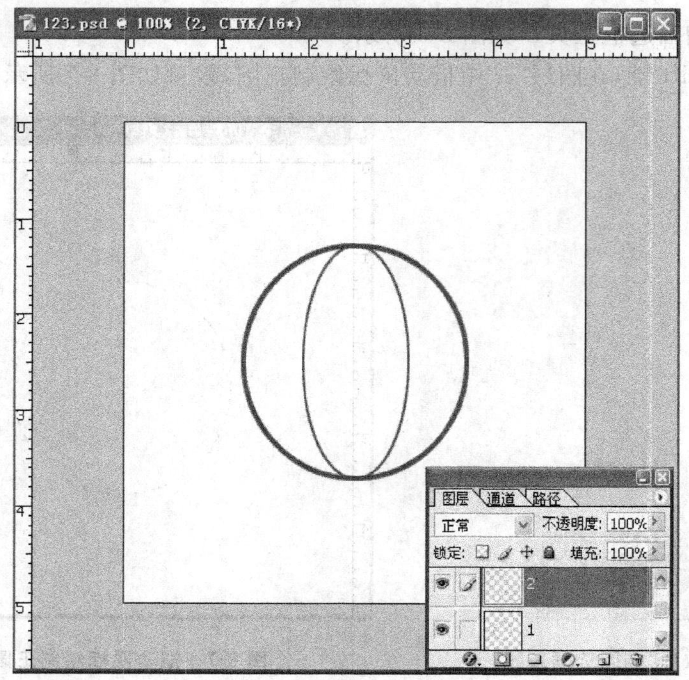

图 8-10 新建图层绘制第二个椭圆

① 在图层“2”外绘制一个椭圆形，新建一个图层，更名为“3”，重复上述操作，用“椭圆选框工具”绘制一个比图层“2”大的椭圆形，并对其进行“描边”工作（方法同上），描边“宽度（W）”为：2px，颜色填充不变，效果如图 8-11 所示。

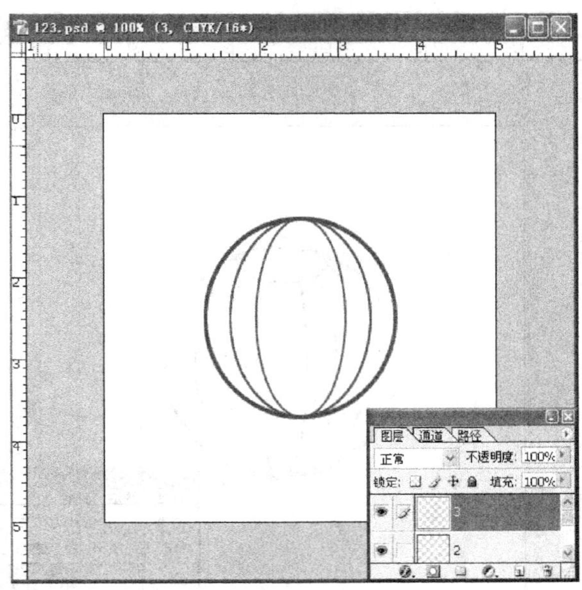

图 8-11　新建图层绘制第三个椭圆

② 在图层“2”内绘制一个椭圆形，新建一个图层，更名为“4”，重复上述操作，用“椭圆选框工具”绘制一个比图层“2”小的椭圆形，并对其进行“描边”工作（方法同上），描边“宽度（W）”为：2px，颜色填充不变，效果如图 8-12 所示。

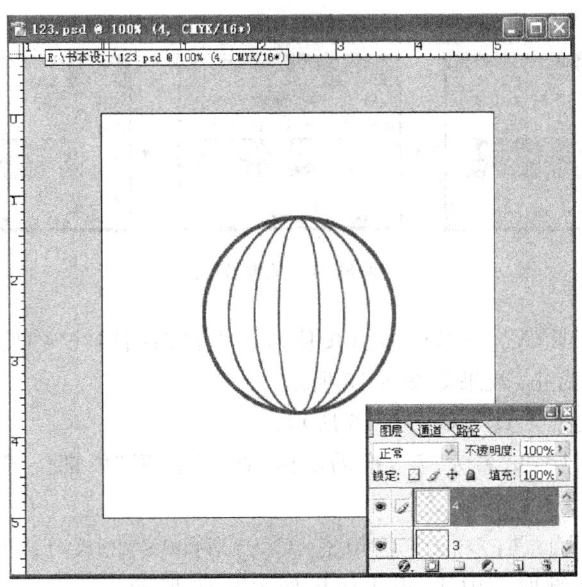

图 8-12　新建图层绘制第四个椭圆

③ 新建一个图层，更名为"5"，重复之前的"描边"操作，用"椭圆选框工具"在图层"1"顶部绘制一个小椭圆形，并对其进行"描边"工作（方法同上），描边"宽度（W）"为：2px，颜色填充不变，效果如图 8-13 所示。（注：绘制的虚线记得按 Ctrl＋D 键取消）

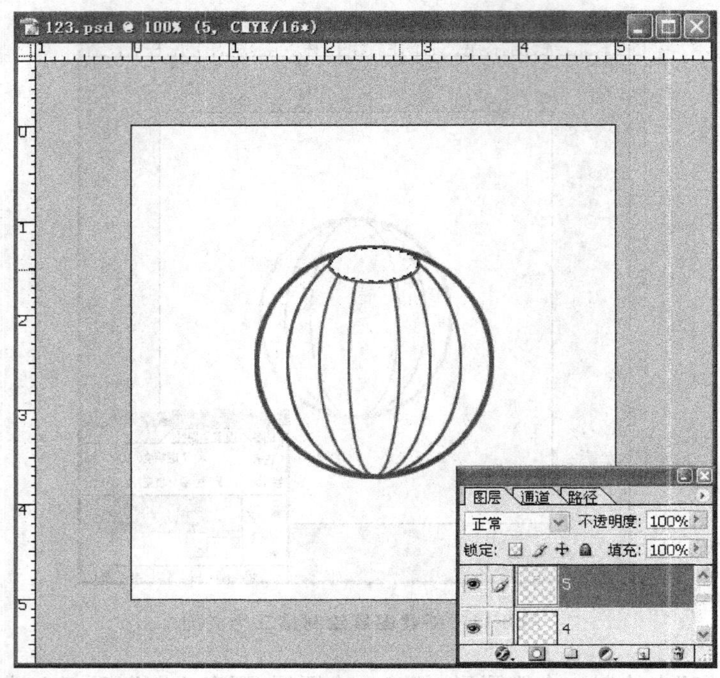

图 8-13　新建图层绘制第五个椭圆

（5）复制图层"5"，直接把图层"5"拖动到"新建图层"处，并把图层"5 副本 2"更名为"6"，如图 8-14 所示。

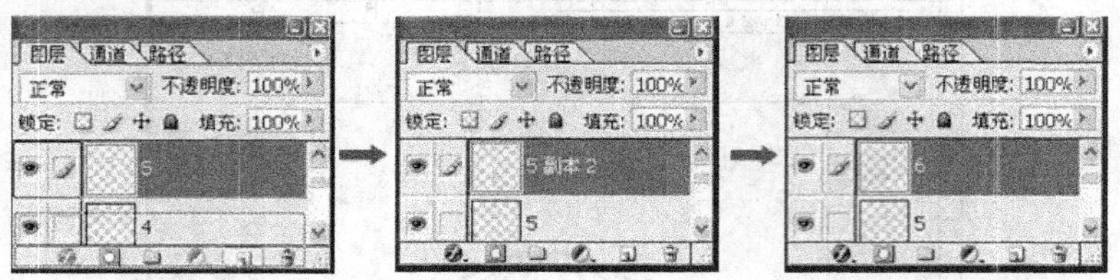

图 8-14　复制图层

① 利用"移动工具（V）"＋Shift 键（按住），垂直移动图层"6"中的椭圆形，直到其到达图层"1"的底部边缘为止，效果如图 8-15 所示。

② 激活"矩形选框工具"，如图 8-16 所示。

（6）新建一个图层，更名为"7"，拖动鼠标，在"大圆形"中部位置绘制一个长方形，效果如图 8-17 所示。

（7）打开"描边"工具，双击颜色填充（C：95M：90Y：29K：1），描边"宽度（W）"为：2px，然后按 Ctrl＋D 键取消虚线，得出效果如图 8-18 所示。

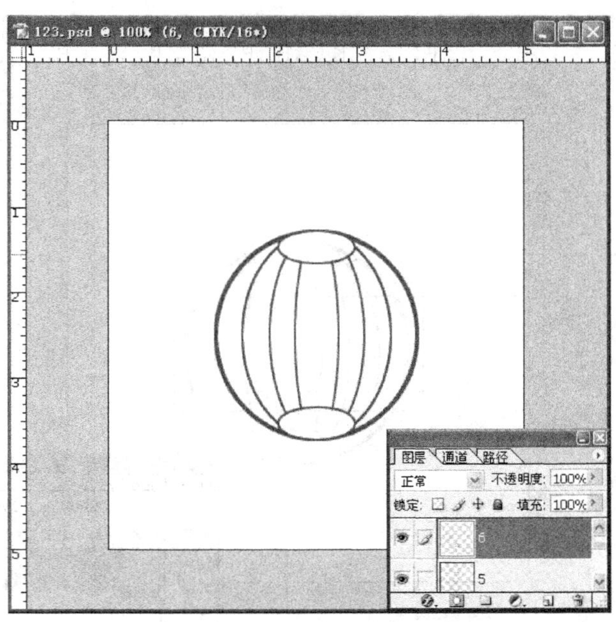

图 8-15　完成图层“6”移动后的效果图

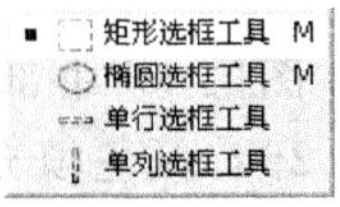

矩形选框工具　M
椭圆选框工具　M
单行选框工具
单列选框工具

图 8-16　矩形选框工具

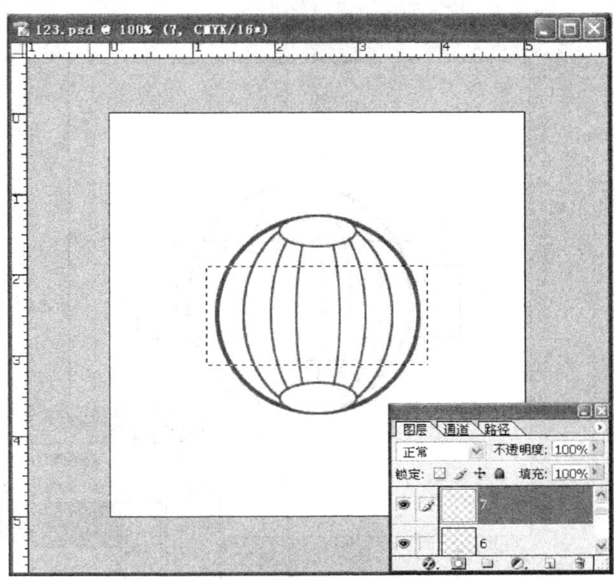

图 8-17　新建一个图层“7”并绘制长方形

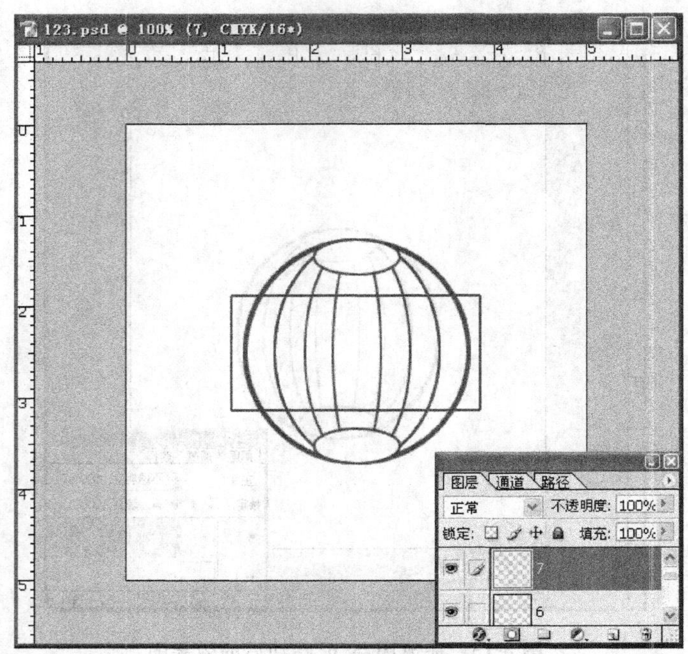

图 8-18　长方形描边

（8）新建一个图层，更名为“8”，在图层“8”中部位置绘制一个较小的长方形，并对其进行“描边”工作，描边“宽度(W)”为：2px，颜色填充不变，效果如图 8-19 所示。

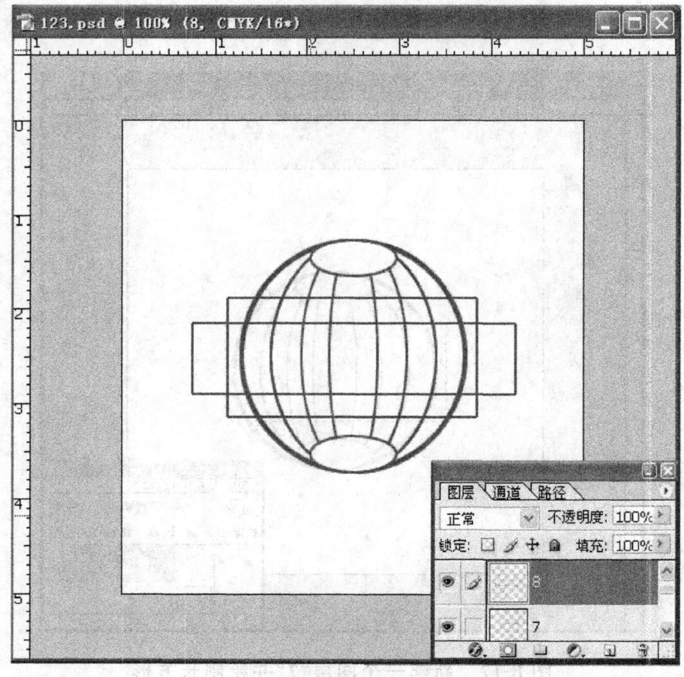

图 8-19　新建图层“8”并绘制另一个长方形

(9) 链接图层“7”和图层“8”，按 Ctrl＋E 键，合并两个图层，并更名为图层“7＋8”，如图 8-20 所示。

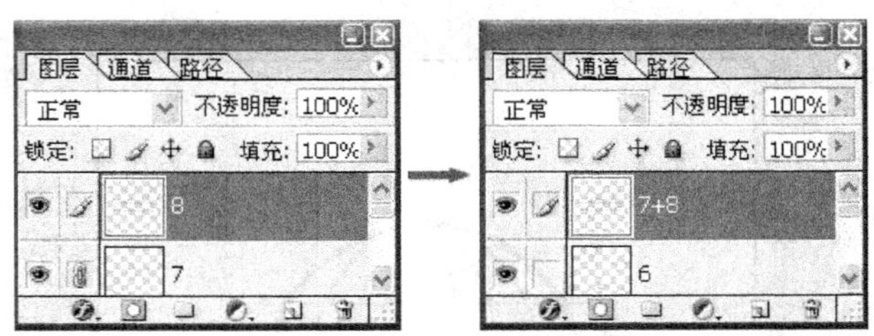

图 8-20　合并为“7＋8”图层

(10) 选取图层“1”，利用“魔术棒工具”单击图层“1”中大圆形外的空白处，如图 8-21 所示。

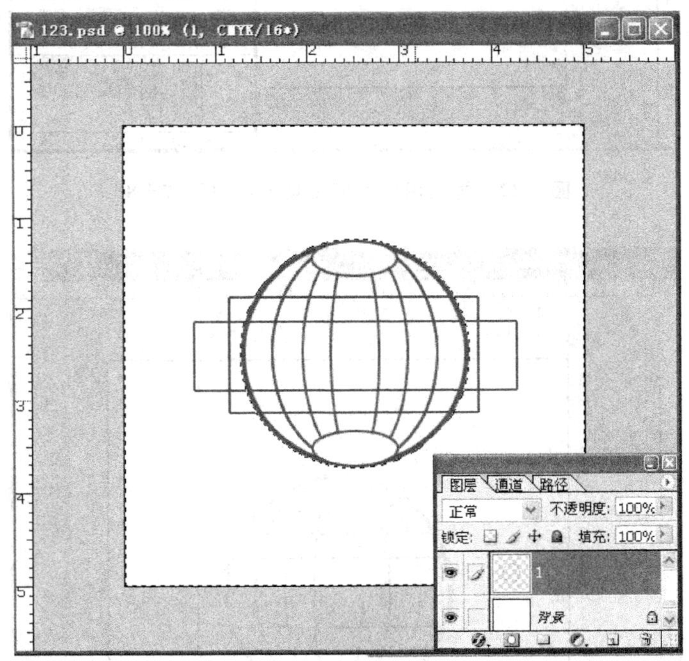

图 8-21　利用“魔术棒工具”选择图层“1”中大圆形外的空白处

(11) 然后返回图层栏的顶部，选中图层“7＋8”(注意：虚线必须保留，暂时不要按 Ctrl＋D 键取消)，如图 8-22 所示。

(12) 此时，图层“7＋8”所选取的“路径”(虚线部分)来源于图层“1”中大圆形外的白色空间，因此，只要按 Delete 键，便能删除图层“7＋8”在大圆形外多余的线框部分，效果如图 8-23 所示。(注意：按 Ctrl＋D 键取消虚线)

(13) 新建一个图层，更名为“9”，在图层“1”中部位置利用“钢笔工具”绘制一个锦旗状图形，颜色填充(C:95M:90Y:29K:1)，效果如图 8-24 所示。

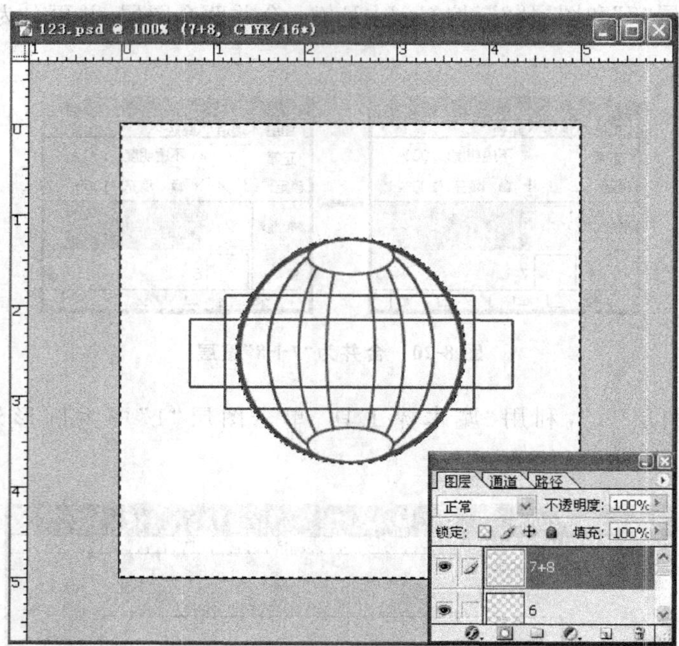

图 8-22 再利用魔术棒工具选择图层“7＋8”

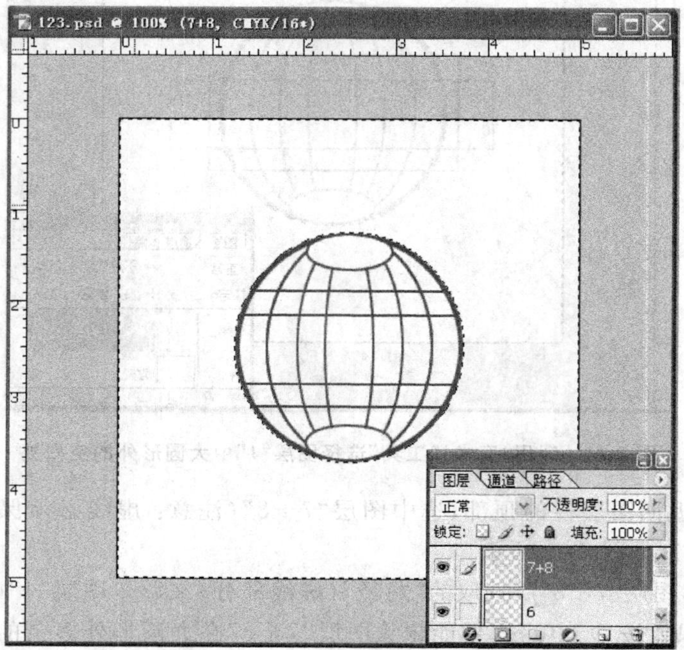

图 8-23 删除图层“7＋8”在大圆形外多余的线框部分

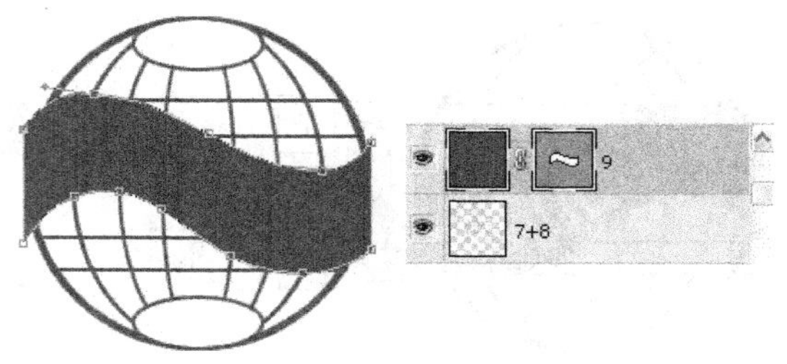

图 8-24 新建图层“9”绘制一个锦旗状图形

(14) 利用“横排文字工具”，在图层“9”上方选取打字所需的“路径”，如图 8-25 红框所示。

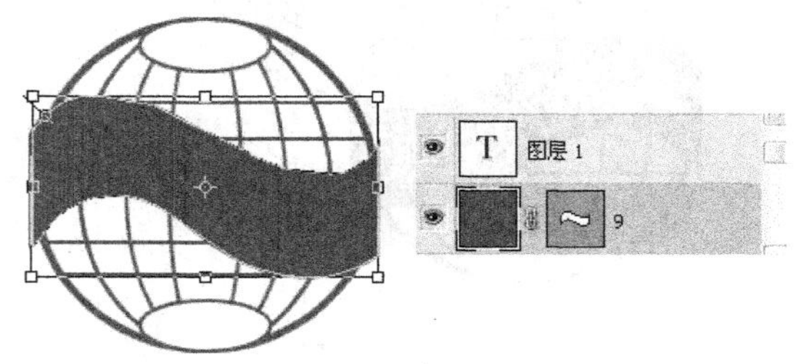

图 8-25 利用横排文字工具在图层“9”上方选取打字所需的路径

(15) 把“图层 1”更名为 HUI，输入 HUI 3 个字母，然后利用“钢笔工具”中的“转换点工具”，对选用的路径进行调整，效果如图 8-26 所示。(注意：可以运用方向键↑↓←→对每个支点进行方向调整)

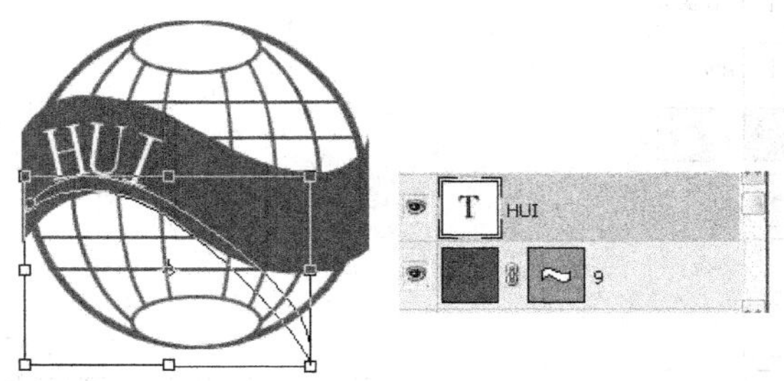

图 8-26 把图层“1”更名为 HUI 并旋转

(16) 利用“横排文字工具”，在图层“9”上方选取打字所需的“路径”，方法同上；把新建文字图层更名为 HUANG，输入 HUANG 这 5 个字母，然后利用“钢笔工具”中的“转换点工具”，对选用的路径进行调整，效果如图 8-27 所示。

(17) 现在，把图层“5”和“6”贴着图层“1”上下方的边线覆盖，如图 8-28 (红框)所示。

(18) 只要拖动图层“1”到图层板的最上方(也就是图层 HUANG 的上面)，便能完成本次“HUI HUANG 标志制作”的实操了，最终效果如图 8-29 所示。

完成 Logo 制作，如图 8-30 所示。

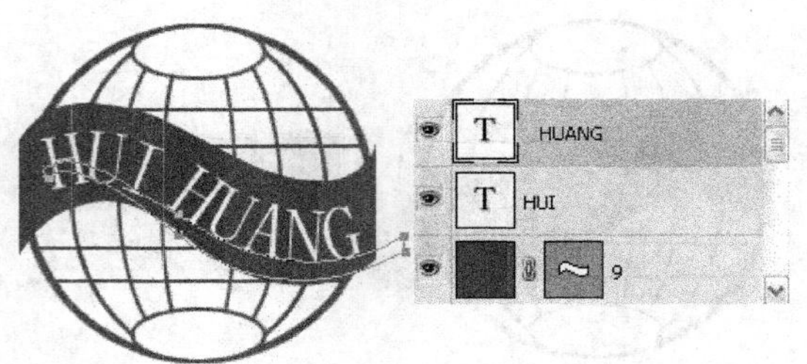

图 8-27　利用横排文字工具新建 HUANG 图层

图 8-28　把图层“5”和“6”贴着图层“1”上下方的边线覆盖

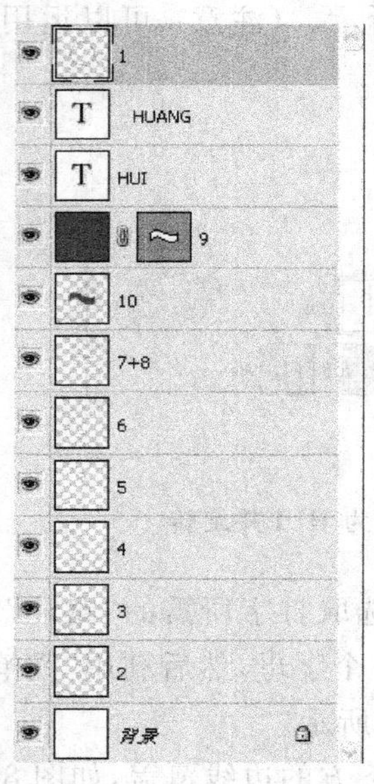

图 8-29　拖动图层“1”到图层 HUANG 的最上方

图 8-30　完成 Logo 制作

Logo 制作好后就可以进行网页效果图的设计与制作，而 Logo 则是效果图设计的一部分，整体效果图设计好后，便可以进行网页切片处理，切片处理的目的就是把一张大的网页设计效果图通过切片工具分割成一张张小的图片，然后通过图形图像软件切片输出处理，将分割的小图片保存在网站 images 文件夹中，这些就是后来用以制作网页的素材，最后通过 Dreamwerver 等软件把这些图片插入到网页中，使用 CSS 样式控制这些图片，与文字、动画、视频等网页元素设计布局到网页中，最后制作成漂亮的网页。

因此切片处理既要严谨又要取舍有方，否则将会直接影响后面的网页布局效果。本任务只讲解如何设计与制作 Logo，至于如何对效果图进行切片处理，将在后面项目十一中再作讲解。

任务 8.3 首页设计与制作

完成首页 Logo 制作后，就可以开始设计网站首页效果图，而网页效果设计好后，便可以开始网页设计与制作。网页设计与制作是一项集抽象思维和形象思维于一体的工作，要创作一个好的网页作品，必须完成一系列包含设计、审美、制作的工作。下面从建立站点开始，讲解如何在 Dreamweaver 中设计与制作网页。

8.3.1 建立站点

当网页效果图经过切片输出保存后，就可以进行网页设计与制作。

任何网站的制作都必须建立站点，建立站点就是建立一个文件夹，而这个文件夹就是专门用来存放网页文件和网页素材；有了网站文件夹后还要通过 Dreamweaver 建立本地网站才能进一步制作网页。这一点在前面已讲述过，这里不再重复。

如果没有通过 Dreamweaver 建立站点就直接制作网页，通常会出现如下技术问题：

(1) 网页链接的图片、动画等路径出错。

(2) 模板等技术不被支持。

8.3.2 搭建首页代码结构

(1) 在站点里，新建首页文件 index. html，切换到“代码”视图，先把首页结构代码输入完整，并把所需要的 div 名字设计好，代码如下：

```
<body>
<div id="container">
    <div id="banner">
        <div id="header">
          <div id="logo"></div>
          <div id="gsname"></div>
      </div>
      <div id="dh"></div>
      <div id="flash"></div>
    </div>
    <div id="content">
```

```
<div id="contenttop"></div>
 <div id="left">
     <div></div>
     <div></div>
     <div></div>
     <div></div>
 </div>
 <div id="main">
   <div id="main1">
     <div></div>
     <div></div>
     <div></div></div>
   <div id="main2">
     <div></div>
     <div></div>
     <div></div></div>
   <div id="main3">
     <div></div>
     <div></div>
     <div></div></div>
 </div>
 <div id="contentbtm"></div>
</div>
<div id="bottom"> </div>
</div></body>
```

（2）通过运行IE浏览器插件，得出整个首页的CSS＋DIV架构，在body下有一对最大的div（通常称为祖先），id名为container，其下有3对div（通常称为父辈），名字分别为“banner”、“content”、“bottom”，如图8-31所示。

图8-31可以认为是首页祖父辈、父辈CSS＋DIV结构图，为了让网页制作技术更加贴近生活，更利于学生学习与记忆，在接下来的学习中会继续使用这种称呼。

分别把父辈的“＋”号展开，得出其子辈div结构，如图8-32所示。

<BODY>
<DIV id="container">
<DIV id="banner">
<DIV id="content">
<DIV id="bottom">

图8-31 首页版面代码结构图

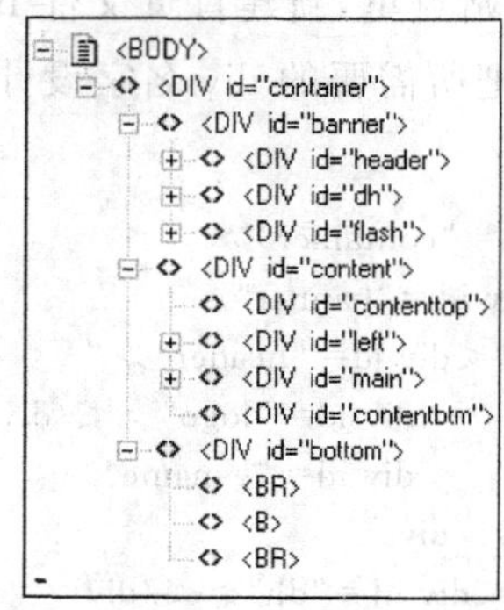

图8-32 首页子辈CSS＋DIV结构图

在子辈下面还有更小的子辈，如 banner 的子辈结构线路：banner→header→Logo 和 gsname，如图 8-33 所示。

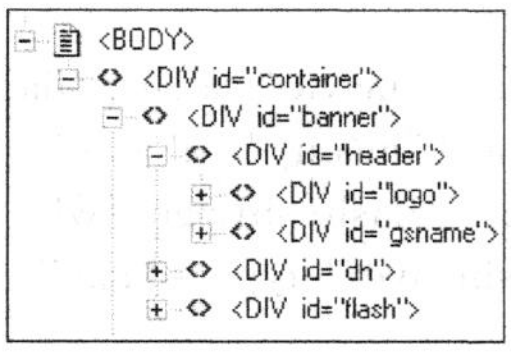

```
<BODY>
  <DIV id="container">
    <DIV id="banner">
      <DIV id="header">
        <DIV id="logo">
        <DIV id="gsname">
      <DIV id="dh">
      <DIV id="flash">
```

图 8-33　首页 banner 的子辈结构图

8.3.3　首页内容添加

完成首页内容添加，代码如下：

```
<html><head>
<meta http-equiv="Content-Type" content="text/html;charset=gb2312" />
<title>欢迎进入晖煌包装制品有限公司主页!</title>
<link href="css/moban.css" rel="stylesheet" type="text/css" />
<script type="text/JavaScript">
<!--
function MM_swapImgRestore() { //v3.0
  var i,x,a=document.MM_sr; for(i=0;a&&i<a.length&&(x=a[i])&&x.oSrc;i++) x.src
=x.oSrc;}
function MM_preloadImages() { //v3.0
  var d=document; if(d.images){ if(!d.MM_p) d.MM_p=new Array();
    var i,j=d.MM_p.length,a=MM_preloadImages.arguments; for(i=0; i<a.length; i++)
    if (a[i].indexOf("#")!=0){ d.MM_p[j]=new Image; d.MM_p[j++].src=a[i];}}}
function MM_findObj(n, d) { //v4.01
  var p,i,x; if(!d) d=document; if((p=n.indexOf("?"))>0&&parent.frames.length) {
    d=parent.frames[n.substring(p+1)].document; n=n.substring(0,p);}
  if(!(x=d[n])&&d.all) x=d.all[n]; for (i=0;!x&&i<d.forms.length;i++) x=d.forms
[i][n];
  for(i=0;!x&&d.layers&&i<d.layers.length;i++) x=MM_findObj(n,d.layers[i].
document);
  if(!x && d.getElementById) x=d.getElementById(n); return x;}
function MM_swapImage() { //v3.0
  var i,j=0,x,a=MM_swapImage.arguments; document.MM_sr=new Array; for(i=0;i<(a.
length-2);i+=3)
   if ((x=MM_findObj(a[i]))!=null){document.MM_sr[j++]=x; if(!x.oSrc) x.oSrc=x.
src; x.src=a[i+2];}}
//-->
</script></head>
<body onload="MM_preloadImages('image/index/daohang3.jpg','image/index/daohang14.jpg',
'image/index/daohang15.jpg','image/index/daohang16.jpg','image/index/daohang17.jpg',
'image/index/daohang18.jpg','image/index/daohang19.jpg')">
<div id="container">
   <div id="banner">
       <div id="header">
```

```
<div id="logo">
    <object classid="clsid:D27CDB6E-AE6D-11cf-96B8-444553540000" codebase="http://download.macromedia.com/pub/shockwave/cabs/flash/swflash.cab#version=7,0,19,0" width="116" height="123">
        <param name="movie" value="flash/hhLogo.swf" />
        <param name="quality" value="high" />
        <embed src="flash/hhLogo.swf" quality="high" pluginspage="http://www.macromedia.com/go/getflashplayer" type="application/x-shockwave-flash" width="116" height="123"></embed>
    </object>
</div>
<div id="gsname"><br /><br /><br /><img src="image/index/namegc.gif" /></div>
</div>
<div id="dh"><a href="index.html" onmouseout="MM_swapImgRestore()" onmouseover="MM_swapImage('Image3','','image/index/daohang3.jpg',1)"><img src="image/index/daohang13.jpg" name="Image3" width="123" height="41" border="0" id="Image3" /></a>
    <a href="gywm.html" onmouseout="MM_swapImgRestore()" onmouseover="MM_swapImage('Image4','','image/index/daohang14.jpg',1)"><img src="image/index/daohang4.jpg" name="Image4" width="114" height="41" border="0" id="Image4" /></a>
    <a href="xwzx.html" onmouseout="MM_swapImgRestore()" onmouseover="MM_swapImage('Image5','','image/index/daohang15.jpg',1)"><img src="image/index/daohang5.jpg" name="Image5" width="113" height="41" border="0" id="Image5" /></a>
    <a href="cpzs.html" onmouseout="MM_swapImgRestore()" onmouseover="MM_swapImage('Image6','','image/index/daohang16.jpg',1)"><img src="image/index/daohang6.jpg" name="Image6" width="115" height="41" border="0" id="Image6" /></a>
    <a href="khfk.html" onmouseout="MM_swapImgRestore()" onmouseover="MM_swapImage('Image7','','image/index/daohang17.jpg',1)"><img src="image/index/daohang7.jpg" name="Image7" width="113" height="41" border="0" id="Image7" /></a>
    <a href="rczp.html" onmouseout="MM_swapImgRestore()" onmouseover="MM_swapImage('Image8','','image/index/daohang18.jpg',1)"><img src="image/index/daohang8.jpg" name="Image8" width="114" height="41" border="0" id="Image8" /></a>
    <a href="lxwm.html" onmouseout="MM_swapImgRestore()" onmouseover="MM_swapImage('Image9','','image/index/daohang19.jpg',1)"><img src="image/index/daohang9.jpg" name="Image9" width="117" height="41" border="0" id="Image9" /></a></div>
<div id="flash">
    <object classid="clsid:D27CDB6E-AE6D-11cf-96B8-444553540000" codebase="http://download.macromedia.com/pub/shockwave/cabs/flash/swflash.cab#version=7,0,19,0" width="890" height="266">
        <param name="movie" value="flash/indexflash.swf" />
        <param name="quality" value="high" />
        <embed src="flash/indexflash.swf" quality="high" pluginspage="http://www.macromedia.com/go/getflashplayer" type="application/x-shockwave-flash" width="890" height="266"></embed>
    </object>
</div></div>
<div id="content">
    <div id="contenttop"></div>
```

```
    <div id="left">
      <div><img src="image/index/content/left_01.gif" /></div>
      <div><img src="image/index/content/left_02.gif" /></div>
      <div><img src="image/index/content/left_03.gif" /></div>
      <div><img src="image/index/content/left_04.gif" /></div>
    </div>
    <div id="main">
    <div id="main1">
      <div><img src="image/index/content/main1_01.gif" /></div>
      <div><img src="image/index/content/main1_02.gif" border="0" usemap="#Map" />
<map name="Map" id="Map"><area shape="rect" coords="36,6,192,109" href="cpzs.
html" />
</map></div>
      <div><img src="image/index/content/main1_03.gif" /></div>
    </div>
    <div id="main2">
      <div><img src="image/index/content/main2_01.gif" /></div>
      <div><img src="image/index/content/main2_02.gif" border="0" usemap="#Map2" />
            <map name="Map2" id="Map2"><area shape="rect" coords="24,4,181,109"
href="cpzs.html" /></map></div>
      <div><img src="image/index/content/main2_03.gif" /></div>
    </div>
    <div id="main3">
      <div><img src="image/index/content/main3_01.gif" /></div>
      <div><img src="image/index/content/main3_02.gif" border="0" usemap="#Map3" />
        <map name="Map3" id="Map3"><area shape="rect" coords="25,12,180,112"
href="cpzs.html" /></map></div>
      <div><img src="image/index/content/main3_03.gif" /></div>
    </div></div>
     <div id="contentbtm"></div>
   </div>
<div id="bottom"><br /><strong>版权所有 &copy;珠海市晖煌包装制品有限公司
</strong> 传真: 86-0756-5653033<br />
地址: 中国广东省珠海市斗门区乾务镇富山工业区三村片区 邮箱: huihuang20080610@163.com
粤 ICP 备 10049484 号 </div>
</div>
</body></html>
```

8.3.4　连接 CSS 样式文件

连接 CSS 样式包含创建空 CSS 样式文件与外连接 CSS 样式文件两个过程。

在站点下的 CSS 文件夹里新建名为 moban.css 的文件(这时的文件是一个空的 CSS 文件),打开 index.html 文件,把 moban.css 文件链接进来,方法如下。

在 index.html 文件的设计视图展开 CSS 面板,在其下方单击如睡着的 8 字按钮,在弹出的"链接外部样式表"对话框中单击"浏览"按钮,选择 moban.css 文件,如图 8-34 所示,选择后文件路径出现在对话框中。

单击"确定"按钮,样式文件新建完成,这时可以直接把 CSS 代码写在这个文件上,以

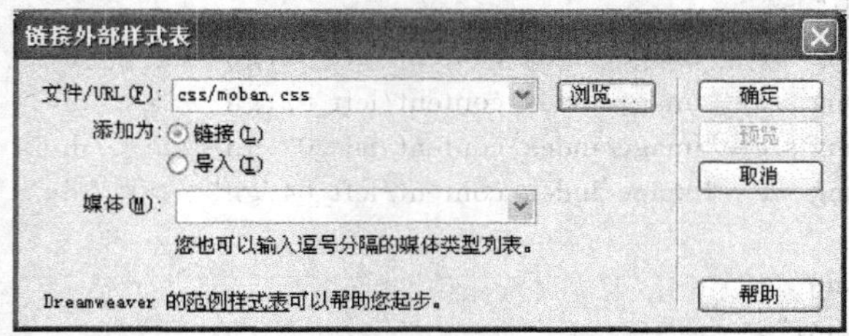

图 8-34 "链接外部样式表"对话框

修饰和布局首页。这时在主页 index.html 文件的"代码视图"里便自动添加了一行链接外样式文件代码,代码的添加位置是在 head 标签之间:

```
<head>
...
<link href="css/moban.css" rel="stylesheet" type="text/css" />
</head>
```

8.3.5 设计与布局首页各区域内容

首页的框架已在上述步骤中完成,接下来就是把设计好的 Logo、动画、文字等网页元素一一放在网页上,网页上的元素摆放就像打造一个楼盘一样,设计好所排放的网页元素就可以完成一张网页的设计与布局。

1. 设计与布局 banner 区域

(1) 设计与布局 header 栏

① 在 moban.css 文件里,首先设计网页的总体属性,即设计 body 标签属性,代码如下:

```
body{ font-size:13px; }
```

② 设计网页总的宽度,代码如下:

```
#container{ width:890px;
            margin:0 auto;                  /* IE8 浏览器、FF 浏览器居中代码 */
}
```

③ 设计名为 header 的 div 背景图,代码如下:

```
#container #banner #header{ width:890px;
                            height:123px;
                            background:url(../image/index/topbg.gif) repeat-x;}
```

④ 分别对 header 的两个子 div 进行设置:首先在 id 名为 Logo 的 div 处插入 Flash 动画 Logo.swf 文件,插入后代码如下:

```
<div id="logo">
  <object classid="clsid:D27CDB6E-AE6D-11cf-96B8-444553540000" codebase="http://
```

```
download.macromedia.com/pub/shockwave/cabs/flash/swflash.cab#version=7,0,19,0" width="116" height="123">
    <param name="movie" value="flash/hhLogo.swf" />
    <param name="quality" value="high" />
<embed src="flash/hhLogo.swf" quality="high" pluginspage="http://www.macromedia.com/go/getflashplayer" type="application/x-shockwave-flash" width="116" height="123">
</embed>
</object></div>
```

其次在 id 名为 gsname 的 div 处插入公司名字，这里公司名字做成图片，插入方法如一般的插入图像一样，如图 8-35 所示，但是为了让图片能够与动画对齐，在其插入代码前面加上 3 个换行标签，插好后代码如下：

```
<div id="gsname"><br /><br /><br /><img src="image/index/namegc.gif" /></div>
```

小技巧：插入 Flash 动画后，要注意调整其高度，否则可能会因为像素的问题而影响布局效果。

(2) 设计与布局导航栏

在主页里继续制作网页导航栏。利用 Dreamweaver 的"鼠标经过图像"功能可以制作鼠标经过导航时图片变换效果的导航条，制作方法如下。

① 将光标定位在 id 名为 dh 处，执行"插入"→"图像对象"→"鼠标经过图像"命令，如图 8-36 所示。

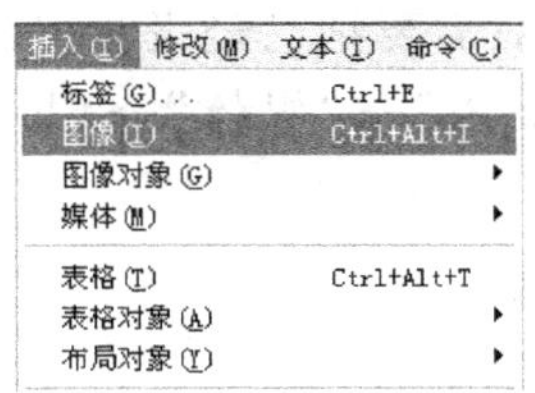

图 8-35　插入图像命令

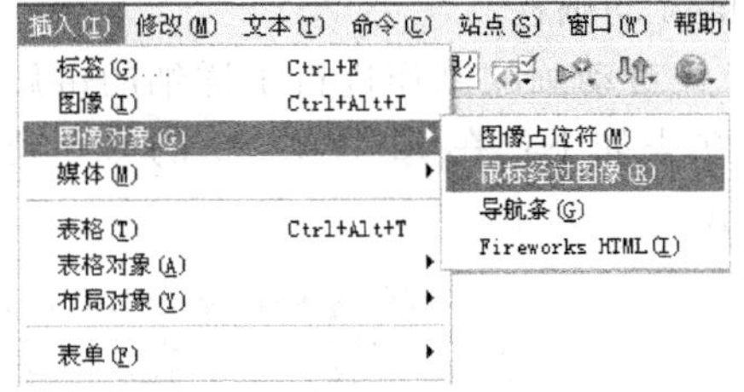

图 8-36　"鼠标经过图像"命令

② 在弹出的对话框中，分别在"原始图像"和"鼠标经过图像"文本框选择相应图片，在"按下时，前往的 URL"文本框选择相应的超链接文件，图 8-37 所示是制作导航首页鼠标经过图像的相关信息。

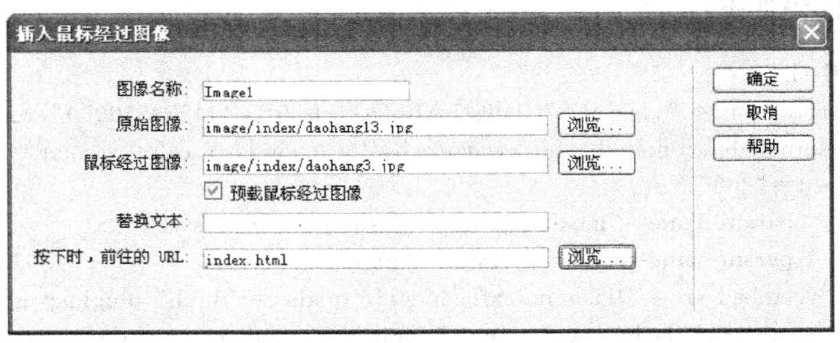

图 8-37　导航首页鼠标经过图像的相关信息设置

③ 其他导航栏目的鼠标经过图像效果设置方法相同。

④ 所有鼠标经过图像功能完成后代码如下：

```
<div id="dh">
        <a href="index.html" onmouseout="MM_swapImgRestore()" onmouseover="MM_swapImage('Image3','','image/index/daohang3.jpg',1)"><img src="image/index/daohang13.jpg" name="Image3" width="123" height="41" border="0" id="Image3" /></a>
        <a href="gywm.html" onmouseout="MM_swapImgRestore()" onmouseover="MM_swapImage('Image4','','image/index/daohang14.jpg',1)"><img src="image/index/daohang4.jpg" name="Image4" width="114" height="41" border="0" id="Image4" /></a>
        <a href="xwzx.html" onmouseout="MM_swapImgRestore()" onmouseover="MM_swapImage('Image5','','image/index/daohang15.jpg',1)"><img src="image/index/daohang5.jpg" name="Image5" width="113" height="41" border="0" id="Image5" /></a>
        <a href="cpzs.html" onmouseout="MM_swapImgRestore()" onmouseover="MM_swapImage('Image6','','image/index/daohang16.jpg',1)"><img src="image/index/daohang6.jpg" name="Image6" width="115" height="41" border="0" id="Image6" /></a>
        <a href="khfk.html" onmouseout="MM_swapImgRestore()" onmouseover="MM_swapImage('Image7','','image/index/daohang17.jpg',1)"><img src="image/index/daohang7.jpg" name="Image7" width="113" height="41" border="0" id="Image7" /></a>
        <a href="rczp.html" onmouseout="MM_swapImgRestore()" onmouseover="MM_swapImage('Image8','','image/index/daohang18.jpg',1)"><img src="image/index/daohang8.jpg" name="Image8" width="114" height="41" border="0" id="Image8" /></a>
        <a href="lxwm.html" onmouseout="MM_swapImgRestore()" onmouseover="MM_swapImage('Image9','','image/index/daohang19.jpg',1)"><img src="image/index/daohang9.jpg" name="Image9" width="117" height="41" border="0" id="Image9" /></a></div>
```

（3）Flash 动画栏

前面已经对动画的制作进行了详细的讲解，在这里只需要把已经设计好的动画插入网页即可，方法如下：在 id 为 flash 的 div 处，执行"插入"→"媒体"→Flash 命令，如图 8-38 所示。

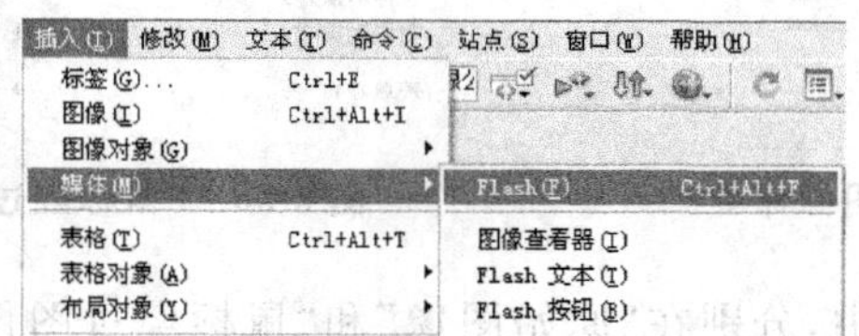

图 8-38 插入 Flash 动画命令图

插入后的代码如下：

```
<div id="flash">
    <object classid="clsid:D27CDB6E-AE6D-11cf-96B8-444553540000" codebase="http://download.macromedia.com/pub/shockwave/cabs/flash/swflash.cab#version=7,0,19,0" width="890" height="266">
        <param name="movie" value="flash/indexflash.swf" />
        <param name="quality" value="high" />
        <embed src="flash/indexflash.swf" quality="high" pluginspage="http://www.macromedia.com/go/getflashplayer" type="application/x-shockwave-flash" width="890" height="266"></embed>
```

```
    </object>
</div>
```

到这里已经完成了网页 banner 的制作。

小技巧：如何避免网页上的 Flash 挡住层？Flash 动画在网页里的层级很高，为了避免挡住使用层制作的某些广告如浮游广告等，可以对网页上的 Flash 动画添加参数。

对于 IE 浏览器，在<object></object>内加上参数<param name="wmode" value="opaque" />；

对于 Firefox 浏览器，在<embed></embed>内加上参数 wmode="opaque"即可。

2. 设计与布局 content 区域

content 区域是网页摆放最重要内容的地方，制作方法如下。

首页 content 区域结构中有以下 4 条子辈线路。

第一条：content →contenttop。

第二条：content →left→没有命名的 div。

第三条：content →main→main1、main2 和 main3 →没有命名的 div。

第四条：content →contentbtm。如图 8-39 所示。

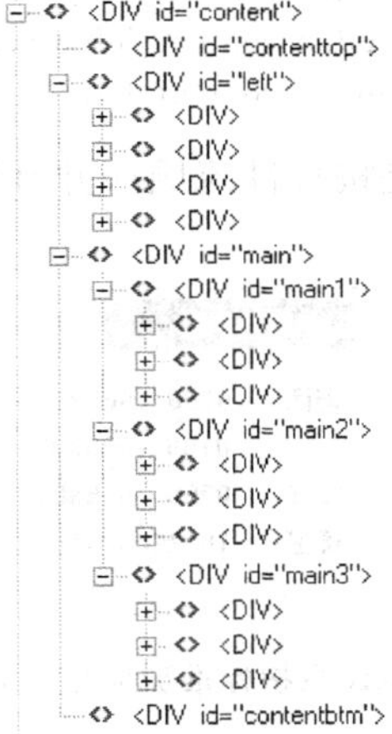

图 8-39 首页 content 区域结构图

content 效果图如图 8-40 所示。

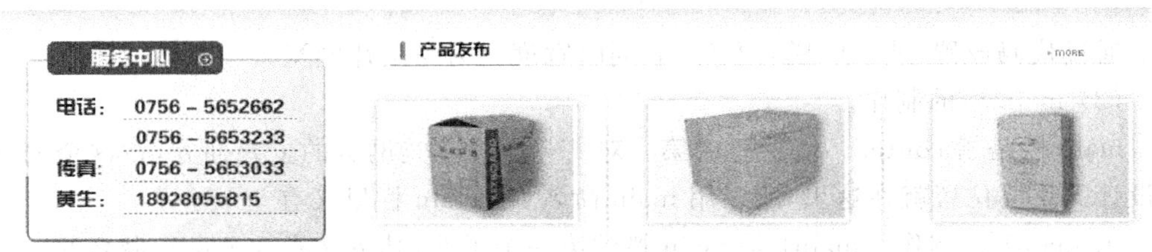

图 8-40 首页 content 栏效果图

(1) contenttop 栏的制作。

contenttop 栏是 content 栏里的第一个子辈，这里只负责摆放背景图，即 content 栏里顶部的图片。背景图的制作方法：把背景图切成很小的图片，通过背景图的重复达到所要的效果，这种做法可以加快图片的下载速度。

直接在 moban. css 样式文件里设置 contenttop 栏的样式，完成后代码如下：

```
#container #content #contenttop{ background:url(../image/index/contentbg1.gif) repeat-x;
                                  width:890px;
                                  height:26px;}
```

注意：在这里背景图一定要给出适当的高度，否则要么看不见背景图，要么背景图会因为高度不合适而使显示效果不理想。

(2) left 栏的制作。

left 栏是摆放公司服务信息的地方，为了突出这些内容，把它们设计成图片。left 栏里有 4 对 div，因为不用设置每个的样式，所以没有为这 4 对 div 命名。

分别在 4 对 div 里插入图片即可。插入后代码如下：

```
<div id="left">
      <div><img src="image/index/content/left_01.gif" /></div>
      <div><img src="image/index/content/left_02.gif" /></div>
      <div><img src="image/index/content/left_03.gif" /></div>
      <div><img src="image/index/content/left_04.gif" /></div></div>
```

这时的 left 栏在设计视图里是按标准流顺序并且居中排列，效果图如图 8-41 所示。

图 8-41 left 栏按标准流顺序并且居中排列

要把 left 栏摆放在左边，还必须要对其进行 CSS 设置，在 moban. css 文件里继续添加控制代码，进行宽度设置并使用浮动属性，代码如下：

```
#container #content #left{ width:253px; float:left;}
```

通过代码设置，使 left 栏向左浮动，同时宽度变为与图片同宽。

(3) main 栏的制作。

main 栏是指 contenttop 栏里的第三对 div，因为这是网页的主要部分，在这个网页里所设计的重要位置就在这里，所以用 main 命名，在 main 栏里又有 3 个子辈。

① main1 栏制作。main1 是 main 栏的第一个子辈，其下又有 3 个没有命名的 div，分别在 3 个没有命名的 div 处插入相应的图片，插入后设计视图效果如图 8-42 所示。

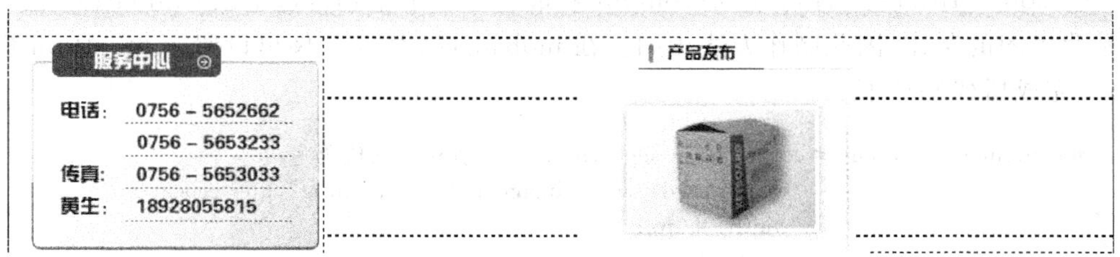

图 8-42 main1 栏设计视图

这时又要在样式文件里添加控制代码，首先设置 main 栏代码以固定其大小与定位：

```
#container #content #main{ width:637px; float:left;}
```

然后再设置 main 栏里的 main1 栏代码：

```
#container #content #main #main1{ width:221px; float:left}
```

main2 栏、main31 栏制作方法与 main1 栏相同，在这里不再讲述。完成后在样式文件里添加控制代码如下：

```
#container #content #main #main2{ width:210px; float:left}
#container #content #main #main3{ width:195px; float:right;}
```

② 图片的超链接制作。main 栏的图片可以进一步制作超链接，当客户单击某产品时可以打开相应网页进行进一步的浏览。制作方法：选择要做超级链接的图片，在 Dreamweaver 属性面板单击矩形热点工具，如图 8-43 所示。

图 8-43 热点工具属性面板

在要添加超链接的图片上画一个与图片一样大小的热点矩形，然后在上述面板选择超链接文件：cpzs. html，如图 8-44 所示。

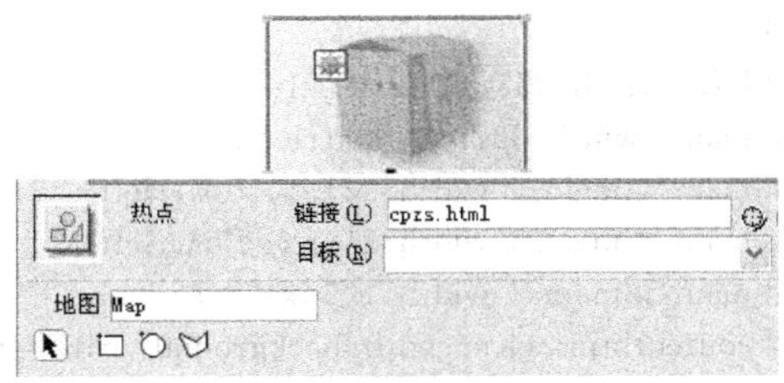

图 8-44 图片超链接制作

③ contentbtm 栏制作。这是 content 栏最后一个子辈 div，这里跟 contenttop 栏一样也是背景图的制作，因此制作方法相同。在 moban.css 样式文件里设置 contentbtm 栏的样式，完成后代码如下：

```
#container #content #contentbtm{ clear:both; /*清除浮动代码*/
                        background:url(../image/index/contentbg2.gif) repeat-x;
                        width:890px;
                        height:16px;}
```

小技巧：初学者在制作 content 栏过程中非常容易出现走位现象，其原因有多种：①没有给出最大的 div(如本例的 container)以框住所有属于它的子辈内容；②给出了 div，但没有设置适当的宽度；③网页内标签没有配对好，漏了关闭或是关闭地方不对。

3. 设计与制作 bottom 区域

这是存放网站相关信息的地方，如版权、备案号、邮箱等，制作方法比较简单。值得注意的是，虽然这是页脚，但也不能马虎对待，否则容易犯头重脚轻或不协调的毛病。

在 bottom 栏处输入文字："版权所有©珠海市晖煌包装制品有限公司"，切换到代码视图，在其左右加上标签<strong></strong>直接修饰为粗体；然后再加上文字："传真：86-0756-5653033"，切换到代码视图，在其后面加上换行标签
；其他文字的添加方法雷同。

4. 网页 moban.css 样式代码设计

```
body{ font-size:13px;text-align:center; margin:0 auto;}
/*IE6 浏览器居中代码，但在 IE8 浏览器、火狐浏览器不居中*/
#container{ width:890px; margin:0 auto;   /*IE8 浏览器、火狐浏览器居中代码*/
}
#container #banner #header{ width:890px; height:123px; background:url(../image/index/
topbg.gif) repeat-x;}
#container #banner #header #logo{ float:left; height:123px;}
#container #banner #header #gsname{ float:left; height:123px;}
#container #banner #header #gsweb{ float:left;width:300px; text-align:right;}
#container #banner #dh{ clear:left; background:url(../image/index/dhbg.jpg) repeat-x;}
#container #content #contenttop{ background:url(../image/index/contentbg1.gif) repeat-x;
width:890px; height:26px;}
#container #content #left{ width:253px; float:left;}
#container #content #main{ width:637px; float:left;}
#container #content #main #main1{ width:221px; float:left}
#container #content #main #main2{ width:210px; float:left}
#container #content #main #main3{ width:195px; float:right;}
#container #content #contentbtm{ clear:both;background:url(../image/index/contentbg2.gif)
repeat-x; width:890px; height:16px;}
#container #bottom{ font-family: "Arial", "Helvetica", "sans-serif"; font-size: 10pt; text-
decoration: none; line-height: 150%; color: #333333; background: #CCCCCC; height: 60px;
margin-top:8px;}
```

小技巧：关于 IE6、IE8、Firefox 的居中问题，如下面代码（见注释）：

```
body{ font-size:13px;text-align:center; margin:0 auto;
                              /* IE6 浏览器居中代码，但在 IE8 浏览器、火狐浏览器不居中 */
}
#container{ width:890px; margin:0 auto;    /* IE8 浏览器、火狐浏览器居中代码 */}
```

即 IE 6 浏览器居中代码写在 body 标签；IE8 浏览器、火狐浏览器居中代码则写在最大的 div 控制代码里。

项目九 子页设计与制作

Project 9

本项目学习目标是完成该企业网站子页的设计与制作。一个网站往往风格一致、框架相同、色调协调，为了美观和统一往往把子页做成同一风格的页面，这就要求在网页制作过程中使用模板来制作子页。而且，除了上述优点外，更重要的是使用模板制作子页可以批量处理和随时更新与维护网页。

学习目标

(1) 理解子页定义，掌握子页设计相关原则。

(2) 掌握子页的设计，学会配合网站主题、首页风格设计子页。

(3) 掌握模板制作方法，以及模板的运用、更新与维护。

技能目标

(1) 创建模板。

(2) 运用模板。

(3) 修改与更新模板。

(4) 子页设计与制作。

任务 9.1 子页页面模板制作

日常生活中应用模板的例子数不胜数，例如名片的制作、月饼的制作、汽车的制作，只是有软的、有硬的，有的可以看得见摸得着，有的看得见摸不着等。

网站由主页和多个子页组成，但子页的多少取决于网站制作的需求，如果子页量大，使用模板是最好的解决方案。因此很多人都喜欢使用模板，因为利用模板制作网页有如下优势。

(1) 制作方便、节省时间。

(2) 可以随时更新。

(3) 可以多模板并存。

9.1.1 创建模板

子页通过模板制作，下面依然以晖煌网站为例讲述子页模板的制作技巧。效果图如图 9-1 所示。

图 9-1　子页模板效果图

模板的上半部分内容即 banner 栏、bottom 栏与首页基本相同，不同的是中间部分内容 content 栏，这里就是区别每个子页的地方，正是因为这里存放不同的内容，才得以显示不同的子页。

因此模板的 banner 栏、bottom 栏制作过程略去不再阐述，这里只阐述需要改变的部分。具体制作如下。

(1) 在网站同路径下，把主页 index.html 文件复制一份，更名为 tmp.html 文件，打开 tmp.html 文件，把 moban.css 文件链接进来。这时子页里只要有与首页相同的样式类名或者 id 名就会被直接调用。

(2) 因为 tmp.html 文件架构与首页相同，banner 栏、bottom 栏和各自的子辈名字、插入内容和制作方法均与首页相同，如图 9-2 所示。

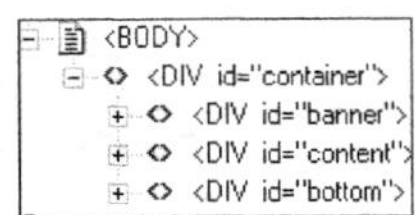

图 9-2　临时文件 tmp.html 架构图

(3) 更改 banner 栏里的 Flash 动画，替换为另外一个比原本的高度稍低的动画，因为子页不需要首页里的动画，因此需要换掉。

(4) 制作模板。

首先设计模板的“可编辑区域”，把光标定位在 tmp.html 文件 content 栏处，执行“插入”→“模板对象”→“可编辑区域”命令，如图 9-3 所示。

系统弹出“新建可编辑区域”对话框，此时“名称”文本框里的“EditRegion3”是一个默认的可编辑区域名字，不用修改，如图 9-4 所示。

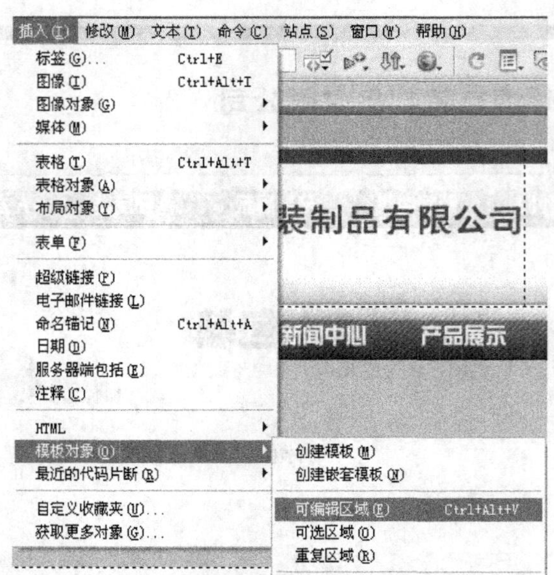

图 9-3 插入模板可编辑区域命令

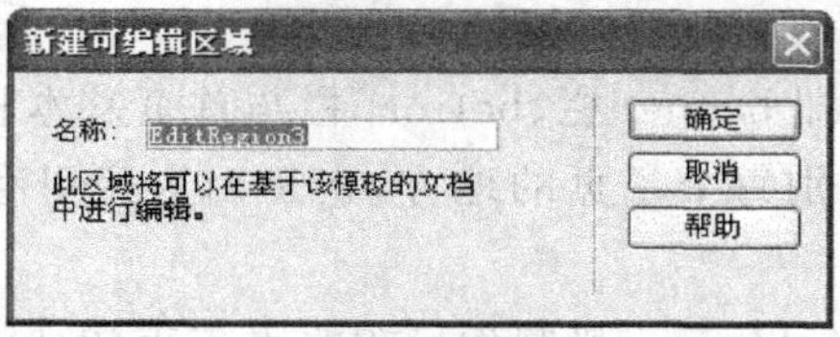

新建可编辑区域
名称: EditRegion3
此区域将可以在基于该模板的文档中进行编辑。
确定
取消
帮助

图 9-4 “新建可编辑区域”对话框

单击“确定”按钮，在 tmp. html 文件 content 栏处，即在 banner 栏和 bottom 栏之间出现了插入的可编辑区域，在设计视图插入可编辑区域后出现如图 9-5 所示的效果。

图 9-5 设计视图插入可编辑区域

此时在名为“EditRegion3”的编辑区域下的方框内出现“EditRegion3”的字样，这也是默认的内容，可以任意修改、删除，比如输入：子页模板，这时看见的就是图 9-1 的效果。这个方框可容纳很多网页元素，如文字、段落、列表、图片、动画、视频、表格等，可以通过按 Enter 键等直接获得段落。

切换到代码视图，代码如下：

```
<div id="content">
<!-- TemplateBeginEditable name="EditRegion3" --> EditRegion3<!-- TemplateEndEditable-
```

```
->
</div>
```

在这里可以任意添加网页元素。值得注意的是：这里的代码是可以修改的，但不能删除模板可编辑区域的标签注释<! -- TemplateBeginEditable name="EditRegion3" -->或者<! -- TemplateEndEditable-->。

可编辑区域顾名思义就是可以用来编辑的区域，在这个网站里就是用来设计每个子页不同内容的地方，因为每个子页的 banner 栏和 bottom 栏内容基本相同，所以模板可以提供相同的模子，不同的内容就放在"可编辑区域"里。

小技巧：*在同一个页面，可编辑区域可以有多个。*

其次，把 tmp.html 文件另存为模板。

执行"文件"→"另存为模板"命令，打开如图 9-6 所示的对话框，在"另存为"文本框中输入模板名：moban。

这时在网站目录里自动添加了名为 Templates 的文件夹和名为 moban.dwt 的模板，当模板为文件时，其文件后缀名为.dwt，所以这时看见的模板文件是带后缀的名字，如图 9-7 所示。

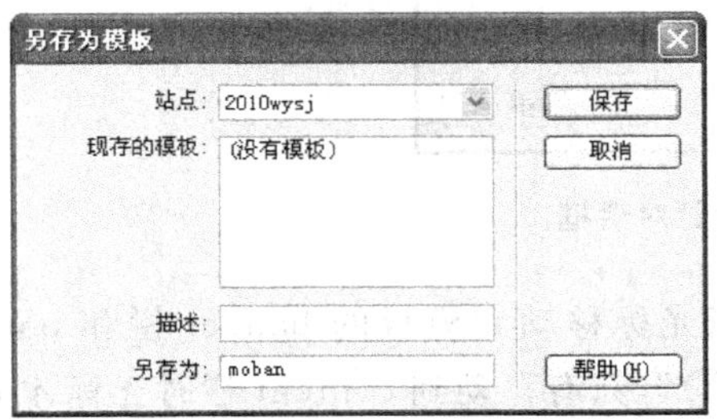

图 9-6 "另存为模板"对话框

图 9-7 站点自动添加模板文件夹

此时 tmp.html 文件只是临时文件，制作完模板后可以把这个文件移走或者删除。

9.1.2 运用模板

模板制作好以后，就可以应用模板，在站点上新建 mobanyy.html 文件，这是一个模板运用文件。

(1) 打开 mobanyy.html 文件，这时文件为空白文件，执行"修改"→"模板"→"套用模板到页"命令，如图 9-8 所示。

(2) 在弹出的"选择模板"对话框中选择 moban，还要选中"当模板改变时更新页面"复选框，这是不能忽略的步骤，否则会影响整个网站模板的更新，带来很多麻烦，单击"确定"按钮，完成模板套用，如图 9-9 所示。

(3) 在 mobanyy.html 文件设计视图里可见模板已套用到页面上，这时页面的右上

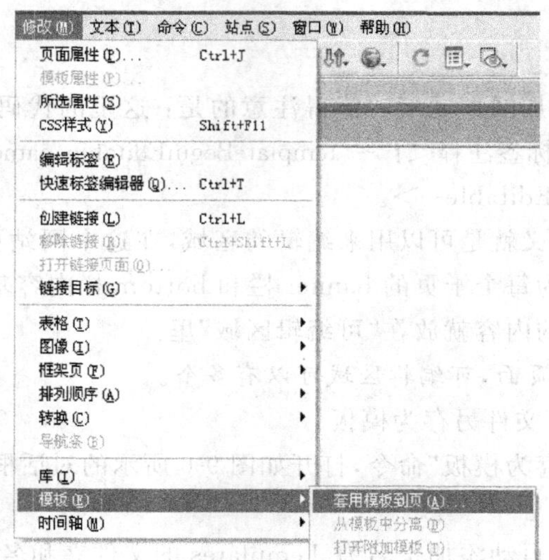

图 9-8 “套用模板到页”命令

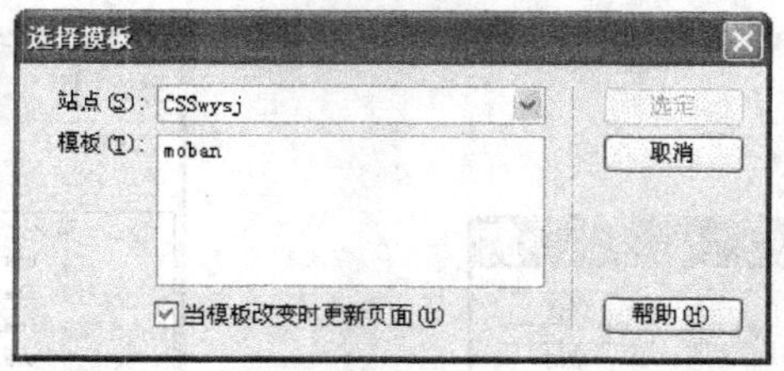

图 9-9 “选择模板”对话框

角会出现模板名称字样，如图 9-10 所示，并且当光标移动到模板的 banner 栏和 bottom 栏的任意位置时，光标都会变成不可编辑形状“⃠”，只有移动到 content 栏时光标才显示可编辑形状“I”，说明在模板的“可编辑区域”才能进行添加、修改等操作。

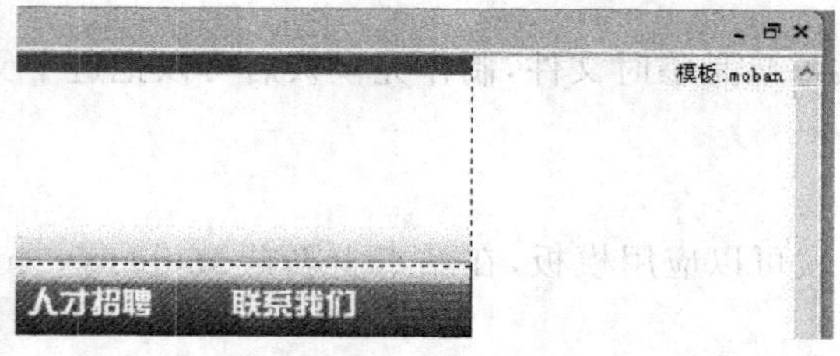

图 9-10 页面的右上角会出现模板名称字样

这时 mobanyy. html 文件套用模板后，其网页架构就跟模板的一样。

9.1.3 修改更新模板

模板制作好后并不是一成不变的，日常生活中的模板也是一样，如月饼，同一个牌子的月饼不会每年都一样，商家为了迎合更多的客户品味，一定会经常修改月饼模板，所以网页模板也一样，为了能取得更好的效果，会经常对模板进行适当的修改甚至全新的改变。下面继续介绍模板的修改与更新。

首先增加 banner 栏的公司网址。因为 banner 栏是在模板里制作的，所以必须回到模板文件进行编辑。

(1) 打开模板 moban. dwt 文件，在 gsname 栏后添加一对 div，id 名为 gsweb，并插入带有网址的小图片，小图片的高度是 25 像素，宽度是 205 像素，并且背景色为透明。

调整小图片位置，让小图片经过几个换行标签后处于 banner 栏较下的位置，小图片插入后，代码如下：

```
<div id="gsweb"><br /><br /><br /><br /><br /><img src="../image/index/gsweb1.gif" /></div>
```

(2) 保存模板文件，此时系统弹出一个要求更新的对话框，如图 9-11 所示。

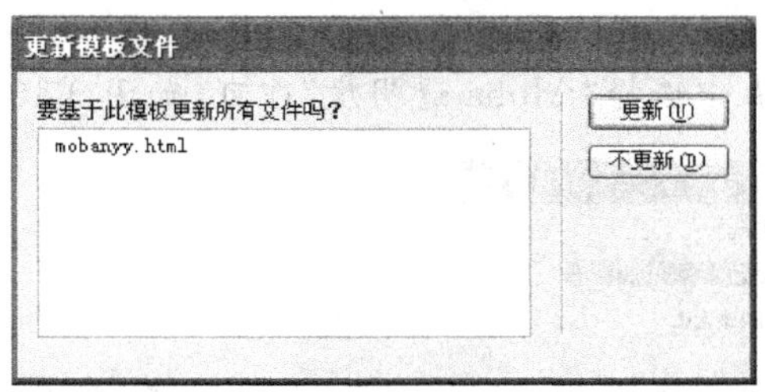

图 9-11 模板更新对话框

模板文件添加了小图片后，意味着所有套用模板的文件都要跟着改变，到目前为止只有一个文件套用了这个模板，所以在弹出的“更新模板文件”对话框中只有一个文件要更新，这个文件就是已套用模板的 mobanyy. htmll 文件。如果有多个网页套用了此模板，将有多个网页同时得到更新。更新完毕，系统弹出提示对话框如图 9-12 所示。

图 9-12 模板更新完毕对话框

注意：每次的模板更新都要保存文件，每次保存文件就要重复这里的更新确认操作，此外还要对套用模板的文件进行保存(如 mobanyy. html 文件)，才能看见更新后的效果。

(3) 在 moban. css 文件里继续编写修饰 gsweb 栏的代码，gsweb 栏是 header 栏里第三个子辈，所以依然可以让它跟前面两个兄弟栏并排在一起，根据设计要求，虽然让 gsweb 栏与兄弟栏并列，但位置又有所不同，其位置比前面的 gsname 栏往下更靠近导航的位置，因而依然让 gsweb 栏向左浮动，但宽度要合适，代码实现如下：

```
#banner #header #gsweb{ float:left;        /*小图片向左浮动*/
                        width:300px;
                        text-align:right; /*小图片向右对齐*/
}
```

保存文件，预览效果（banner 栏效果图）如图 9-13 所示。

图 9-13　模板更新后的 banner 栏效果图

小技巧：制作背景透明时，利用 Fireworks 工具把制作好的图片输出，执行“文件”→“导出预览”命令，在弹出的对话框中选择“选项”选项卡，在“格式(F)”下拉列表中选择 GIF，如图 9-14 所示。

然后在是否透明列表中选择“Alpha 透明度”即可，如图 9-15 所示。

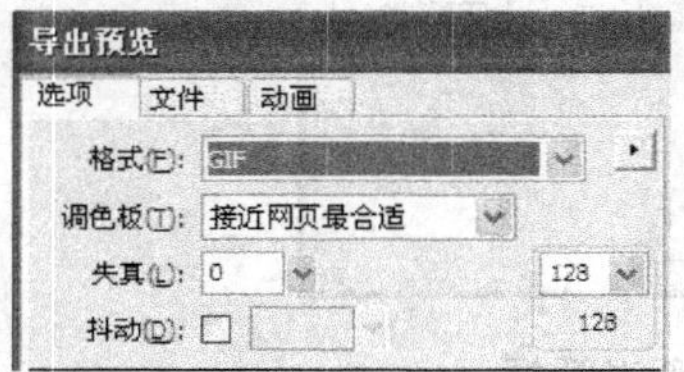

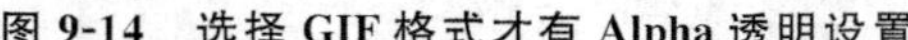

图 9-14　选择 GIF 格式才有 Alpha 透明设置　　　图 9-15　Alpha 透明度列表

任务 9.2　子页制作

9.2.1　“关于我们”子页制作

整个网站是由多张网页组成的，每张子页部分内容由模板构成，另一部分内容则根据需求而定，所以每张子页既有相同的地方也有不同的内容（相同的地方就是统一模板，不同的内容就是可编辑部分），既体现网站相同的风格和品位，也有各自不太相似的特点。接下来分别制作不同的子页内容。

根据网站导航条内容，要制作如图 9-16 所示菜单项的子页。对应的子页文件名分别是：gywm. html、xwzx. html、cpzs. html、khfk. html、rczp. html、lxwm. html。

首页　关于我们　新闻中心　产品展示　客户反馈　人才招聘　联系我们

图 9-16　导航条菜单项图

“关于我们”子页 gywm. html 文件的制作过程如下。

此文件的制作和所有子页制作一样，首先套用已制作好的子页模板（前面章节已学习），然后进一步对每个子页不同内容部分进行制作，此步骤在接下来制作各子页时将省略。

前面已经在这个网页文件里套用了子页模板，下面直接介绍可编辑区域部分的制作。制作效果如图 9-17 所示。

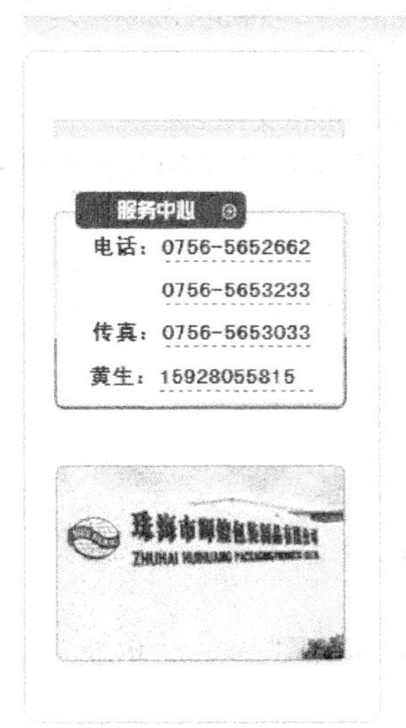

图 9-17　"关于我们"子页可编辑部分效果图

制作步骤如下。

（1）在站点根目录下新建 gywm.html 子页文件。

（2）打开 gywm.html 文件，把模板 moban.dwt 套用到页。

（3）切换到代码视图，把光标定位在可编辑区域处，按需要添加所需的页面基本布局代码，在这里将添加 4 对兄弟关系的 div，另外中间两兄弟各自还有子辈 div，添加完后代码如下（备有注释）：

```
<!--第一对用于存放顶上背景图的 div -->
<div id="contenttop"></div>
  <!--第二对用于存放左边网页内容的 div -->
<div id="left">
   <div id="leftDiv">
      <div id="TopDiv">
          <div id="TopDiv1"><img src="image/gywm/lefttop1.gif" /></div>
          <div id="TopDiv2"></div>
          <div id="TopDiv3"><img src="image/gywm/lefttop3.gif" /></div>
        </div>
       <div id="MidDiv">
       <div id="MidDiv1"></div>
```

```
        <div id="MidDiv2">
            <div id="Mid1"><img src="image/gywm/Mid1.gif" /></div>
                <div id="Mid2">
                    <p> </p>
                    <p id="phoneP">电话：<span id="spanP">0756-5652662</span></p>
                    <p id="phoneP"><span id="spanP" class="spanS">0756-5653233</span>
</p>
                    <p id="phoneP">传真：<span id="spanP">0756-5653033</span></p>
                    <p id="phoneP">黄生：<span id="spanP">15928055815  
 </span></p>
                </div>
            <div id="Mid3"><img src="image/gywm/Mid3.gif" /></div>
        </div>
        <div id="MidDiv3"></div>
    </div>
            <div id="BottomDiv">
            <div id="BottomDiv1"><img src="image/gywm/leftbtm1.gif" /></div>
            <div id="BottomDiv2"></div>
            <div id="BottomDiv3"><img src="image/gywm/leftbtm3.gif" /></div>
    </div></div></div>
```

从内容上，left栏里有一对大的div是leftDiv栏，用于控制与left栏的边距，以使网页元素疏密有致，有距离美；leftDiv栏里有3对div，分别是TopDiv栏、MidDiv栏和BottomDiv栏，然后分别又有各自的子辈div。预览启动IE8插件可以看到其网页架构，如图9-18所示。

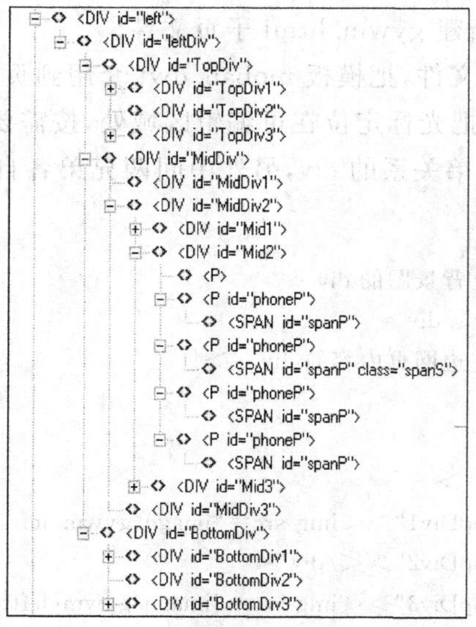

图9-18　子页左边结构图

```
<!--第三对用于存放右边网页内容的 div-->
<div id="main">
    <div id="mainDiv1">
        <div id="mainDiv11"><img src="image/gywm/maintop1.gif" /></div>
        <div id="mainDiv12"> </div>
        <div id="mainDiv13"><img src="image/gywm/maintop2.gif" /></div>
    </div>
    <div id="mainDiv2">
      <p> </p><p> </p><p> </p><p> </p><p> </p><p> </p>
    </div>
    <div id="mainDiv3">
        <object classid="clsid:D27CDB6E-AE6D-11cf-96B8-444553540000" codebase="
http://download.macromedia.com/pub/shockwave/cabs/flash/swflash.cab#version=7,0,19,0"
width="588" height="180">
          <param name="movie" value="flash/hhgc.swf" />
          <param name="quality" value="high" />
           <embed src="flash/hhgc.swf" quality="high" pluginspage="http://www.
macromedia.com/go/getflashplayer" type="application/x-shockwave-flash" width="588" height
="180"></embed>
        </object>
    </div>
</div>
```

段落文字略去，从内容上，main 栏里有 3 对大的 div，分别是 mainDiv1 栏、mainDiv2 栏和 mainDiv3 栏，然后分别又有各自的子辈 div。其结构相对于左边网页结构稍微简单，预览启动 IE8 插件可以看到其网页架构，如图 9-19 所示。

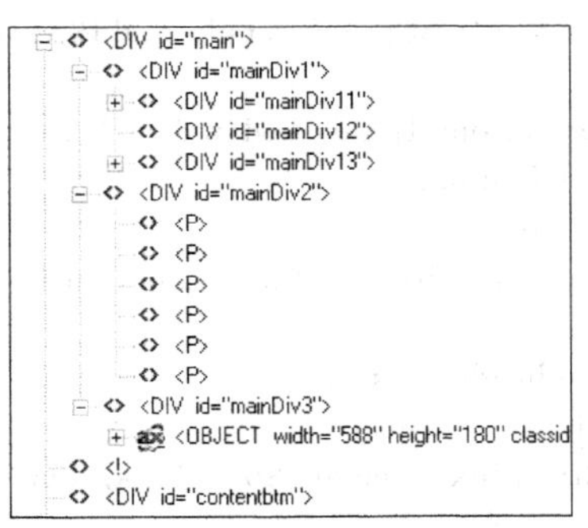

图 9-19　子页右边结构图

结构图中有部分内容为 Flash 属性代码，故没有截图。

小技巧：span 不能设置背景图。

```
<div id="main2">
  <div></div><div></div> <div></div>
</div>
```

在Word工具里同一段落文字间的垂直距离是使用“行距”，而在网页设计中则使用CSS属性line-height，如上述例子line-height:20px;。

```
<div id="main3">
<div></div><div></div><div></div>
</div>
<!--第四对用于存放底边背景图的div -->
    <div id="contentbtm"></div>
    </div>
```

因为模板moban.dwt连接的样式文件是moban.css，所以添加控制代码直接打开moban.css文件就可以进行编辑，但是为了方便读者学习，直接在这个文件上添加内联样式以修饰网页下部分内容。

gywm.html文件的代码如下：

```
<style type="text/css">
#leftDiv{ width:230px;}
#TopDiv{ line-height:8px; float:left;}
    #TopDiv1{float:left;}
    #TopDiv2{width:212px; height:8px; background:url(image/gywm/lefttop2.gif) repeat-x;
float:left;}
    #TopDiv3{float:right;}
#MidDiv{ clear:both;}
    #MidDiv1{ height:408px; width:8px; float:left; background: url(image/gywm/leftmid1.
gif);}
    #MidDiv2{ height:408px; width:212px; float:left; text-align:center;}
      #Mid1{ margin-top:32px;}
      #Mid2{ background:url(image/gywm/Mid2.gif) no-repeat 12px 0px; margin-top:32px;
height:140px;}
        #phoneP{ color:#003366; font-family:"黑体"; font-size:14px; font-weight:bold;
margin-bottom:-3px;}
          #spanP{ border-bottom:1px dashed #666666;}
          .spanS{ margin-left:46px;}
      #Mid3{ margin-top:32px;}
    #MidDiv3{ height:408px; width:8px; float:right; background: url(image/gywm/leftmid3.
gif);}
#BottomDiv{ clear:both;line-height:8px; }
    #BottomDiv1{ float:left; }
    #BottomDiv2{ width:212px; height:8px; background:url(image/gywm/leftbtm2.gif)
repeat-x; float:left; }
    #BottomDiv3{ float:right;}
#mainDiv1{}
    #mainDiv11{ float:left;}
    #mainDiv12{ background:url(image/gywm/maintopbg.gif) repeat-x; width:402px; height:
37px; float:left;}
    #mainDiv13{ float:left;}
#mainDiv2{ margin-top:60px;}
    #mainDiv2 p{ text-indent:26px; color:#333333; font-size:14px; text-align:left; margin-
bottom:-10px; line-height:20px;}
```

```
#mainDiv3{ margin-top:6px;}
</style>
```

9.2.2 "产品展示"子页制作

"产品展示"子页可编辑部分左边内容与"关于我们"子页制作方法相同，因此在这里只讲述不相同的部分制作方法，即网页右边的内容，也就是产品展示部分。效果图如图 9-20 所示。

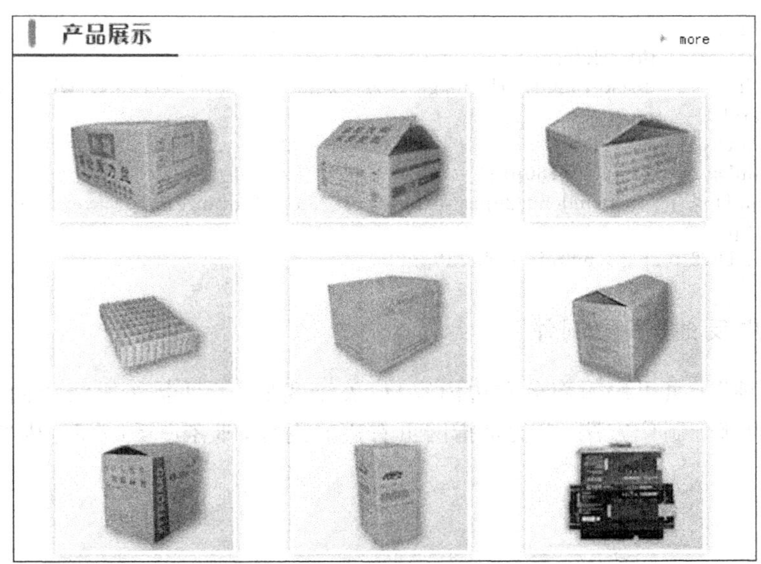

图 9-20　"产品展示"子页可编辑部分内容效果图

预览网页，启动 IE8 插件可以看到其网页结构如图 9-21 所示。

```
<DIV id="main">
  <DIV id="mainDiv1">
    <DIV id="mainDiv11">
    <DIV id="mainDiv12">
    <DIV id="mainDiv13">
  <DIV id="mainDiv2">
    <P>
      <SPAN>
      <SPAN>
      <SPAN>
    <P>
    <P>
```

图 9-21　"产品展示"子页可编辑部分内容结构图

该子页部分内容依然沿用"关于我们"子页内容 div 的名称，比如 mainDiv1 和 mainDiv2 等名字，另外 mainDiv1 栏制作方法与"关于我们"子页内容制作相同，只是把小图片换成"产品展示"小图片而已。

不相同的地方就是 mainDiv2 栏，这里有 3 对 p 标签，并各有其子辈，因为制作相同，所以只展示第一对 P 标签的子辈内容。mainDiv2 栏制作步骤如下。

（1）把产品小图片存放在站点下的 cpzs 文件夹里。

（2）设计 mainDiv2 栏里的子辈内容，添加 3 对 p 标签，并且各自里再添加 3 对 span 标签。

（3）分别在每对 span 标签里插入小图片，插好后代码如下：

```
<div id="mainDiv2">
        <p><span><img src="image/cpzs/zp1.jpg" /></span>
              <span><img src="image/cpzs/zp2.jpg" /></span>
```

```
            <span><img src="image/cpzs/zp3.jpg" /></span></p>
    <p><span><img src="image/cpzs/zp4.jpg" /></span>
          <span><img src="image/cpzs/zp5.jpg" /></span>
            <span><img src="image/cpzs/zp6.jpg" /></span></p>
    <p><span><img src="image/cpzs/zp7.jpg" /></span>
          <span><img src="image/cpzs/zp8.jpg" /></span>
            <span><img src="image/cpzs/zp9.jpg" /></span></p>
</div>
```

(4) CSS样式修饰代码如下：

```
#mainDiv1{}
    #mainDiv11{ float:left;}
    #mainDiv12{ background:url(image/cpzs/maintopbg.gif) repeat-x; width:402px; height:37px; float:left;}
    #mainDiv13{ float:left;}
    #mainDiv2{ margin-top:60px;}
    #mainDiv2 p{ text-indent:26px; color:#333333; font-size:14px; text-align:left; margin-bottom:-10px;}
    #mainDiv2 p span{ margin-right:20px;}
```

9.2.3 “客户反馈”子页制作

“客户反馈”子页可编辑部分左边内容与“关于我们”子页制作方法相同，因此这里只介绍不相同的部分制作方法，也就是指网页右边的内容，即客户反馈部分内容。效果图如图 9-22 所示。

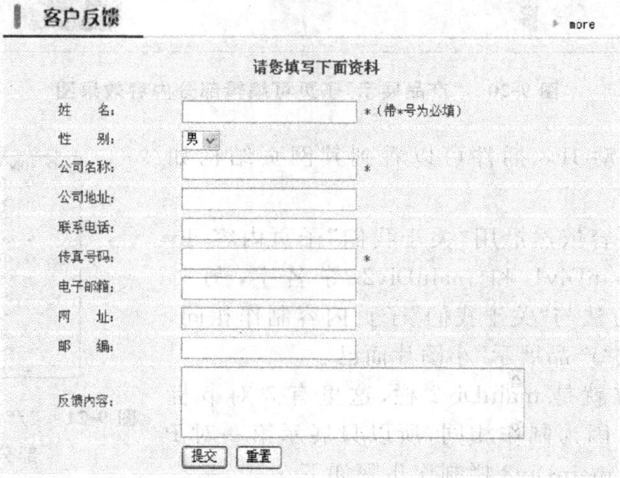

图 9-22 “客户反馈”子页可编辑部分表单效果图

预览网页，启动 IE8 插件可以看到其网页结构如图 9-23 所示。

该子页部分内容依然沿用“关于我们”子页内容 div 的名称，比如 mainDiv1 和 mainDiv2 等，另外 mainDiv1 栏制作方法与“关于我们”子页内容制作相同，只是把小图片换成“客户反馈”小图片而已。

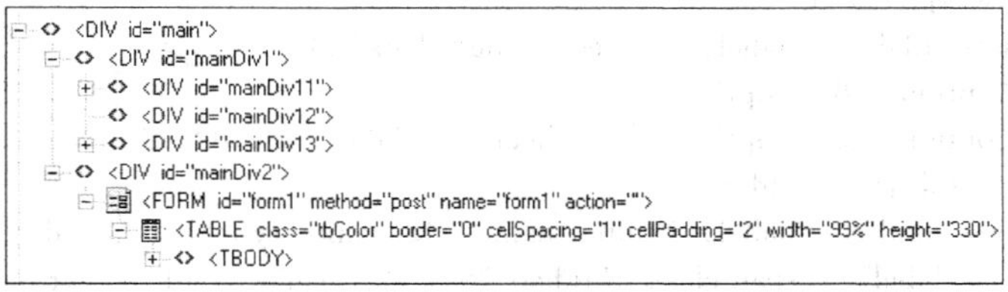

```
<DIV id="main">
  <DIV id="mainDiv1">
    <DIV id="mainDiv11">
    <DIV id="mainDiv12">
    <DIV id="mainDiv13">
  <DIV id="mainDiv2">
    <FORM id="form1" method="post" name="form1" action="">
      <TABLE class="tbColor" border="0" cellSpacing="1" cellPadding="2" width="99%" height="330">
        <TBODY>
```

图 9-23　“客户反馈”子页可编辑部分内容结构图

不相同的地方就是 mainDiv2 栏，它包含有一个表单，表单元素用表格布局，表格共 11 行 2 列，图 9-24 所示为原始表格内容。

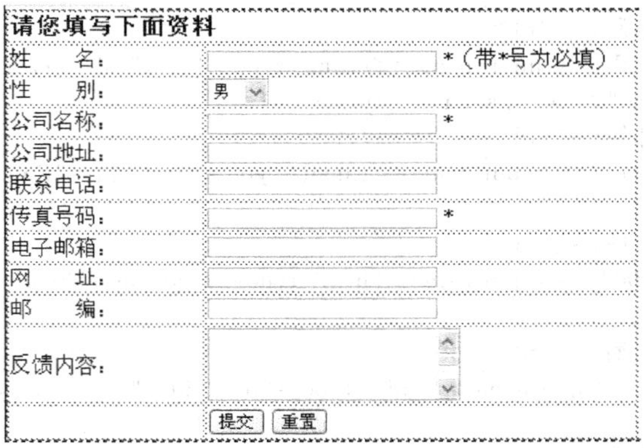

请您填写下面资料	
姓　　名：	* (带*号为必填)
性　　别：	男
公司名称：	*
公司地址：	
联系电话：	
传真号码：	*
电子邮箱：	
网　　址：	
邮　　编：	
反馈内容：	
	提交　重置

图 9-24　用于存放客户反馈内容的表格效果图

mainDiv2 栏制作步骤如下。

(1) 把产品小图片存放在站点下的 khfk 文件夹里；

(2) 设计 mainDiv2 栏里的子辈内容，添加一个表单，在其里面添加一个 11 行 2 列的表格，然后在每个单元格里加入相应的表单元素。添加后代码如下：

```
<!--第三对用于存放右边网页内容的 div -->
<div id="main">
<div id="mainDiv1">
<div id="mainDiv11"><img src="image/khfk/maintop1.gif" /></div>
<div id="mainDiv12"> </div>
<div id="mainDiv13"><img src="image/khfk/maintop2.gif" /></div>
</div>
<div id="mainDiv2">
<form id="form1" name="form1" method="post" action="">
<table width="99%" height="330" border="0" cellpadding="2" cellspacing="1" class="
tbColor">
<tr><td colspan="2"><h3>请您填写下面资料</h3></td></tr>
<tr><td width="131">姓 名: </td>
    <td width="313" class="tdal"><label><input name="name" type="text" id="name"
class="formtext" /></label> <span class="fuhao"> * </span>(带 * 号为必填)</td>
</tr>
```

```
<tr><td>性 别: </td>
    <td class="tdal"><label><select name="sex" id="sex">
          <option>男</option>
          <option>女</option> </select></label></td></tr>
<tr><td>公司名称: </td>
    <td class="tdal"><label><input name="gsname" type="text" id="gsname2" class="
formtext" /></label><span class="fuhao"> * </span></td></tr>
<tr><td>公司地址: </td>
    <td class="tdal"><input name="address" type="text" id="address" class="formtext"/>
</td></tr>
<tr><td>联系电话: </td>
    <td class="tdal"><input name="phone" type="text" id="phone" class="formtext" /></
td></tr>
<tr><td>传真号码: </td>
    <td class="tdal"><input name="czhm" type="text" id="czhm" class="formtext" />
<span class="fuhao"> * </span></td></tr>
<tr><td>电子邮箱: </td>
    <td class="tdal"><input name="Email" type="text" id="Email" class="formtext" />
</td></tr>
<tr><td>网　　址: </td>
    <td class="tdal"><input name="http" type="text" id="http" class="formtext" /></
td></tr>
<tr><td>邮　　编: </td>
<td class="tdal"><input name="code" type="text" id="code" class="formtext" /></td>
</tr>
<tr><td>反馈内容: </td>
    <td class="tdal"><textarea name="content" rows="4" id="content" class="
formtextArea"></textarea></td></tr>
<tr><td></td>
<td class="tdal"><input type="submit" name="Submit" value="提交" />
<label><input type="reset" name="Submit2" value="重置" /></label></td></tr>
</table></form></div>
</div>
```

(3) CSS样式修饰代码如下:

```
#mainDiv1{}
    #mainDiv11{ float:left;}
    #mainDiv12{ background:url(image/khfk/maintopbg.gif) repeat-x; width:402px; height:
37px; float:left;}
    #mainDiv13{ float:left;}
#mainDiv2{ margin-top:10px; clear:left;}
.tbColor{ background-color:#efefef; height:340px;                    /*修饰表格属性*/}
.tbColor tr td{border:1px solid #FFFFFF; color:#333333;
                                                       /*修饰单元格的属性,直接调用*/}
.tbColor tr .tdal{ text-align:left;           /*修饰按钮的对齐方式*/
}
.formtext{ width:170px;                       /*修饰单行文本域宽度*/
}
.formtextArea{ width:340px;                   /*修饰多行文本域宽度*/
```

```
}
.fuhao{ color:#FF0000;                    /*修饰"*"号的页面颜色*/
}
```

小技巧：使用CSS修饰表单元素时，不要创建ID样式，创建CLASS样式或者用html标签直接套用均可以，因为ID往往用于表单在数据交换时作为传递数据参数之用。

任务9.3　了解网页换肤术

换肤就是更换皮肤的意思，这里的皮肤就是指网页的外观(或样式)，所谓换肤就是指用户能够根据个人喜好自定义外观或显示样式。企业为了吸引更多眼球以收到更大的利益，通常每隔一年就更换网站风格。上网时不难发现相同的网站经常在更换其风格等。换肤已成为一种消费时尚，人们日常生活中使用的QQ在不断换肤，手机、电器等电子产品也不断创新，所以不管是数码电子还是网页设计，换肤术都备受设计师和消费者的青睐。在网页设计中，换肤实现的原理可以简单概括为：先定义多套样式(这些样式被保存在不同的CSS文件中)，然后在页面中提供一个交互接口，供用户进行选择，最后由JavaScript脚本或后台程序等方法根据用户的选择导入相应的样式表文件并重新呈现页面显示效果。

本书项目八中的网站首页效果图8-1和实训网页效果图8-45都是网站首页效果图，在网页主题和内容都不改变的情况下，可以改变整个网页架构、风格(包含图片、动画等)、色彩等，这就是换肤术，只要想到就能做到，而且可以变化万千、无穷无尽。

项目十

网页特效制作

Project 10

在进行网站设计与制作时，为了让网站更有吸引力或更具可读性，通常需要在网页里添加网页特效。网页特效通常是指网页中的动感部分内容，但又不是动画，它是通过编写一些小程序来实现的。

学习目标

(1) 理解网页特效的概念及其在网页制作中的特殊意义。

(2) 了解 JS、CSS 与特效的关系。

(3) 掌握多种网页特效的制作方法。

技能目标

(1) 编写 JS 文件及其在网页中的添加位置。

(2) 运用 JS、CSS 共同完成网页特效制作。

(3) 掌握常见网页特效的设计与制作。

任务 10.1　了解 JS、CSS 与特效

1. JS、CSS 与特效

JS 就是 JavaScript，JS 与 CSS 都可以直接在浏览器客户端解释并执行脚本语言。一般认为 CSS 是静态的样式设定，而 JavaScript 是动态地实现各种功能，因而网页制作中通过这三者的有机结合，可以实现很多令人意想不到的特效。例如本例中"二级导航条"，通过 CSS 设置了鼠标经过不同对象时的样式，而 JavaScript 则是动态地判断鼠标指针的位置，从而调用不同的 CSS 样式。

2. JS 格式

在网页中嵌入 JavaScript 使用的是成对的标记：<Script></Script>，即在网页的<head></head>之间或者在<body></body>之间加入 JavaScript 代码。格式如下：

```
<Script Language="JavaScript" type="text/JavaScript">
<!--
JavaScript 代码编写
```

```
//-- >
</Script>
```

上述代码包括以下两部分。

(1) <Script>标识，即成对出现的<Script></Script>，用来通知解释器，脚本加入在此标识之中。

(2) Language 属性，用来说明在标识之中是脚本语言；type 属性说明脚本类型。为了适应不同浏览器，两种属性可以同时使用，也可以只使用其中一种。

(3) <! --和//-- >是 HTML 注释标签，用于兼容老版本的浏览器。

3. 在网页中插入 JS 代码及其位置

插入 JavaScript 到网页的方式有以下 3 种。

(1) 用<script></script>标签将 JavaScritpt 直接插入文档。大部分含有 Javascript 的网页都采用这种方法。

插入位置：JavaScript 脚本可以放在网页的 head 或者 body 部分，而且效果也不相同。

放在 body 部分的 JavaScript 脚本主要用于动态效果的具体实现或控制，在网页读取到该语句的时候就会执行，例如下面例子，预览效果时网页显示：在 body 插入 JavaScript!

```
<html>
<body>
<script type="text/JavaScript">
<!--
document.write("在 body 插入 JavaScript!");
//-->
</script></body>
```

放在 head 部分的脚本可以在网页或其他代码之前进行装载，一般用于对象的创建和函数的定义，在被调用的时候才会执行。

(2) 直接嵌入到 HTML 标签中，这是最常用的方法。当 JavaScript 语句较少时，可以直接将代码嵌入到 HTML 标签中。如：

```
<a href="javascript:history.go(-1);">上一步</a><a href="javascript:history.go(1);">
下一步</a>
```

(3) 将 JavaScript 源文件链接到 HTML 文档。如果已经存在一个 JavaScript 源文件(以.js 为扩展名)，则可以采用这种引用的方式，以提高程序代码的利用率。其基本格式如下：

```
<script src=url language="Javascript"></script>
```

其中的 URL 就是程序文件的地址。同样地，这样的语句可以放在 HTML 文档头部或主体的任何部分。如果要实现"直接插入方式"中所举例子的效果，可以首先创建一个 JavaScript 源代码文件，例如：将显示时间例子 time.html 文件的后缀名改变，变成 time.js 文件，打开 time.js 文件，在代码部分把一对<script>标签和它以外的代码去掉(见下面代码)，在网页中便可调用该文件：

```
<script src="time.js" language="JavaScript"></script>.
```

下面代码就是已经去掉一对<script>标签的显示时间实例：

```
<!--
var isnMonth = new
Array("1月","2月","3月","4月","5月","6月","7月","8月","9月","10月","11月","12
月");
var isnDay = new
Array("星期日","星期一","星期二","星期三","星期四","星期五","星期六","星期日");
today = new Date () ;
Year=today.getYear();
Date=today.getDate();
if (document.all)
document.write("今天是: "+Year+"年"+isnMonth[today.getMonth()]+Date+"日"+isnDay
[today.getDay()])
//-->
```

如果很多网页都需要包含一段相同的代码，那么将这些代码写入一个外部JavaScript文件是最好的方法。此后，任何一个需要该功能的网页，只需要引入这个JS文件就可以了。

注意：脚本文件里不能再含有<script></script>标签。

4. JavaScript语言函数调用位置

JavaScript语言函数调用位置通常有以下几种情况。

(1) 直接在页面加载时调用<body onload=openwindows()>，即浏览器读页面时弹出窗口，见如下代码。下面是一个完整的代码：

```
<html><head>
<script language=javascript>
<!--
function openwindows () {
window.open ('page.html', height=100, width=400, toolbar='no', menubar='no',
scrollbars='no', resizable='no', status='no');
//写成一行 }
//-->
</script></head>
<body onload=openwindows ()>
  页面加载
</body></html>
```

这里定义了一个函数openwindows()就是这种情况。

(2) 可以在函数里调用函数，如以下代码中特效函数turnPage()里又调用了showPage()函数等。

```
function turnPage(){
        showPage(page);
        theTimer=setTimeout("turnPage()", speed);
        checkBt();
        page++;
        if(page>=6) page=0;}
```

(3) 当 JavaScript 语句较少时，可以直接将代码嵌入到 HTML 标签中，如本特效广告图片自动轮换中的函数调用代码：onClick="javascript:showPage(0)等。

5. JavaScript 语言函数调用注意事项

JavaScript 语言调用函数时要注意两大问题。

(1) 函数委托的时候不需要括号，给定一个函数名就可以，JavaScript 中的函数名事实上也是一个变量，它是一个特殊的变量，用以存储函数的类型，但不属于基本数据类型。

(2) 表示当对象的事件触发时由函数来处理，后面有括号的是执行函数体本身，所以需要带括号。如本特效广告图片自动切换中的 showPage()函数，这个函数代码如下：

```
function showPage(id){
    page=id;
    setTransition();
    Content.innerHTML=btStr[id];
    Content.filters.revealTrans.play();
}
```

当然，在这个特效里所有的函数调用都是这种情况。

任务 10.2　图片无缝连续滚动特效制作

广告是网站最吸引眼球的地方，把广告制作得有特色、漂亮，目的就是引起更多人注意，从而为网站的盈利提供更好的条件。图片无缝连续滚动特效无疑是制作广告最好的表现形式之一。

JavaScript 是一种基于事件触发的脚本语言，在设计网页特效时可以将事件、DIV+CSS 和 JavaScript 有机地结合起来，制作出精美、灵活、充满动感的网页特效。本任务制作的无缝滚动效果如图 10-1 所示。

图 10-1　图片无缝连续滚动效果图

制作步骤如下。

(1) 收集整理几张同样大小的图片，根据需要，本例准备了 7 张统一大小为宽 124 像素、高 70 像素的小图片。

(2) 把这些图片存放在网站 img 文件夹里备用。

(3) 新建特效文件 wfgd.html,在<body></body>之间搭建文件架构、编写代码和插入图片,完成后代码如下:

```
<div id="demo">
  <div id="indemo">
    <div id="demo1">
      <a href="#" ><img src="img/mx1.jpg" name="Image1" width="124" height="70"
border="0" id="Image1" /></a>
      <a href="#" ><img src="img/mx2.jpg" name="Image2" width="124" height="70"
border="0" id="Image2" /></a>
      <a href="#" ><img src="img/mx3.jpg" name="Image3" width="124" height="70"
border="0" id="Image3" /></a>
      <a href="#"><img src="img/mx4.jpg" name="Image4" width="124" height="70"
border="0" id="Image4" /></a>
      <a href="#" ><img src="img/mx5.jpg" name="Image5" width="124" height="70"
border="0" id="Image5" /></a>
      <a href="#" ><img src="img/mx6.jpg" name="Image6" width="124" height="70"
border="0" id="Image6" /></a>
      <a href="#" ><img src="img/mx7.jpg" name="Image7" width="124" height="70"
border="0" id="Image7" /></a>
      <a href="#" ><img src="img/mx8.jpg" name="Image8" width="124" height="70"
border="0" id="Image8" /></a>
      <a href="#" ><img src="img/mx9.jpg" name="Image9" width="124" height="70"
border="0" id="Image9" /></a></div>
    <div id="demo2"></div>
  </div></div>
```

切换到设计视图,可以看到如图 10-2 所示的效果。

图 10-2 无缝连续滚动图片原始文件效果图

(4) 新建 CSS 样式文件 wfgd.css 并且链接到 wfgd.html 文件里,代码如下:

```
<link href="css/wfgd.css" rel="stylesheet" type="text/css" />
```

(5) 编写 wfgd.css 样式文件,用于控制图片滚动范围和图片排列方式等,代码如下:

```
@charset "utf-8";
/* CSS Document */
body{ margin-top:6px;}
#demo {background: #FFF;overflow:hidden;border: 0px dashed #CCC;width:1350px;}
#demo img {border: 3px solid #F2F2F2;}
#indemo {float: left;width:200%;}
#demo1 {float: left;}
```

```
#demo2 {float: left;}
```

(6) 回到 wfgd.html 文件，切换到代码视图，在最后一个结束标签</div>处添加 JavaScript 代码，这些代码用于控制图片无缝滚动效果，代码如下：

```
<script><!--
        var speed=1; //数字越大速度越慢
        var tab=document.getElementById("demo");
        var tab1=document.getElementById("demo1");
        var tab2=document.getElementById("demo2");
        tab2.innerHTML=tab1.innerHTML;
        function Marquee(){
        if(tab2.offsetWidth-tab.scrollLeft<=0)
        tab.scrollLeft-=tab1.offsetWidth
        else{
        tab.scrollLeft=tab.scrollLeft+1;
        }}
        var MyMar=setInterval(Marquee,speed);
        tab.onmouseover=function() {clearInterval(MyMar)};
        tab.onmouseout=function() {MyMar=setInterval(Marquee,speed)};
        -->
</script>
```

(7) 添加事件代码，当鼠标经过和离开滚动着的图片时，整个滚动停止或重新开始滚动，因此，事件代码应添加在图片的超级链接处。完成后代码如下：

```
<a href="#" onmouseout="MM_swapImgRestore()" onmouseover="MM_swapImage('Image1
','','img/mx1.jpg',1)" ><img src="img/mx1.jpg" name="Image1" width="124" height=
"69" border="0" id="Image1" /></a>
<a href="#" onmouseout="MM_swapImgRestore()" onmouseover="MM_swapImage('Image2
','','img/mx2.jpg',1)" ><img src="img/mx2.jpg" name="Image2" width="124" height=
"69" border="0" id="Image2" /></a>
<a href="#" onmouseout="MM_swapImgRestore()" onmouseover="MM_swapImage('Image3
','','img/mx3.jpg',1)" ><img src="img/mx3.jpg" name="Image3" width="124" height=
"69" border="0" id="Image3" /></a>
<a href="#" onmouseout="MM_swapImgRestore()" onmouseover="MM_swapImage('Image4
','','img/mx4.jpg',1)" ><img src="img/mx4.jpg" name="Image4" width="124" height=
"69" border="0" id="Image4" /></a>
<a href="#" onmouseout="MM_swapImgRestore()" onmouseover="MM_swapImage('Image5
','','img/mx5.jpg',1)" ><img src="img/mx5.jpg" name="Image5" width="124" height=
"69" border="0" id="Image5" /></a>
<a href="#" onmouseout="MM_swapImgRestore()" onmouseover="MM_swapImage('Image6
','','img/mx6.jpg',1)" ><img src="img/mx6.jpg" name="Image6" width="124" height=
"69" border="0" id="Image6" /></a>
<a href="#" onmouseout="MM_swapImgRestore()" onmouseover="MM_swapImage('Image7
','','img/mx7.jpg',1)" ><img src="img/mx7.jpg" name="Image7" width="124" height=
"69" border="0" id="Image7" /></a>
<a href="#" onmouseout="MM_swapImgRestore()" onmouseover="MM_swapImage('Image8
','','img/mx8.jpg',1)" ><img src="img/mx8.jpg" name="Image8" width="124" height=
"69" border="0" id="Image8" /></a>
```

```
<a href="#" onmouseout="MM_swapImgRestore()" onmouseover="MM_swapImage('Image9
','','img/mx9.jpg',1)" ><img src="img/mx9.jpg" name="Image9" width="124" height=
"69" border="0" id="Image9" /></a>
```

预览效果，完成制作。值得注意的是：DIV 的 ID 名一定不能乱改动，因为这些名字是跟 JavaScript 代码想一致的。

任务 10.3　图片局部放大镜特效制作

图片局部放大镜效果就是指鼠标经过某一图片时，图片的局部区域(事先设置好的范围)就会按设定放大。这是淘宝网上很热的一种特效，客户通过网络寻找自己的“猎物”，如服饰时，如果需要进一步清晰了解服饰的材质、颜色等，可以把鼠标放置在图片上方，就像放大镜一样，鼠标经过的地方出现局部图片放大效果，并随着鼠标拖动，放大的区域不断变化。

本特效依然使用 CSS+DIV 和 JavaScript，通过三者的灵活运用达到所需要的效果。

特效效果如图 10-3 所示。

图 10-3　图片局部放大特效

特效制作步骤如下。

(1) 在站点里新建 imgpartzoom.html，文件结构如下：

```
<body>
<div class="zoomPan" id="zoomPan"><img src="images/src.jpg"/>
    <div id="zoom" class="sh"><img src="images/fd.jpg"/></div>
</div></body>
```

其中最大的 div 插入原始图片，这张原始图片宽 330 像素、高 200 像素，最大的 div 里套用了一个用以修饰、控制 div 和图片的类 zoomPan 和 IDzoomPan，里面的 div 插入了一个较大的图片，这张图片是上面图片的放大图，宽 553 像素、高 322 像素，当鼠标经过上面原始图片时，出现类似于放大镜的效果。div 里也套用了一个用以修饰、控制 div 和图片的类 sh 和 IDzoom。

切换到设计视图，可见如图 10-4 所示的效果。

图 10-4　原始图片与放大图片在设计视图下的效果图 1

（2）编写 CSS 代码，当代码编写以下内容时，出现如图 10-5 所示的效果：

```
/ * 设置最大 div 属性 * /
.zoomPan{width:330px;position:relative;left:200px; }
/ * 设置里面 div 属性-放大区域部分 * /
.sh{zoom:1;background:#eee;
    filter:progid:DXImageTransform.Microsoft.dropShadow(color='#54000000', OffX=2,
OffY=2);
    -webkit-box-shadow:4px 4px 4px #666;          / * 阴影效果 * /
    -moz-box-shadow:4px 4px 4px #666;}             / * 阴影效果 * /
/ * 同样设置里面 div 属性-放大区域部分 * /
#zoom{position:absolute; left:-150px;top:20px;width:130px;height:130px;
    border:3px solid #fff;overflow:hidden;background:#F00;}
#zoom img{position:relative;}
```

其中-webkit-box-shadow:4px 4px 4px #666;是阴影效果，前两个属性设置阴影的 X/Y 位移，第三个属性定义阴影的虚化程度，最后一个设置阴影的颜色。这是浏览器 Safari 和 Chrome 支持的-webkit-box-shadow 属性。而-moz-box-shadow:4px 4px 4px #666;}也是阴影效果。是浏览器 Firefox 支持的-moz-box-shadow 属性。

（3）编写 JavaScript 代码。

在最后一个</div>后面编写代码，代码具有以下功能：①拖动用于放大图片区域

图 10-5　设置两张图片的属性预览效果图

的 div；②放大图片。

代码如下：

```
<script type="text/javascript">
function zoomBox() {this.index.apply(this, arguments)}
zoomBox.prototype = {
    index: function(win,zoom) {
        var win=document.getElementById(win);
        var box=document.getElementById(zoom);
        var img=box.getElementsByTagName('IMG')[0];
        var zoom=img.width/win.getElementsByTagName('IMG')[0].width;
        var z=Math.round(box.offsetWidth/2);
        win.onmousemove=function (e){
            e = e || window.event;
            var x=e.clientX, y=e.clientY, ori=win.getBoundingClientRect();
            if (x>ori.right+20||y>ori.bottom+20||x<ori.left-20||y<ori.top-20) box.
style.display='none';
            x-=ori.left;
            y-=ori.top;
            box.style.left=x-z+'px';
            box.style.top=y-z+'px';
            img.style.left=-x*zoom+z+'px';
            img.style.top=-y*zoom+z+'px';}
        win.onmouseover=function (){box.style.display=''}}};
window.onload=function (){
    x=new zoomBox('zoomPan', 'zoom')}
</script>
```

预览效果，完成制作。

任务 10.4　淘宝图片局部放大特效制作

本特效为目前最广泛应用于类似淘宝网这样的网店的又一种图片特效，如果客户需要进一步了解物品的材质和形状等，可以通过在物品上拖动鼠标，从而在其右边或者下面等方位对物品局部区域进行放大观看。该特效跟上述特效相似，只是放大方向不同，尽管如此，两者在做法上却有很大区别。本特效依然使用 CSS+DIV 和 JavaScript，通过三者的灵活运用达到所需要的效果，特效效果如图 10-6 所示。

图 10-6 淘宝图片局部放大特效图

特效制作步骤如下。

(1) 在站点里新建 imgpartfd.html，文件结构如下：

```
<body>
  <div> <div class="mod_zoom">
          <div class="p1" id="p1">
            <img src="s1.jpg" id="z1" />
            <span class="mask" id="m"></span>
            <span class="ph" id="eventproxy"></span></div>
          <div class="p2" id="p2">
            <img src="d1.jpg" class="img" id="z2" /></div>
  </div> </div></body>
```

其中在类名为"mod_zoom"的 div 里插入原始图片，这张原始图片宽 313 像素、高 310 像素，还插入了用于设置放大镜大小等属性的<span></span>；div 里套用了一个用以修饰、控制 div 和图片的类"p1"和 ID"p1"。

在类名为"p2"的 div 里插入了一个较大的图片，这张图片是图片的放大图，宽 626 像素、高 620 像素，当鼠标经过原始图片时，出现的放大图在右边 div 里出现。切换到设计视图，这时可见如图 10-7 所示的效果。

(2) 编写 CSS 代码，代码如下：

```
<style>
img{ vertical-align:bottom;}
.mod_zoom{ overflow:hidden; zoom:1;}
/*存放原始图片的 div 属性设置*/
.mod_zoom .p1 { float:left; position:relative; height:310px; width:313px; margin-right:5px; }
/*放大镜属性设置*/
.mod_zoom .p1 .mask{ position:absolute; left:0; top:0; width:160px; height:160px;
                     background-color:#fede4f; opacity:0.3; filter: alpha(opacity=30); }
/*放大区域 div 属性设置*/
.mod_zoom .p2{ position:relative; width:313px; height:313px; overflow:hidden; display:none}
.mod_zoom .p2 .img{ position:absolute; left:0px; top:0px;}
</style>
```

图 10-7　原始图片与放大图片在设计视图下的效果图 2

这时预览效果如图 10-8 所示。

图 10-8　添加 CSS 代码后的效果图

这时看到的是右边用于放大局部图片的初始效果图,初始状态下就是放大显示左上角区域图片效果。

(3) 编写 JavaScript 代码,代码如下:

```
<script>
function PhotoZoomer(elements){
this.mask = elements.mask;                    //蒙版
this.container = elements.container          //原图容器
this.originimg = elements.originimg;         //原图
this.eventproxy = elements.eventproxy;
this.bigContainer = elements.bigContainer;   //大图容器
this.bigimg = elements.bigimg;               //大图
this.visible = false;
this._bind();
}
PhotoZoomer.prototype = {
display: function(style){
var self = this;
self.mask.style.display = style;
self.bigContainer.style.display = style;
},
//计算放大蒙版位置
zoom: function(clientX, clientY){
var self = this,
//位置比例
rate = {},
//放大蒙版最大活动范围
maxrange = {
offsetLeft: self.container.offsetWidth - self.mask.offsetWidth,
offsetTop: self.container.offsetHeight - self.mask.offsetHeight
},
//mask left
left = clientX - self.container.offsetLeft - self.mask.offsetWidth/2,
//mask top
top = clientY - self.container.offsetTop - self.mask.offsetHeight/2;
if(left < 0) {
left = 0;
}else if(left> maxrange.offsetLeft) {
left = maxrange.offsetLeft;
}
if(top < 0) {
top = 0;
}else if(top > maxrange.offsetTop){
top = maxrange.offsetTop;
}
//alert(maxrange.offsetTop);
rate.left = left / maxrange.offsetLeft;
rate.top = top / maxrange.offsetTop;
self.mask.style.left = left + 'px';
self.mask.style.top = top + 'px';
```

```
self.bigimg.style.left = -rate.left * (self.bigimg.offsetWidth - self.bigContainer.offsetWidth)
+ "px";
self.bigimg.style.top = -rate.top * (self.bigimg.offsetHeight - self.bigContainer.offsetHeight)
+ "px";
},
_bind: function(){
var self = this;
self.container.onmouseover = function(e){
e = e || window.event;
var target = e.targe || e.srcElement;
self.display("block");
this.visible = true;
};
self.container.onmouseout = function(e){
e = e || window.event;
var target = e.targe || e.srcElement;
self.display("none");
this.visible = false; };
self.container.onmousemove = function(e){
e = e || window.event;
if(!this.visible )return;                          //防止元素大小计算错误
self.zoom(e.clientX, e.clientY);
}; } };
function get(id){
return document.getElementById(id) }
var elements = {
mask: get("m"),
container: get("p1"),
originimg: get("z1"),
bigContainer: get("p2"),
bigimg: get("z2"),
eventproxy: get("eventproxy") };
var zoomer = new PhotoZoomer(elements);
// alert(elements.container.offsetParent.tagName)
</script>
```

完成制作后，预览效果，这时移动鼠标时，鼠标显示的是设定160×160蒙版大小的区域，移动鼠标，局部图片就会在右边放大。

任务 10.5 整张图片放大特效制作

整张图片放大效果也是网购网站上经常使用的特效，由于网页页面大小有限，许多图片要展示在网页上供客户选择，最好的办法就是把图片缩小，以最小的空间存放最多的图片。但是，图片一旦缩小又会给客户的浏览带来不便，因此为了方便客户、让客户既快又直接地浏览到清晰的图片，就需要制作与上述放大图片不相同的效果，将整张图片进行放大特效制作，效果如图 10-9 所示。

图 10-9 整张图片放大特效图

特效制作步骤如下。

(1) 在站点里新建 zztpfd. html 文件，文件结构如下：

```
<body><div>
<ul id="zoomin">
    <li><a href="#"><img src="flower1.jpg"></a></li>
    <li><a href="#"><img src="flower2.jpg"></a></li>
    <li><a href="#"><img src="flower3.jpg"></a></li>
    <li><a href="#"><img src="flower4.jpg"></a></li>
    </ul>
</div></body>
```

代码中，利用列表插入图片，然后分别给每张图片设置超链接，切换到设计视图，这时可以看到列表里的图片竖直排列。

(2) 编写 CSS 代码。CSS 样式用于定位、修饰图片的初始状态和鼠标经过状态，同上面的例子一样对于图片的定位和显示至关重要，在这个文件里主要做如下设置：设置用于图片的页边距、填充、边框等大小；设置图片的定位、超链接以及鼠标经过显示等属性，具体代码如下：

```
/* CSS Document */
/* 设置项目列表的属性 */
#zoom{ padding:0; margin:50px auto; list-style-type:none; width:600px; height:180px;}

/* 设置列表项的属性 */
#zoom li {position:relative;display:block; float:left; margin-right:20px;
          width:80px; height:90px; }
/* 设置列表项超链接的属性 */
#zoom li a {position:relative;display:block;width:80px;
            height:90px;background:transparent;}

/* 设置列表项图片超链接的属性 */
#zoom li a img {width:100%; height:100%; border:10px solid #999999;}

/* 设置列表项鼠标经过时的属性 */
#zoom li a:hover {z-index: 1; position:absolute; left:-30px; top:-30px;
                  width:160px; height:180px;border:0px;}
```

完成制作后可以预览效果，当鼠标经过任意图片，整张图片就会按设置放大。

任务 10.6　幻灯片广告图片自动播放特效制作

幻灯片广告图片自动播放是指通过图片的自动切换清楚地展示各种广告图片，如果访问者要浏览其中的一张，通过单击图片就可以跳转到相应的页面，在该页面除了浏览此图片之外还可以浏览其相关信息。这是一种生动形象的广告形式，效果如图 10-10 所示。

图 10-10　幻灯片广告图片自动播放特效图

特效制作步骤如下。

（1）准备 6 张同样大小的图片，保存在站点下，创建一个网页文件。

（2）文件代码如下：

```
<body><div class="divma">
    <div id="Content"></div>
    <div><ul>
        <li class="lifloat">1</li>
        <li class="lifloat">2</li>
        <li class="lifloat">3</li>
        <li class="lifloat">4</li>
        <li class="lifloat">5</li>
        <li class="lifloat">6</li>
    </ul></div>
</div></body>
```

这时在设计视图下，效果如图 10-11 所示。

- 1
- 2
- 3
- 4
- 5
- 6

图 10-11　在设计视图下效果图

（3）编写 CSS 样式，代码如下：

```
<style type="text/css">
.divma{ width:233px;}
.divsun2{ text-align:right;}
```

```
A:link {COLOR:#930; TEXT-DECORATION: none; font-family:"宋体"; font-size:12px;}
A:active {COLOR:#930; TEXT-DECORATION: none;font-family:"宋体"; font-size:12px;}
A: visited {COLOR: #006699; TEXT-DECORATION: none; font-family:"宋体"; font-size:12px;}
A:hover {COLOR: #666666;font-family:"宋体"; font-size:12px;}
ul{ list-style-type:none; margin-top:0px;}
.lifloat{ float:left; width:19px; text-align:center; background-color:#CCF; font-size:13px; text-align:center;}
</style>
```

预览效果如图 10-12 所示。

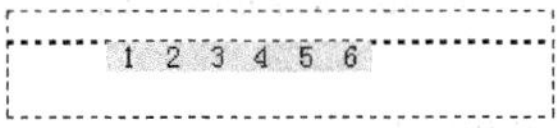

1 2 3 4 5 6

图 10-12 CSS 样式修饰效果图

(4) 编写 JavaScript 代码，在最后一个</div>后面编写如下代码：

```
<script language="javascript">
<!--添加一个用于显示轮换图片内容的数组,数组既包含图片也包含文字的超级链接-->
btStr = new Array();
btStr[0]="<a href=http://www.gdhrss.gov.cn/jxjy target=_blank><img src=Autobg1.jpg width=215px height=145px border=0></a><br>";
btStr[1]="<a href=http://www.isminemall.com target=_blank><img src=Autobg2.jpg width=215px height=145px border=0></a><br>";
btStr[2]="<a href=http://www.4299.com target=_blank><img src=Autobg3.jpg width=215px height=145px border=0></a><br>";
btStr[3]="<a href=http://www.goshinil.co.kr target=_blank><img src=Autobg4.jpg width=215px height=145px border=0></a><br>";
btStr[4]="<a href=http://www.president.go.kr/kr/index.php target=_blank><img src=Autobg5.jpg width=215px height=145px border=0></a><br>";
btStr[5]="<a href=http://www.iezweb.co.kr target=_blank><img src=Autobg6.jpg width=215px height=145px border=0></a><br>";

<!--添加一个 showPage()函数,这个函数用于显示上述数组内容-->
    var page=0;
    var speed=2000;
    function showPage(id){
        page=id;
        setTransition();
        Content.innerHTML=btStr[id];
        Content.filters.revealTrans.play();
        }
<!--添加一个 turnPage()函数,这个函数用于返回背景图的切换-->
    function turnPage(){
    showPage(page);
    theTimer=setTimeout("turnPage()", speed);
    checkBt();
    page++;
```

```
if(page>=6) page=0;
}
<!--添加一个 checkBt()函数,这个函数用于检查鼠标经过栏目时背景图的切换-->
    function checkBt(){
        for(var i=0;i<6;i++){
        btObj=eval('bt'+i);
    if(page==i){btObj.style.color='#FFFFFF';btObj.style.backgroundColor='#CCCCCC'
;}else{btObj.style.color='#000000';btObj.style.backgroundColor='#F7F7F7';}
            }
        }
<!--添加一个 setTransition(函数,这个函数用于随机背景图的切换 -->
    function setTransition(){Content.filters.revealTrans.Transition=Math.round(Math.random
()*23);
    Content.filters.revealTrans.apply();}

<!--在上述函数添加完成后,接着开始调用 turnPage(0)函数显示第一张内容,是当用户进入页面
时的初始状态 -->
    turnPage();
//--></script>
```

(5) 切回设计视图,给层 ID 为“Content”的 div 的每张图片设置效果(随机效果),添加代码后的结果如下:

```
<div id="Content" style="FILTER: revealTrans(Duration=1, Transition=23); heiht:183px;">
</div>
```

(6) 在设计视图下,在列表<li></li>之间继续添加代码,添加的代码包括:鼠标样式、ID 参数值(如 ID="bt0")和用来完成事件处理的动作,即添加函数调用,完成后如图 10-13 所示。

```
<div class="divsun2" >
  <ul>
    <li class="lifloat" STYLE='cursor:hand' id="bt0" onClick="javascript:showPage(0);checkBt();">1</li>
    <li class="lifloat" STYLE='cursor:hand' id="bt1" onClick="javascript:showPage(1);checkBt();">2</li>
    <li class="lifloat" STYLE='cursor:hand' id="bt2" onClick="javascript:showPage(2);checkBt();">3</li>
    <li class="lifloat" STYLE='cursor:hand' id="bt3" onClick="javascript:showPage(3);checkBt();">4</li>
    <li class="lifloat" STYLE='cursor:hand' id="bt4" onClick="javascript:showPage(4);checkBt();">5</li>
    <li class="lifloat" STYLE='cursor:hand' id="bt5" onClick="javascript:showPage(5);checkBt();">6</li>
  </ul>
</div>
```

图 10-13 设置整个列表光标类型

代码如下:

```
<div class="divsun2" >
<ul>
<li class="lifloat" STYLE='cursor:hand' id="bt0" onClick="javascript:showPage(0);checkBt();">1
</li>
<li class="lifloat" STYLE='cursor:hand' id="bt1" onClick="javascript:showPage(1);checkBt();">2
</li>
<li class="lifloat" STYLE='cursor:hand' id="bt2" onClick="javascript:showPage(2);checkBt();">3
</li>
```

```
<li class="lifloat" STYLE= 'cursor:hand' id="bt3" onClick="javascript:showPage(3);checkBt();">4
</li>
<li class="lifloat" STYLE= 'cursor:hand' id="bt4" onClick="javascript:showPage(4);checkBt();">5
</li>
<li class="lifloat" STYLE= 'cursor:hand' id="bt5" onClick="javascript:showPage(5);checkBt();">6
</li>
</ul></div>
```

其中有6个数字都是按钮，所以必须为其设置光标类型，但这6个数字单击范围太少，所以为了单击操作方便，把光标类型设置到整个单元格更合适，在代码区分别添加统一风格的光标类型代码即可。完成制作后，预览效果。

任务10.7　滚动广告屏特效制作

滚动广告屏在网页设计中应用非常广泛，主要用于一些最新消息的发布，体现一种及时性，使网页生动活泼。滚动广告屏的制作方法多种多样，既可以用 Flash 制作，也可以用 JavaScript+CSS 制作，本任务使用后者。

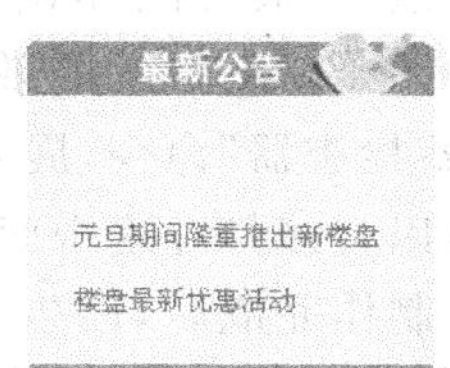

图10-14　滚动广告屏制作效果图

本特效效果如图10-14所示。

特效制作步骤如下。

(1) 新建网页 gd.html，页面代码结构如下：

```
<div id="gundong">
  <div id="gundong1"><img src="indeximg/zxgg1.jpg" width="185" height="28" />
</div>
    <div id="gundong2">
    <marquee>
    <p><a href="#" class="gd">元旦期间隆重推出新楼盘</a></p>
    <p><a href="#" class="gd">楼盘最新优惠活动</a></p></marquee>
     </div>
  <div id="gundong3"><img src="indeximg/zzgg2.jpg" width="185" height="10" />
</div>
</div>
```

从上述代码可以看出，除了代码架构编写外，还要把所需要的滚动内容输入或插入到页面上，并且把所需要编写的样式名称预先设置好，如：<div id="gundong">就是预先给 div 的样式 ID 名 gundong 等。

(2) 编写 CSS 代码。

```
<!--设置滚动屏宽度 -->
#gundong{ width:185px;}

<!--设置滚动屏文字背景宽度和位置宽度 -->
#gundong2{ width:175px; margin-left:5px; background-color:#eeeeee; text-indent:10px;}
<!--设置滚动屏超级链接样式 -->
a.gd:link { font-family: "宋体";font-size: 12px;
```

```
        color: #666666;text-decoration: none;}
a.gd:visited {font-family: "宋体";font-size: 12px;
        color: #FF0000;text-decoration: none;}
a.gd:hover {font-family: "宋体";font-size: 12px;
        color: #CC99CC;text-decoration: none;}
```

(3) 添加滚动属性代码。

```
<marquee direction="up" scrollamount="1" scrolldelay="2" onmouseover="this.stop()" onmouseout="this.start()" height="120">
    <p><a href="#" class="gd">元旦期间隆重推出新楼盘</a></p>
    <p><a href="#" class="gd">楼盘最新优惠活动</a></p>
    </marquee>
```

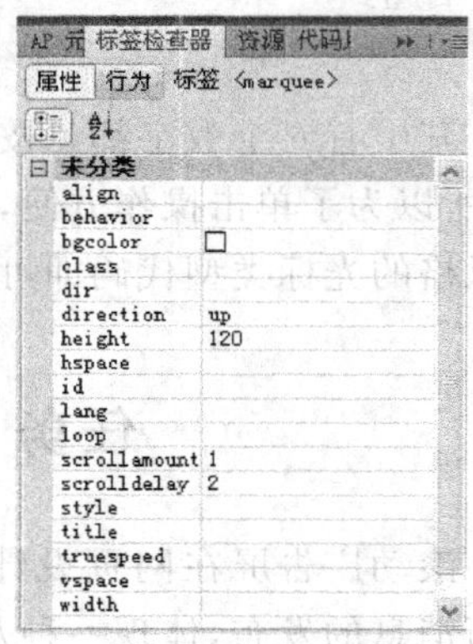

图 10-15 marguee 标签检查器属性面板

这时，展开图 marguee 标签检查器属性面板，可以看到如图 10-15 所示的效果，打开方法为：执行"窗口"→"标签检查器"命令，展开"属性"面板，设置滚动属性参数也可以直接打开这个面板进行设置。

制作完成后，广告屏自下而上滚动，效果如图 10-14 所示。

任务 10.8 内容切换特效制作

标签内容切换特效是现今最流行的网页特效，其最大的特点是可以重叠更多内容，既节省空间又美观漂亮，效果如图 10-16 所示。

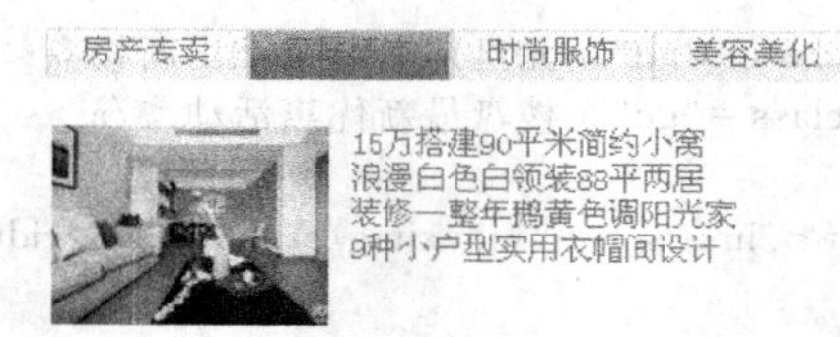

图 10-16 内容切换效果图

操作步骤如下。

(1) 把所需背景小图片复制到站点下，创建一个网页文件。

(2) 在网页里插入一个 2 行 4 列的表格，表格的宽度是 352 像素，高度是 24 像素，分别给第 1 行每列添加背景图，第 1 列的背景图不同于其他列，第 2 列与第 3、4 列均相同，如图 10-17 所示。

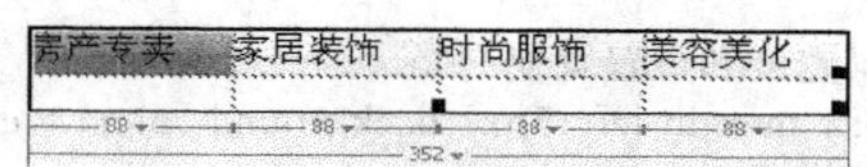

图 10-17 插入表格第 1 行背景图

(3) 设置表格 ID 的值。在代码区分别给第一行每列设置列的 ID 的值，从第 1 列到第 4 列的列 ID 分别为 td0、td1、td2、td3，如图 10-18 所示。

```
<td width="88" align="center" background="bg_1.jpg" id="td0" height="24">校园时讯</td>
<td width="88" align="center" background="bg_2.jpg" id="td1">通知公告</td>
<td width="88" align="center" background="bg_2.jpg" id="td2">教学视窗</td>
<td width="88" align="center" background="bg_2.jpg" id="td3">图片新闻</td>
```

图 10-18　设置第 1 行各列属性

(4) 将第 2 行里 4 个列合并成一个单元格，然后插入一个 1 行 1 列的表格，设置列 ID 的值，id＝tdId(注意：这时插入的虽然是表格，但在设计视图却看不见，完成后如图 10-19 所示)。

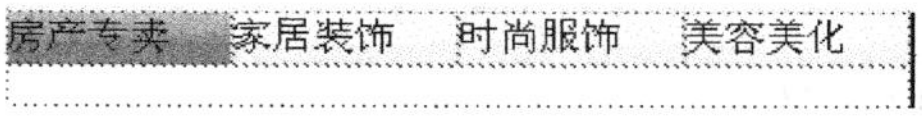

房产专卖　家居装饰　时尚服饰　美容美化

图 10-19　插入第 2 个表格后的效果

(5) 在需要添加代码处编写 JavaScript 函数(即在已经插入第 2 个表格的行后面)。操作如下。

① 在需要添加 JavaScript 代码处开始输入：<script language＝"javascript"></script>，代码就添加在一对 script 标签之间的光标处，如图 10-20 所示。

```
<tr>
<table>
  <td colspan="4" id="tdId"> </td>
  </table>
</tr>
 <script language="javascript"></script>
```

图 10-20　在第 2 行代码结束后开始添加 JavaScript 代码

② 添加一个用于鼠标经过时显示标签下内容的数组(注意：第 2 个
以后的内容略)。

```
<script language="javascript">
    tdStr = new Array();
    tdStr[0]= "<br><a href=# target=_blank class=jp>上周南沙均价超 1.1 万/m2 在售盘 80%过万</a><br><a href=# target=_blank class=jp>萝岗一手主力价 1.3 万/m2 白云新城涨价近 6 成</a> <br><a href=# target=_blank class=jp>广州去年豪宅销量下跌 7.5% 豪华公寓 8 字头起 </a><br>";
    tdStr[1]= "<br><div class=fl><img src=zs.jpg width=120 height=90 /></div><div><a href=# target=_blank class=jp>15 万搭建 90 平米简约小窝</a><br><a href=# target=_blank class=jp>浪漫白色白领装 88 平两居</a><br><a href=# target=_blank class=jp>装修一整年鹅黄色调阳光家 </a><br><a href=# target=_blank class=jp>9 种小户型实用衣帽间设计</a><br></div>";
    tdStr[2]= "<br><a href=# target=_blank class=jp>四种最时髦红色搭配法 </a><br><a href=# target=_blank class=jp>明星启发新年穿衣灵感 </a><br>";
    tdStr[3]= "<br><a href=# target=_blank class=jp>MAC 新广告肌肉女秀健美
```

```
<br><a href=# target=_blank class=jp>跑趴族必买的美妆品 </a><br><a href=# target=_blank class=jp>10 款发型让你年轻十岁 </a><br>";
</script>
```

值得注意的是：每个数组的代码没有换行，代码是一直从行头到行尾，当代码满一行就会自动换行，不能人工换行。

③ 添加一个 showPage()函数，这个函数主要用于显示上述(1)数组内容：

```
function showPage(id){
    tdId.innerHTML=tdStr[id];
    }
```

④ 添加一个 checkbr()函数，这个函数用于检查鼠标经过标签时背景图的切换。

```
function checkbr(id){
    for(var i=0;i<4;i++){
    btObj=eval('td'+i);
    if(id==i){
    btObj.style.backgroundImage="url(bg_1.jpg)";
    }
    else{
    btObj.style.backgroundImage="url(bg_2.jpg)";}
    }}
```

⑤ 在上述函数编写完成后，接着开始调用 showPage(0)函数显示第 1 个标签内容，这是当用户进入页面时的初始状态。

⑥ 切回设计视图，分别给第 1 行的每列标签文字设置鼠标经过时的行为，第 1 列栏目添加代码后的结果如下：

```
<td width="88" align="center" background="bg_1.jpg" STYLE='cursor:hand' id="td0" height="24"onmouseover="javascript:showPage(0);javascript:checkbr(0);"class="bg2">房产专卖</td>
```

第 2、3、4 行代码做法同上，图 10-21 为添加后的代码，调用相同函数但参数不同。

```
id="td0" onmouseover="javascript:showPage(0);javascript:checkbr(0);"class="bg2" height="24">房
id="td1" onmouseover="javascript:showPage(1);javascript:checkbr(1);" class="bg2">家居装饰</td>
id="td2" onmouseover="javascript:showPage(2);javascript:checkbr(2);"class="bg2">时尚服饰</td>
id="td3" onmouseover="javascript:showPage(3);javascript:checkbr(3);"class="bg2">美容美化</td>
```

图 10-21　函数调用图

⑦ 再为上述每列栏目文字设置鼠标经过时的光标风格，分别在四列代码区加上如下代码：STYLE='cursor:hand'，添加后如图 10-22 所示。

```
<td width="88" background="bg_1.jpg" STYLE='cursor:hand' id="td0"
<td width="88" background="bg_2.jpg" STYLE='cursor:hand' id="td1"
<td width="88" background="bg_2.jpg" STYLE='cursor:hand' id="td2"
<td width="88" background="bg_2.jpg" STYLE='cursor:hand' id="td3"
```

图 10-22　设置光标风格图

⑧ 预览效果，当鼠标经过第 1 行任意标签时，每个标签背景图被切换，同时标签下相应内容也跟着切换。

任务 10.9　两侧浮动广告特效制作

1. 插入层与层属性设置

令人耳目一新的两侧浮动广告是当前网上最热门的浮动图片广告特效之一，主要用于一些最新广告宣传，使网页时尚漂亮，并可以体现一种及时性。本任务操作步骤如下。

(1) 把图片保存在站点下，创建一个网页文件 floater.html。

在 floater.html 文件里分别插入两个层，层名字分别为 floaterleft 和 floaterright，并分对每个层做如图 10-23 和图 10-24 所示的设置。

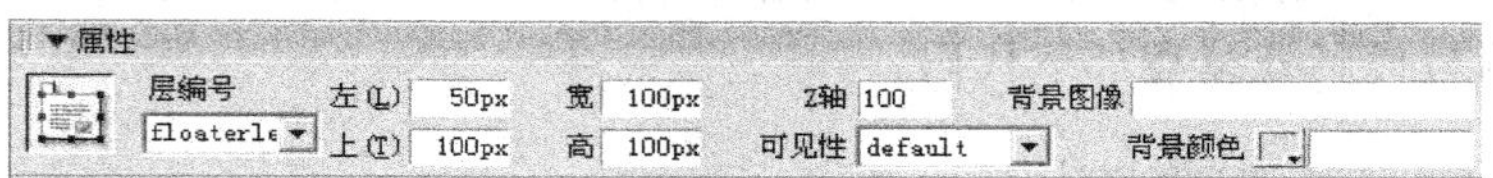

图 10-23　层 floaterleft 属性设置图

图 10-24　层 floaterright 属性设置图

(2) 在两个层里分别插入两张广告图片和两个用于关闭广告图的小图片(以下称小图片)，效果如图 10-25 所示。

图 10-25　左右边广告图片图

插入后代码如下：

```
<body>
<div id=floaterleft style=" z-index: 100; left: 50px; width: 100px; position: absolute; top: 100px; height: 100px;">
    <img src="left.gif"><br>
    <a onclick="closeleft();"><img src="close.jpg" border=0></a></div>
<div id=floaterright style="z-index: 100; right: 50px; width: 100px; position: absolute; top: 100px; border:1px solid #999" >
    <img src="right.gif"><br>
    <img src="close.jpg" width="170" height="22" /></div>
</body>
```

2. JavaScript代码编写

特效预览时，单击任何一张小图片，两张广告图片都被关闭，代码编写如下。

(1) 在编写代码处编写如下代码：

```
<script language="javascript">
function closeleft(){
floaterleft.style.display='none'
floaterright.style.display='none'}
</script>
```

(2) 对小图片进行函数调用，代码如下：

```
<a onclick="closeleft();"><img src="close.gif" border=0></a>
```

(3) 预览效果，效果图参考图10-25。

任务10.10 二级导航条特效制作

网页中常用的二级菜单导航效果如图10-26所示，其制作步骤如下。

图10-26 二级菜单导航效果图

1. 创建网页文件并导入样式文件

(1) 新建特效文件menu.html，准备需要的小图片素材。

(2) 在设计试图插入一对最大div标签，ID名为header，再在其里面插入5对div标签(即子div)，插好后结构代码如下：

```
<body>
<div id="header">
    <!-- 导航一级菜单 -->
```

```
    <div class="nav_main"></div>
    <!-- 导航滑动二级菜单 -->
    <div class="sub_box_de" id="sub1"></div>
    <div class="sub_box" id="sub2"></div>
    <div class="sub_box" id="sub3"></div>
    <div class="sub_box" id="sub4"></div>
   <!-- 滑动菜单结束 -->
</div></body>
```

(3) 新建用于定位、修饰导航条的 menu.css 文件，在网页中导入使用。

(4) 在新建的网页文件 menu.html，直接导入 menu.css 文件，操作如图 10-27 所示。

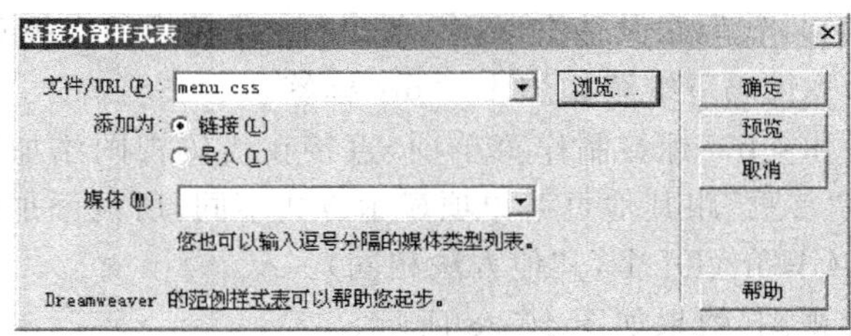

图 10-27 导入 CSS 样式文件

(5) 导入 menu.css 文件后，在代码视图<head>标签之间则自动添加了如下代码：

```
<link href="menu.css" rel="stylesheet" type="text/css" />
```

2. 编写、插入特效文件内容

编写、插入特效文件内容后代码如下：

```
<body>
<div id="header">
    <!-- 导航一级菜单 -->
    <div class="nav_main"><ul>
     <li class="nav_current"id="nav1" > <a href="#">首页</a></li>
     <li class="nav_link" id="nav2" ><a href="#" target="_blank">机构设置</a></li>
     <li class="nav_link" id="nav3"><a href="#" target="_blank">院系设置</a></li>
     <li class="nav_link" id="nav4"><a href="#" target="_blank">应用平台</a></li>
     <li class="nav_link" id="nav5"><a href="#" target="_blank">招生就业</a></li>
   </ul></div>
      <!-- 导航滑动二级菜单 -->
    <div class="sub_box_de" id="sub1">
      <ul> <li></li></ul></div>
   <div class="sub_box" id="sub2">
    <ul id="po2">
      <li><a href="#" target="_blank" class="erji">教学科研处</a> | </li>
      <li><a href="#" target="_blank" class="erji">学生工作处</a> </li></ul>
</div>
   <div class="sub_box" id="sub3">
     <ul id="po3">
        <li><a href="#" target="_blank" class="erji">电子信息学院</a> | </li>
```

```
        <li><a href="#" target="_blank" class="erji">艺术设计学院</a> </li></ul>
</div>
    <div class="sub_box" id="sub4">
        <ul id="po4">
            <li><a href="#" target="_blank" class="erji">教务管理系统</a> | </li>
            <li><a href="#" target="_blank" class="erji">评建平台</a></li></ul>
</div>
  <!-- 滑动菜单结束 -->
</div></body>
```

第一对 div 类名为 nav_main，其中添加一级菜单内容；第二对 div 开始添加二级菜单内容，每个二级菜单的显示不是同步的，所以分别将它们放在不同的 div 标签里以方便调用。首页没有二级菜单，代码跟其他有区别，第 2 个主菜单项的二级菜单与其他做法均相同。在上一对 div 标签代码下继续添加 4 对 div 标签。

利用<ul>标签和<li>标签制作菜单项，直接在代码视图添加导航主菜单内容，并添加 CSS 样式，因为"首页"跟其他页菜单项显示方式不同，所以添加的样式也不同(为了节省篇幅，故主菜单项只介绍几个，其他方法相同)。

这时切换到设计视图，效果如图 10-28 所示。

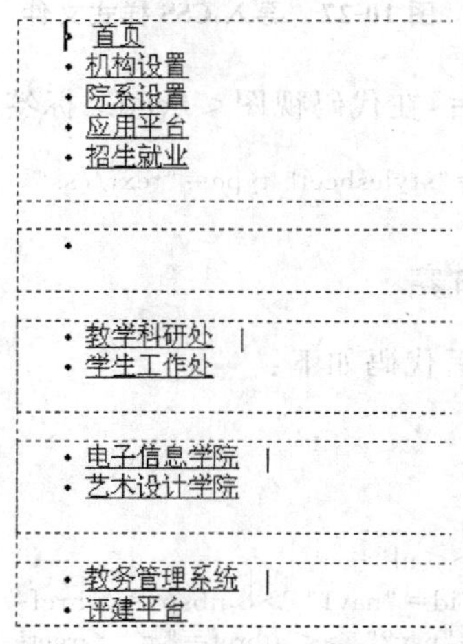

图 10-28　导航菜单标准流下的效果

可见，此时的一级菜单和二级菜单一样，按标准流方式排列在页面上，因此，接下来开始编写 CSS 样式代码。

3. 编写 menu.css 样式文件

这个文件对于导航条的定位至关重要，在这个文件里主要做如下设置：设置用于修饰导航条的页边距、填充、边框等大小；设置导航主菜单、二级菜单的定位、显示方式；设置超链接的属性等，具体代码如下：

```
/*基本属性设置*/
body{ font-size: 14px; color: #FFF; font-family: "黑体";margin: 0; padding: 0; border: 0; }
```

```
/* 页面头部即父级元素定位 */
#header{ width:700px; position:relative; background:url(bg.gif) repeat-x; height:36px;}
/* 页面头部、列表等属性设置 */
#header ul li{ display:inline; }
/* 所有导航主菜单(子辈)属性设置 */
.nav_main{ margin-bottom:5px; width:100%; text-align:center; border-bottom:1px; }
/* 主菜单主页项属性设置 */
.nav_current{ background:url(bgOver.gif) repeat-x 0px 2px; float: left;
              font-size: 14px; font-weight: bold; height: 34px;
              padding-top: 8px; width: 98px; }
/* 主菜单其他菜单项属性设置 */
.nav_link{ float: left; font-size: 14px; font-weight: bold;
          height: 36px; padding-top: 8px; width: 98px; }
/* 主页项二级菜单(子辈)属性设置 */
.sub_box_de{ float:left; }
/* 其他二级菜单隐藏属性设置 */
.sub_box{ display:none; font-size: 13px;}
/* 超链接属性设置 */
a:link {font-size:14px;color:fff; text-decoration:none}
a:visited {font-size:14px;color:fff; text-decoration:none}
a:hover {font-size:14px;color:fff; text-decoration:none}
a.erji:link { font-size:14px; color:#036; text-decoration:none}
a.erji:visited { font-size:14px; color:#036; text-decoration:none}
a.erji:hover { font-size:14px; color:#09c; text-decoration:none}

/* 二级菜单定位属性设置 */
#po1{ position:absolute; left:50px; top:26px;}
#po2{ position:absolute; left:100px; top:26px;}
#po3{ position:absolute; left:200px; top:26px;}
#po4{ position:absolute; left:300px; top:26px;}
```

4. 编写和链接 JS 文件

细心的读者可能会发现：每个 div 里的 ID 是什么？为什么在 CSS 里没有看见它？ID 除了可以用来修饰网页外，还可以用来作为 JS 的参数传递，它的值是一个变量，在这里这个变量是用于显示二级菜单的值，它来自 menu.js 文件。

接下来在站点里新建 menu.js 文件，然后链接到特效文件 menu.html 页面，链接页面后在<head></head>之间添加如下代码：

```
<script src="menu.js" type="text/javascript"></script>
```

menu.js 文件代码如下：

```
function doClick(o){
o.className="nav_current";
var j,e,id;
for(var i=1;i<=10;i++){
  id ="nav"+i;
  j = document.getElementById(id);
```

```
        e = document.getElementById("sub"+i);
        if(id != o.id){
          j.className="nav_link";
          e.style.display = "none";
        }else{
          e.style.display = "block";
        } } }
```

5. 编写二级菜单显示事件

二级菜单的显示是鼠标经过一级菜单才产生的动作事件,因此鼠标经过事件就应该写在一级菜单项上。编写后代码如下:

```
<li class="nav_current"id="nav1" onMouseOver="javascript:doClick(this)"> <a href="#">首页</a></li>
  <li class="nav_link" id="nav2" onMouseOver="javascript:doClick(this)"><a href="#" target="_blank">机构设置</a></li>
  <li class="nav_link" id="nav3" onMouseOver="javascript:doClick(this)"><a href="#" target="_blank">院系设置</a></li>
  <li class="nav_link" id="nav4" onMouseOver="javascript:doClick(this)"><a href="#" target="_blank">应用平台</a></li>
  <li class="nav_link" id="nav5" onMouseOver="javascript:doClick(this)"><a href="#" target="_blank">招生就业</a></li>
```

保存文件,预览效果。

小技巧:

(1) 对本特效起关键作用的CSS代码的灵活运用

对本特效起关键作用的CSS代码有以下几个。

① 页面头部、列表等属性设置代码:

```
#header ul li{ display:inline; }
```

其中,display: inline; 直接影响二级菜单的显示方式。display属性基本上分为inline、block和none。

- inline就像它的本意——显示为inline的元素为行。
- block为块对象的默认值,可用该值为对象之后添加新行。
- none的意思是不显示元素,在可用性上可以实现漂亮的效果,交替样式或hover效果的高级运用。

② 主菜单其他菜单项属性设置代码:

```
.nav_link{ float: left; font-size: 13px; font-weight: bold;
           height: 21px; padding-top: 8px; width: 98px; }
```

其中,float: left直接影响一级菜单的显示方式。float属性分为none、left和right,该属性的值指出了对象是否浮动及如何浮动。

- none:对象不浮动。

- left：对象浮在左边。
- right：对象浮在右边。

说明：当该属性不等于 none 引起对象浮动时，对象将被视作块对象(block-level)，即 display 属性等于 block。也就是说，浮动对象的 display 特性将被忽略。

(2) CSS 绝对位置与相对位置的妙用

在 CSS 中，绝对定位和相对定位非常重要，理解了两者的相同点与区别，设计制作网页布局就会更加得心应手。

① absolute 绝对定位。

其实没有绝对的定位，只有相对的定位，因为绝对也要有一个参考点，是以最近的定位祖先元素为参照物。

首先是以浏览器窗口作为基准定位，但如果有父级的 position，例如有两层的 div 就参考第一层的 div 即父级元素，在父级元素中定义 position:relative，然后在子元素中定义 position:absolute，这就是相对父元素的绝对定位，如果父级元素 div 中没有设定 position，那么就是以浏览器为参照物了。

如本特效中首先在父级元素 div 中设置其定位：

```
/*页面头部即父级元素定位 */
#header{ position:relative;}
```

然后设置其子辈的定位，如二级菜单的定位：

```
/*二级菜单位置属性设置*/
#po1{ position:absolute; left:50px;}
#po2{ position:absolute; left:100px;}
#po3{ position:absolute; left:200px;}
#po4{ position:absolute; left:300px;}
```

因为这里的 div 元素既有父辈也有子辈，子辈可以参照父辈元素，因而不用以浏览器作为参照点。

② relative 相对定位。

不管代码中是不是有 position 定位都会参考父级元素的 position，因此绝对和相对是相似的。

项目十一

CSS＋DIV 房地产企业网站设计与实现

Project 11

我国经济增长据说最早从房地产开始，房地产行业发展是我国新一轮经济增长大潮的潮头，房子问题是关乎国计民生的大事，是国民经济发展的基本保证，因此自然就成为国家支柱产业。因此本项目选择了作为朝阳产业的房地产网站为项目案例，让大家学起来更加容易接受。

学习目标

(1) 理解企业网站设计的思想与理念，理解对企业网站进行调研的意义。

(2) 掌握需要分析过程与写作思路。

(3) 学会对网站进行各种风格的设计，包括 Logo 设计、网站色彩搭配、广告字体设计和提炼广告语等。

(4) 掌握网站栏目设计要点。

(5) 掌握网站版面设计方法并灵活运用。

(6) 掌握素材收集与整理的关键。

(7) 掌握利用 Photoshop 等图形图像软件设计网页效果图，以及对图片切片进行输出处理的方法。

(8) 掌握网页架构搭建方法，进行整个网站的网页设计与制作。

技能目标

(1) 根据调研编写需要分析。

(2) 对网站进行各种风格的设计，包括 Logo 设计、网站色彩搭配、广告字体设计和提炼广告语等。

(3) 设计整个网站栏目。

(4) 设计网站版面图。

(5) 进行素材收集与整理。

(6) 利用 Photoshop 等图形图像软件设计网页效果图，以及对图片切片进行输出处理。

(7) 利用 Dreamweaver 搭建网页架构，进行整个网站的网页设计与制作。

(8) 利用 Dreamweaver 进行综合网站制作，实现后台功能。

任务 11.1 设计思想

网站是人们了解事物最直接的媒体窗口，通过它，用户可以以最快的速度、最短的时间得到最多的信息，因此网站做得好与坏直接影响房产的销售，而要做一个好的网站也要进行网站策划。网站需求包括各个方面，面对对网站开发拥有不同知识层面的客户，如何更好地了解、分析、明确用户需求，并且能够准确、清晰地以文档的形式表达给参与项目开发的每个成员，保证开发过程按照满足用户需求的正确项目开发方向进行，是每个网站开发项目管理者需要面对的问题。因此整个网站的设计思想要从以下几个方面考虑。

11.1.1 房地产公司网站建设的基本需求

(1) 房地产网站如何才能够突显企业本身特色?

(2) 根据客户群体定位，网站如何才能达到客户认可?

(3) 网站如何能充分展现产品，又能够留下深刻形象?

(4) 网站怎么才能更容易地被客户查找到?

11.1.2 房地产公司网站建设的服务范围

(1) 直观的楼盘展示、动态发布楼盘的信息，包括外观、户型图。

(2) 房产信息发布和管理，房屋信息搜索和对比功能。

(3) 在线咨询管理，用户可以通过设置好的表格，提交他们的意见及建议。

(4) 客户在网上可以看到整个楼盘的平面图，然后选择自己感兴趣的方位，进入后浏览该楼盘所有的户型，通过 360°旋转功能对该户型做进一步的了解，360°展示功能比一般的图片、照片等展示方式更真实、更直观，能真正地达到全方位展示。

11.1.3 房地产公司网站建设的解决方案

(1) 为房地产企业节约宣传及交易成本。

(2) 将房地产企业的实力展示在公众面前。

(3) 行业及本公司的新闻资讯的及时更新。

(4) 直观的楼盘展示、简便的信息发布、灵活的信息查询和对比，最大限度发挥房地产网站的实用价值。

(5) 引入最新、最流行的 Flash 多媒体交互技术，全方位、多视角体现楼盘的特点及买点，促进全面开展楼盘的推介与销售。

(6) 网络营销方面的推广。

任务 11.2 如何进行网站需求分析

进行网站制作前必须撰写需求、确定需求、弄清需求，对需求的把握度直接影响网站制作效果、进度和成本，因此需求的重要性可想而知。以下就是进行需求分析之前的必经步骤。

11.2.1 网站需求分析策划

做任何事情都离不开沟通与交流，网站制作更是这样，只有了解需求，才能更快、更好、更出色地完成网站制作。整个需求分析过程就是一个和客户交流，正确引导客户将自己的实际需求用较为适当的技术语言进行表达的过程。所以项目小组每个成员、客户甚至是开发方的部门经理的参与是必要的。在需求分析中策划人员的职责有如下几个方面。

(1) 开发人员与客户共同进行需求分析。

(2) 与客户共同讨论后，编写《网站功能描述书(初稿)》文档。

(3) 反复讨论和修改《网站功能描述书(初稿)》，确定《网站功能描述书》正式文档。

11.2.2 完整的需求调查文档记录

在整个需求分析的过程中，规范编写需求分析是提高工作效率的重要标志，因此认真进行需求分析编写、清楚规范地制作《网站功能描述书》十分必要，此外还需要编写《用户调查报告》和《市场调研报告》文档来进行辅助说明，使文档更详细清晰明了，为后续的开发做好充分的前提准备。

11.2.3 多向用户咨询相关问题

在需求分析的过程中，往往有很多不明确的用户需求，这个时候项目负责人需要调查用户的实际情况，明确用户需求。调查的形式可以是发需求调查表、开需求调查座谈会或者现场调研。

调查的内容主要如下。

(1) 网站当前以及日后可能出现的功能需求。

(2) 客户对网站的性能(如访问速度)和可靠性的要求。

(3) 确定网站维护的要求。

(4) 网站的实际运行环境。

(5) 网站页面总体风格以及美工效果(可以由公司向用户提供)。

(6) 主页面和次级页面数量，是否需要多种语言版本等。

(7) 内容管理及录入任务的分配。

(8) 页面特殊效果及其数量。

(9) 项目完成时间及进度。

(10) 日后维护责任。

11.2.4 市场调研活动内容

市场调研的重点应该放在主要竞争对手的作品或类似网站作品的有关信息上，调研的目的是明确并且引导用户需求。市场调研可以包括下列内容。

(1) 市场中同类网站作品的确定。

(2) 调研产品的功能设计(主要模块构成,特色功能,性能情况等)。

(3) 简单评价所调研的网站情况。

11.2.5　完成清晰的需求分析

在完成上述一系列活动后,应输出一份详细清晰的总结性文档——《网站功能描述书(最终版)》以作为日后项目开发过程中的依据。《网站功能描述书》必须包含以下内容。

(1) 网站用户界面。

(2) 网站功能。

(3) 网站运行的软硬件环境。

(4) 网站系统性能定义。

(5) 网站页面总体风格及美工效果。

(6) 主页面及次页面大概数量。

(7) 各种页面特殊效果及其数量。

(8) 项目完成时间及进度(根据合同)。

(9) 确定网站维护的要求。

(10) 确定网站系统空间租赁要求。

(11) 明确项目完成后的维护责任。

任务 11.3　网站风格设计

网站已经深入人心,全世界发达国家或发展中国家,几乎所有公司、企业、学校、商铺等都建立了各自的门户网站以宣传和推销自己,从而获得更大的收益。目前网站风格多种多样,制作网页时要注意以下几个方面的设计。

11.3.1　网站标志(Logo)制作

Logo 是指网站的标志,标志可以是中文、英文字母,也可以是符号、图案等。标志的设计创意应当来自网站的名称和内容。比如:网站内有代表性的人物、动物、植物,可以用它们作为设计的蓝本,加以卡通化或者艺术化;专业网站可以以本专业有代表性的物品作为标志。最常用和最简单的方式是用自己网站的英文名称作标志,采用不同的字体、字母的变形、字母的组合可以很容易制作好自己的标志。

图 11-1　网站 Logo 效果图

结合房产企业特点,本网站 Logo 效果图如图 11-1 所示。

11.3.2　网站色彩搭配

网站给人的第一印象来自视觉冲击,不同的色彩搭配产生不同的效果,并可能影响到访问者的情绪。颜色搭配是体现风格的关键。"标准色彩"是指能体现网站形象和延伸内涵的色彩,要用于网站的标志、标题、主菜单和主色块,给人以整体统一的感觉。至于其他色彩也可以使用,但应当只是作为点缀和衬托,绝不能喧宾夺主。一般来说,一个网站的标准色彩不超过3种,太多则让人眼花缭乱。适合于网页标准色的颜色有:蓝色,黄/橙色,黑/灰/白色三大系列色。一般白色和黑色的背景网页最好做,颜色搭配最方便;亮色与暗色配合,最容易突出画面,如黑与白,红与黑,黄与紫;而近似的颜色的搭配,能给人一种柔和的感觉,如墨蓝与淡蓝,深绿与浅绿。根据色彩给人的感觉,再结合房产策划宗旨,网站采用了红色为主调色,蓝色与灰色点缀。

11.3.3 网站字体设计

和标准色彩一样,标准字体是指用于标志、标题、主菜单的特有字体。一般网页默认的字体是宋体。为了体现站点的"与众不同"和特有风格,可以根据需要选择一些特别字体。制作者可以根据自己网站所表达的内涵,选择更贴切的字体。需要说明的是:使用非默认字体只能用图片的形式,因为浏览者的计算机里很可能没有安装特别字体,如果非默认字体不采用图片的形式,他看到的只能是乱码。

11.3.4 提炼广告语

现代生活节奏加快,人们往往没有时间看大块文章。为了节约时间,在单位时间内获取最大量的信息,人们需要精练的信息。此外,广告语应当满足信息的时效性、准确性、完整性、精练性等固有的特点。在此应特别注意的是,不要出现错别字、病句。

11.3.5 网站宣传语设计

网站的宣传语也可以说是网站的精神、主题与中心,或者是网站的目标,用一句话或者一个词来高度概括。用富有气势的话或词语来概括网站,进行对外宣传,可以收到比较好的结果。

11.3.6 网页美化设计

1. 使用CSS优化网页外观

使用CSS可以实现对整个站点所有Web页面的外观控制,包括设置页边空白、页面填充、边界、颜色和背景,对任意网页元素设置字体大小及改变字体外观,创建动态活动链接,创建CSS风格的完全兼容的网页。

CSS用于控制Web页面的外观。通过使用CSS样式设置页面的格式,可将页面的内容与表现形式分离。页面内容存放在HTML文档中,而用于定义表现形式的CSS规则则存放在另一个文件中或HTML文档的某一部分,通常为文件头部分。将内容与表现形式分离,不仅可使站点的外观维护更加容易,而且还可以使HTML文档代码更加简练,缩短浏览器的加载时间。

CSS的主要好处就在于,设计者不用去修改网页文件,只要修改这个页面链接的CSS文件,就可以实现不同的显示效果,包括底色、背景图片、文字大小、颜色、边框等。网站的版面、布局要求设计制作网页时不能占用较大的边幅放栏目图片，正文的位置不能少，图片与文章的搭配要平衡。过多使用大图片将大大增加传输流量，影响网站浏览者阅读的速度，要优化网页就尽可能使用CSS实现，灵活地使用CSS，可以使页面精致漂亮而又不会占用过多的系统资源。这方面前面章节已有讲述。

2. 使用CSS+DIV布局页面

使用CSS+DIV布局页面有如下优势。

(1) 使页面载入得更快

由于将大部分页面代码写在了CSS当中，页面体积容量变得更小。相对于表格嵌套的方式，CSS+DIV将页面独立成更多的区域，在打开页面的时候，逐层加载。而不像表格嵌套那样将整个页面圈在一个大表格里，使得加载速度很慢。

(2) 降低流量费用

页面体积变小，浏览速度变快，这对于某些控制主机流量的网站来说是最大的优势了。

(3) 修改设计时更有效率

由于使用了CSS+DIV制作方法，在修改页面的时候更加容易省时。根据区域内容标记，到CSS里找到相应的ID即可，修改页面的时候更加方便，也不会破坏页面其他部分的布局样式。

(4) 保持视觉的一致性

CSS+DIV最重要的优势之一就是保持视觉的一致性。以往表格嵌套的网页制作方法，会使得页面与页面，或者区域与区域之间的显示效果有偏差。而使用CSS+DIV的制作方法，将所有页面，或所有区域统一用CSS文件控制，就避免了不同区域或不同页面体现出的效果偏差。

(5) 更好地被搜索引擎收录

由于将大部分的HTML代码和内容样式写入了CSS文件中，这就使网页中正文部分更为突出明显，便于被搜索引擎采集收录。

(6) 对浏览者和浏览器更具亲和力

网站制作出来是给浏览者使用的，使用CSS+DIV制作的网页对浏览者和浏览器更具亲和力，更具优势。由于CSS包含丰富的样式，使页面更加具有灵活性，它可以根据不同的浏览器而达到显示效果的统一。

任务11.4 网站栏目设计

11.4.1 网站设计原则

网站首页设计主要由导航、资讯内容和广告3部分内容组织而成，但随着互联网的快速发展，用户对访问网站的要求也越来越高，因此如果想留住用户和吸引更多的用户浏览自己的网站，就应注意以下多方面原则。

1. 首页内容不宜太多

网站由首页和许多子页组成，首页是集这个网站所有信息于一体的媒体窗口，是这个网站所有信息的浓缩，子页则为首页的链接内容页面，因而客户通过浏览首页立即就可以知道能否能从这里得到需要的东西，因而设计者往往要挖空心思去设计首页，希望把所有东西一下子让客户看到，但最后会发现设计者放的东西越多，用户就越找不到他想要的东西，快速离开的可能性很大。国内的门户网站都习惯了资讯多、页面长，什么都往首页堆，感觉内容越多会显得越大气，但用户的耐性是有限的，所以网页的通透性对国内网站尤其重要。

2. 网站架构变化不宜太多

每一个网站基本保持一种架构，或者适当地做一些改变，每一页的架构变化不宜太多，适当就好，主次内容信息位置保持一致性，不然用户每浏览到下一页都需要重新去解读架构，思考该从哪里开始阅读，不但耐性被消耗掉，还会增加浏览成本，所以网站首页的架构必须清晰明了，保持较好的通透性，减少用户的浏览成本。

3. 风格保持一致

网站风格保持一致是指整个网站的首页和所有子页风格一致，具体包括格调（中式、欧式或韩式等）、色彩效果、字体风格、版面设计、艺术效果等。网站风格保持一致可以让浏览者有较清晰的整体感，更能突出网站的主题，有利于网站的宣传。

11.4.2 网站栏目设计

根据需求和上述分析，网站栏目如图 11-2 所示。

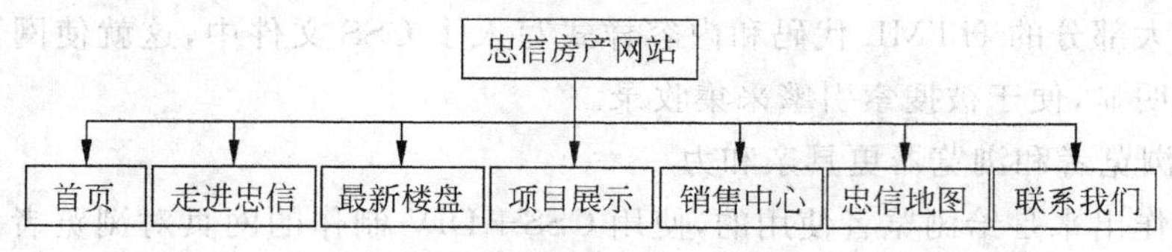

图 11-2 房产网站栏目图

任务 11.5 页面版面设计与实现

根据房产网站特点，结合需求，本例的页面版式设计采用同字结构。

11.5.1 网页版面设计

根据需求，对网站页面做如图 11-3 所示的版面设计。

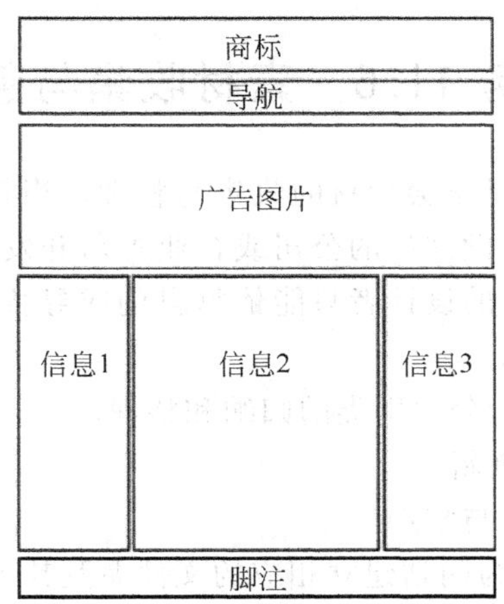

图 11-3 网页版面设计图

11.5.2 各区域版面图分解

(1) 页头又由以下部分组成,如图 11-4 所示。

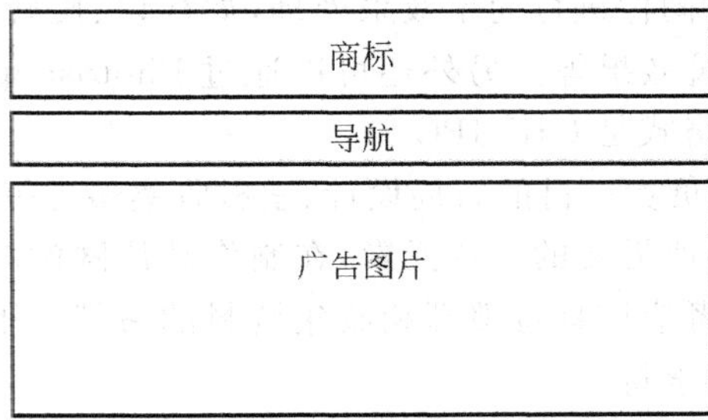

图 11-4 页头版面设计图

(2) 页中(网页主体部分)又由以下部分组成,如图 11-5 所示。

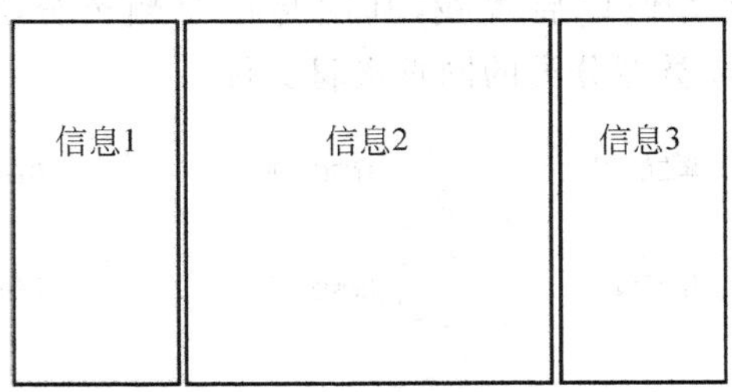

图 11-5 页中版面设计图

页脚比较简单,这里不再阐述。

网页版面设计图确定后,就可以进入素材收集与整理阶段。

任务 11.6 素材收集与整理

制作网站必要的条件就是学会素材的收集与整理。当接到网站项目后，并不是所有的素材都来源于客户方（需要做网站的公司或企业等），开发方往往只能获得最原始的素材甚至没有素材，这时开发方的设计者只能依靠自创或寻找相同素材模仿创新。素材收集与整理主要完成以下任务。

(1) 对所需要的信息进行分门别类的归纳和整理。

(2) 将现有的信息进行创新。

那么，如何进行素材收集与整理？

(1) 使用 Dreamweaver 为网站建立相应的文件夹及其子文件夹。

(2) 根据网站栏目分析各个子页面元素的信息来源，并记录每个网页元素的保存地址。

素材收集的主要途径包括：①网络；②各种光盘、书籍；③设计者自己动手制作。

(3) 利用 Photoshop 对主页元素进行加工、整理、收集，然后分别存入相应的子文件夹里。

用 Photoshop 软件对图像进行简单效果处理，如裁切、旋转、调整图像的大小、亮度、对比度和色数等属性，滤镜效果等。另外还可以通过 Photoshop 软件实现图片格式的转换等，网页中常用的图片格式是 GIF、JPG。

(4) 独立完成各自所负责栏目的布局设计、素材收集整理等。

以上是制作房产网站所需要的一些元素，在制作其他网站时可能会涉及更多种类的素材，因此设计师或设计者应该具备整理和收集资料的习惯。下面介绍一下平时如何养成这种习惯——截图保存素材。

平时在网上看见有特点的或喜欢的网页，可以通过截图保存起来，因为很多网站设置了写保护，所以保存整张网页可能无法实现，可是怎么整理这些素材呢？如果保存的网页太多，查找起来不方便，建议使用两种方法整理保存下来的网页截图：首先，如果是整站的截图，应给予统一命名方便以后查找，其次是按照颜色分类或按照类型分类截图。图 11-6 所示是按照颜色或类型分类的网页素材文件。

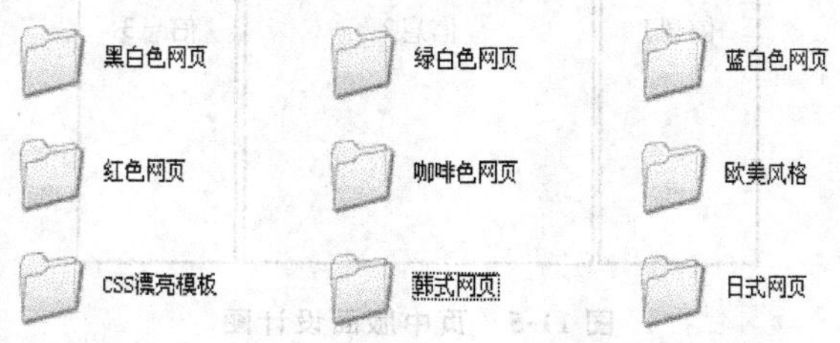

图 11-6 按照颜色分类的网页素材文件

素材分类后还要注意其命名，一般比如绿白色类的素材，建议批量修改名称，这样浏览起来方便，查找的时候也方便，比如：0001_绿白色素材、0002_绿白色素材，等等。

任务 11.7　网页效果图设计

完成首页版面设计图和素材收集整理后，就可以开始制作网站首页设计图，图 11-7 所示就是已经完成的设计图。

图 11-7　房地产网站主页预览效果图

任务 11.8　网页切片制作

11.8.1　切片的使用

设计好的效果图是不能直接以一张大大的图片形式插入到网页上直接形成页面的，也不能用传统的做法，直接通过 Photoshop 另存为 Web 页面，这时自动生成的页面是用表格布局的。

网页整体效果图设计好后，便可以开始进行网页切片处理，切片处理的目的就是把一张大的设计效果图通过切片的分割变成一张张小的图片，然后再通过 Dreamweaver 等软件把这些图片、文字等进行布局，制作成网页，此时的切片处理要取舍有方，既不能全部要也不能随意要。

因此，切片处理非常重要，每一张被切出来的图片既要符合要求又应是网页所需的，切片基本原则是：①不管是背景图还是插图，一律以最小的单元为单位，如背景图，如果是有重复的只需要取小部分即可，在网页设计时这一小部分图片便可以通过 CSS 样式恢复原来背景图效果；②由于图片在网上显示犹如汽车在高速公路上行驶，要求快和灵活，因此图片越小越好；③需要哪一部分就截哪里。

根据本例需要，切片处理步骤如下。

利用 Adobe Fireworks CS4 软件进行切片处理。把通过 Adobe Photoshop CS4 设计好的 PSD 文件在 Adobe Fireworks CS4 软件里打开处理，原因是 Adobe Fireworks CS4 软件比 Adobe Photoshop CS4 处理切片显得更简单，在 Adobe Fireworks CS4 软件里，执行“文件”→“打开”命令，打开房地产网站首页文件 index. psd。

注意：在 Fireworks 中打开的 PSD 文件虽然图层面板里的层没有变化，但用户原来在 Photoshop 里设置的某些功能不能在 Fireworks 软件的图层里显示出来，另外如果 index. psd 文件有修改或添加切片后保存文件，要使用“另存为”命令，直接单击“保存”按钮则无法保存 PSD 文件，被误认为是保存为 PND 文件，从而出现保存 PND 文件对话框。

但是为了保留原有的 PSD 文件设置，最好在这里直接把 PSD 文件另存为 PNG 文件，通过 Fireworks 软件添加 PNG 文件的切片，这样的 PSD 文件依然保留所有的图层。具体操作：在 Fireworks 软件中打开 index. psd 文件，把文件直接另存为 index. png 文件即可。

通常需要做切片处理的有以下几种情况：Logo、背景图、在网页软件较难实现的效果图、漂亮字等，以下以切 Logo 图片和背景图、导航条为例，说明切片的使用。

1. Logo 切片

通常 Logo 是事先设计好的，但是往往在设计 Logo 时，其大小不够精确，有一定的随意性，所以这时导入的 Logo 在经过调整后才是最佳尺寸。

选择切片工具，切片工具有两种，即“切片”工具和“多边形切片”工具，前者选择的切片为方形，后者为多边形，这里选择前者，如图 11-8 所示。

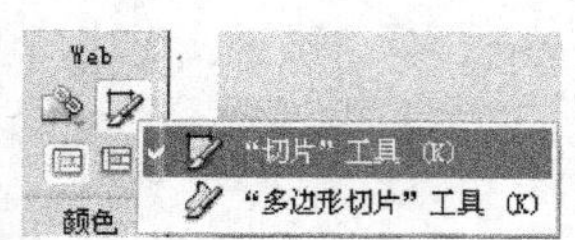

图 11-8 “切片”工具命令

在 Logo 左上角按住鼠标左键拖动鼠标，这时可见一个方形绿色框在随着鼠标拖动而改变大小，当鼠标被拖动到一定大小时松开鼠标左键，绿色的切片便生成，切片可以任意拖动到合适位置，同时还可以通过拖动 4 个角或边线任意改变大小，或在属性面板处修改大小，如图 11-9 所示。

展开属性面板，选中绿色的切片，这时可以看见自动生成的切片名字显示在属性面板处，在其下方还可以修改高度与宽度，如图 11-10 所示。

2. 背景图切片

制作背景图切片的方法跟上述相同，只是切的范围不同。Logo 是全切，而背景图只需要切一微小部分，如页头的上方（Logo 的背景图）是灰白渐变的图片，如果全切，不但把 Logo 切进去，而且会把右边的内容也包含进去，这种大块切片在网页上是不允许的，会导致网络塞车，所以只需要切一小块，再用 CSS 样式控制解决问题，类似这种渐变图片在网页里可能会出现，本例使用的切片大小是高度 106 像素，宽度 3 像素的小图片，为了看清楚，这里连同 Logo 切片一起截取，如图 11-11 所示。

图 11-9 Logo 切片图

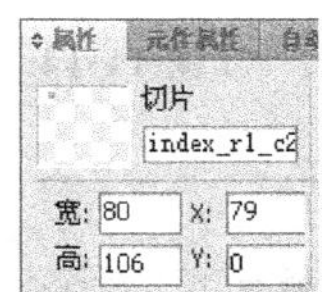

图 11-10 Logo 切片属性图

图 11-11 Logo 切片与页头背景图切片图

注意：网页的图片或其他元素对像素的要求都是十分严谨的，在这个网页布局里，Logo 切片的高度与页头的背景图是相等的，都是 106 像素，所以在切背景图时要切成同样的高度，尽量减少网页布局时的麻烦。当然，页头右边的内容就可以不这样，这就是布局方法的多样性，这种情况应灵活处理。

3. 导航条切片

导航条切片也有多种方法，这里只讲述本例的操作方法。在网页里将会有两个导航条状态，一个是网页加载时的状态；一个是鼠标经过导航条时的状态。这两种状态在设计网页效果图时应该计划好。首先讲述前者，该网页的每个导航项除了特别效果外，基本上大小一致，效果也一样，这里除了首页的宽度为 226 像素外，其他导航项均为 196 像素。这时的效果图为红色渐变背景色与白色字相搭配，切好后如图 11-12 所示。

图 11-12 Logo 房产主页导航条切片图

4. 广告图片切片

广告图片不但可以美化网页，更重要的可以起到广告宣传作用，但是广告图片往往占的篇幅较大，为了让网页加载时不影响网速，必须处理好大图片的优化问题，比如把大图片继续切成小图片等。这里的广告图片原本有 1360×432 像素，现切成 8 片，即每切片为 170×432 像素。切片时把十字光标对好左上角，当水平线与垂直线都在图片左上角的原点上时才开始拖动鼠标进行图片切片操作，拖动到一定大小时松开鼠标左键，这时属性面板上会出现切片大小等属性，通过修改属性宽度、高度（即每切片为 170×432 像素）完成第一个切片操作，如图 11-13 所示，虚线交叉部分为图片切片原点。

当第一个切片做好后，第二个切片也要紧贴第一个，不能有丝毫的缝隙，否则切出来的图片会出现偏差，即第二个切片的原点放在第一个切片右上角的顶点上，如图 11-14 所示。

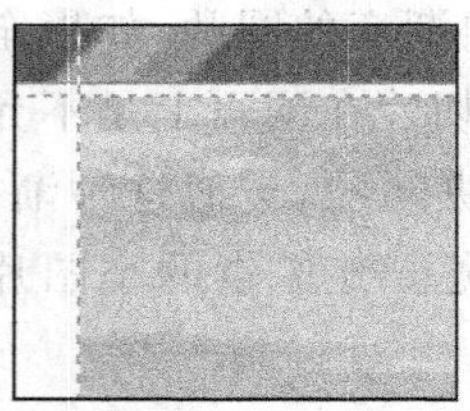

图 11-13　图片左上角圆点效果图

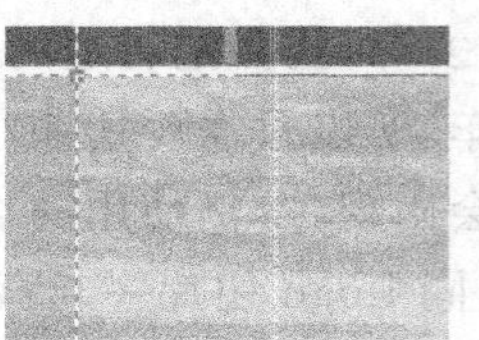

图 11-14　第二个切片原点位置效果图

广告图片切片完成后，效果如图 11-15 所示。

图 11-15　广告图片切片效果图

图 11-16 所示是整张网页的切片效果图。

图 11-16　主页整体切片图

当所有切片都完成后，展开“层”面板，再展开其上方的“网页层”，此时可以看到其中添加了许多切片层，原来每次添加的切片都保留在这里，切片层名称像普通层一样可以任意修改。图 11-17 所示是经过修改的导航条切片名称，当然切片名称也可以在属性面板里修改。

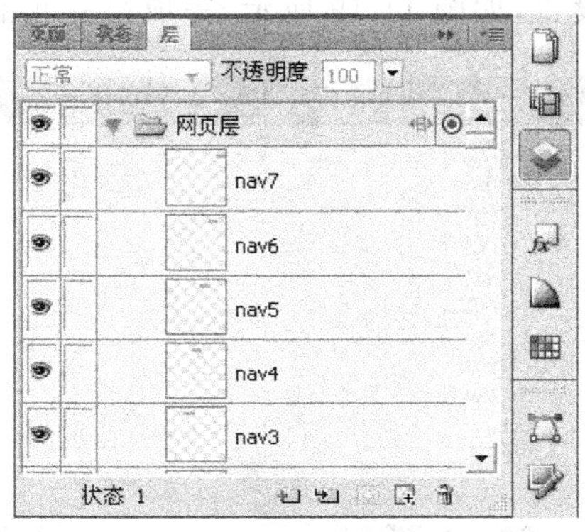

图 11-17　已修改的导航条切片名称

11.8.2　切片的输出

当网页设计效果图所有的切片都完成后，开始进行切片输出，所切出来的就是一张张由切片分割出来的不同大小的图片，这些图片就用来做网页。

在切片输出时先做一些准备，将切出来的图片放在同一个文件夹里，如 images 文件夹，以便于在网页设计与制作中应用。

在进行切片输出之前，必须保证没有选中任何切片等对象，最好的做法就是在设计效果图以外的任意空白处单击鼠标左键，取消所有的选择，然后再开始切片处理。

执行“文件”→“图像预览”命令，打开“图像预览”对话框，在“选项”选项卡中选择 GIF 格式，其他按默认设置，单击“导出”按钮，如图 11-18 所示。

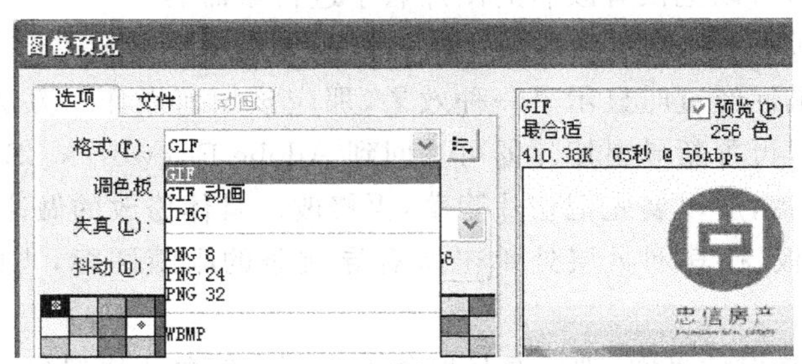

图 11-18　“图像预览”对话框

在“导出”对话框中进行以下设置。

(1) 图片保存位置：images 文件夹。

(2) 文件名：默认。

(3) 导出：选择“仅图像”选项。

(4) 切片：选择“导出切片”选项。

(5) 包括无切片区域：取消选中。

(6) 仅限当前页：按默认设置，选中。

单击“保存”按钮保存设置，如图 11-19 所示，完成第一轮的切片导出。

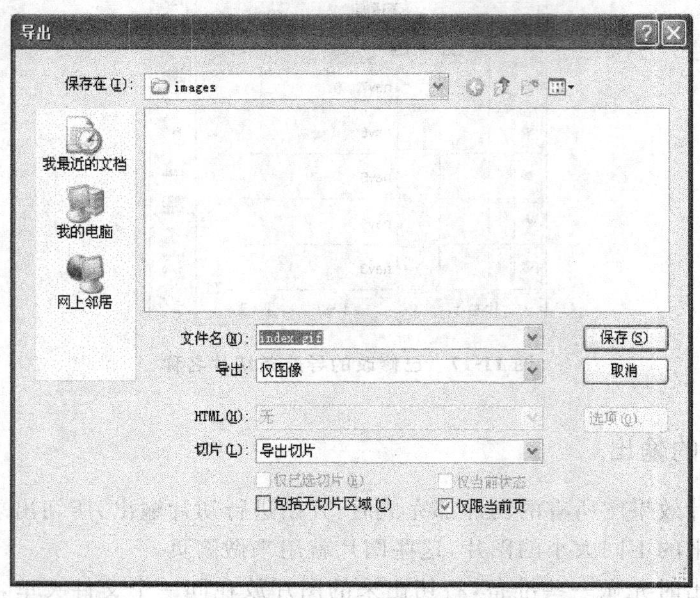

图 11-19 导出全部切片属性设置

图 11-20 所示是导出的部分图片，从中可以看到自动生成名字和按切片大小所切出来的图片，自动生成名字都带有跟原来设计效果图前缀 index 相同的部分，但是如果切片名字已修改，如导航条的各个切片名字，则导出的名字就是已改名字。为了更合理、更方便地进行网页布局，可以把没有改名的图片名字进行重命名。

另外，从图 11-20 中可以看到被切片切出来的导航条图片是红底渐变白色字体的效果图，如果要设置鼠标经过时显示另一种效果，那应该如何操作？方法有很多，只要把现有的效果修改一下，再重新导出切片即可。回到 Adobe Fireworks CS4 界面，这时导航条等部分均被切片遮盖，所以要先把切片隐藏，再修改。具体修改的做法是：

(1) 打开层面板，在其网页层处单击所有导航条的眼睛图标，当眼睛图标变成灰色时，切片就被隐藏。

(2) 回到导航条设计页面，把所有导航条的文字由红色改成黑色。

(3) 为了不会弄错输出的切片名字，最好的办法就是把再次导出的导航条切片重新命名，如图 11-21 所示。

(4) 再回到刚才的网页层处单击导航条的眼睛图标，使其变成激活状态，这时导航条切片再次显示，即又再遮盖导航条。

(5) 把已修改的导航条再次导出，因为只需要不同的导航条效果，所以其他切片不用再次导出，具体做法：按住 shift 键选中所有的导航条切片，然后进行切片导出，新建一个文件夹，将导出的图片存放在这里，导出过程同上。但导出设置有所不同，“导出”对话框设置如图 11-22 所示。

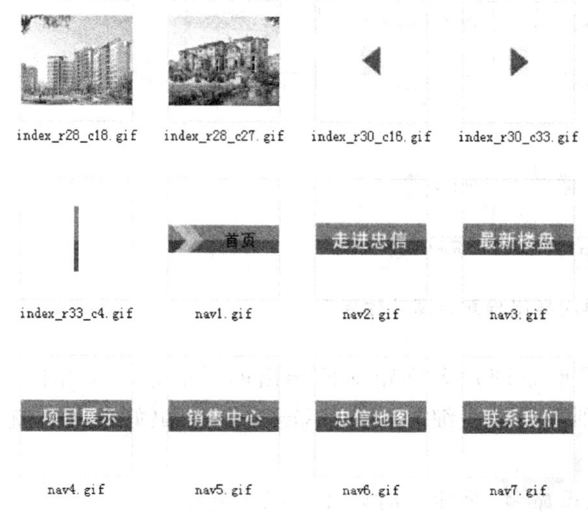

图 11-20 导出的部分图片文件

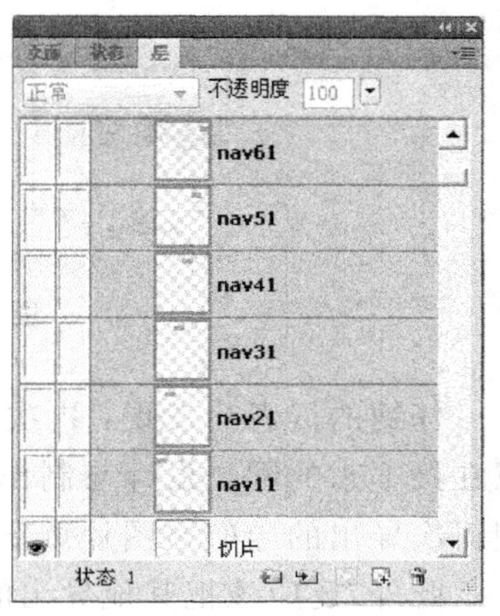

图 11-21 切片改名后效果图

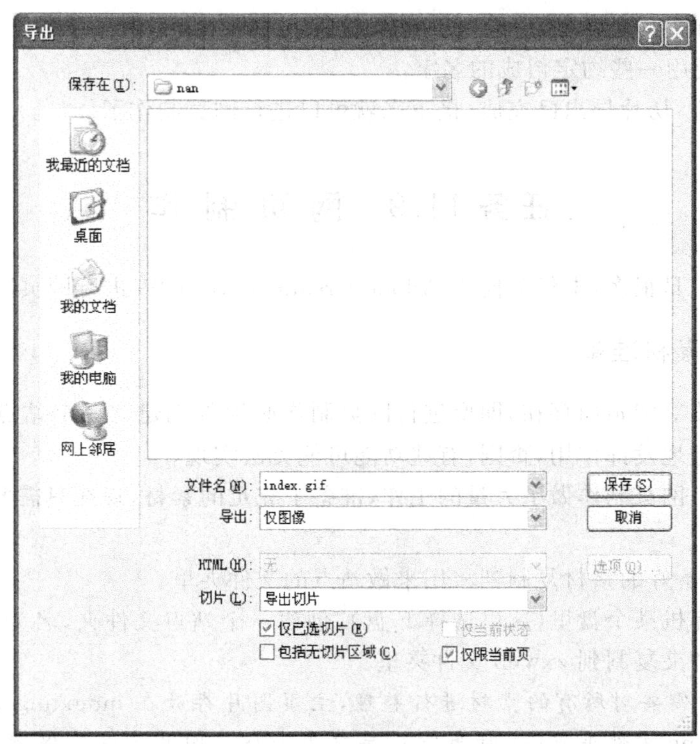

图 11-22 再次导出导航条切片属性设置效果图

导出设置中，在“切片”选项区域的“仅已选切片”复选框要选中，这样就保证了只导出导航条切片，切片导出后，如图 11-23 所示。

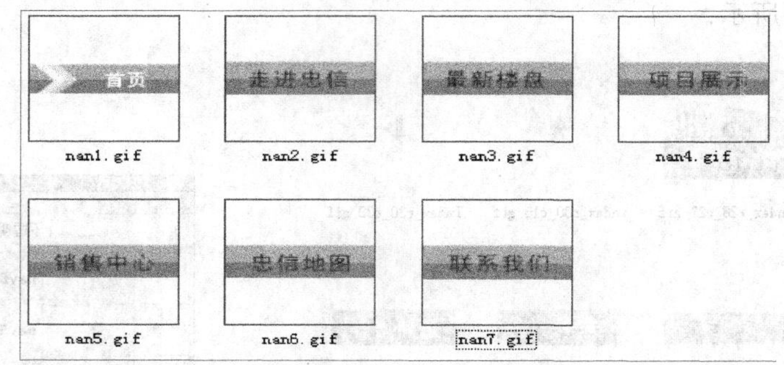

图 11-23　再次导出导航条图片效果图

仔细的读者会发现：再次导出的导航条图片名字跟前面导出的导航条名字相同，所以在接下来的网页设计与制作中要特别注意这些细节，为了不至于弄错，最好的办法就是把再次导出的导航条图片重新命名。

此外，还应该把其他导出的图片也重命名，重命名时要注意以下问题。

(1) 对应切片改名字。

(2) 名字均为英文名。

(3) 使用有意义的名字，让人一看就知道是什么图片。

(4) 尽量使用一些约定俗成的名字。

到目前为止，切片导出已完成，接下来就可以进行网页制作了。

任务 11.9　网 页 制 作

网页制作工具很多，本任务使用 Adobe Dreamweaver CS6 进行网页制作。

11.9.1　网站素材准备

网页必须依靠网站而存在，即要进行网页制作必须首先建立一个站点，有了站点，网页功能才能更好地发挥作用，否则，有些功能可能无法实现。

前面已经为网页制作做了大量的工作，准备了充足的素材，现在只需要对网站做个简单的规划即可。

首先，把准备好的素材复制到将用来做站点的文件夹里。

在本地计算机某个盘里（这里选择 F 盘），创建一个站点文件夹，名为 zxweb，然后把导出的图片文件夹复制到 zxweb 文件夹里。

注意：这时需要对所有的素材进行整理，主页图片存放在 indeximg 文件夹里，子页图片存放在 zyimg 文件夹里（暂时为空），导航条等公共图片可继续保留在 images 文件夹里。

11.9.2 创建网站及搭建网站结构

网页制作通俗的说法就是制作一些可以在浏览器上浏览的页面，因为这些页面包含文字、图片、动画、视频等元素，而这些元素必须要有统一的存放地方和存放规则，所以必须建立一个文件夹支持网页各方面的功能需求，这个文件夹叫站点文件夹或站点，当然还可以叫网站。

1. 创建网站

打开 Adobe Dreamweaver CS6 软件，通过这个软件完成网站建立和所有的网页制作。建立站点的方法有多种，这里介绍其中一种。

(1) 打开 Adobe Dreamweaver CS6 软件，将光标移动到快速打开文件面板，执行“新建”→“Dreamweaver 站点”命令，如图 11-24 所示。

图 11-24 新建站点命令

指向原来在本地计算机 F 盘里建立的 zxweb 文件夹，创建一个站点文件夹，名为 zxweb，然后把导出的图片文件夹复制到 zxweb 文件夹里。

(2) 在弹出的“站点设置对象”对话框中设置站点属性，分别进行如下操作。

① 站点名称：zxweb，与上述在 F 盘创建的文件夹名字相同(可以不相同，为了方便记忆，这里的站点名称与站点文件夹名称采用相同名字)。

② 本地站点文件夹：单击右边的文件夹图标，在弹出的“选择根文件夹”对话框里选择 zxweb 文件夹，单击“打开”按钮，再单击“选择”按钮，如图 11-25 和图 11-26 所示。

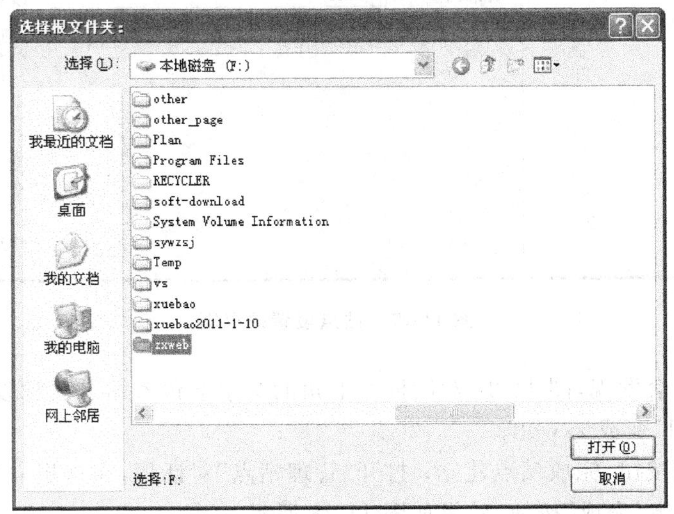

图 11-25 单击“打开”按钮

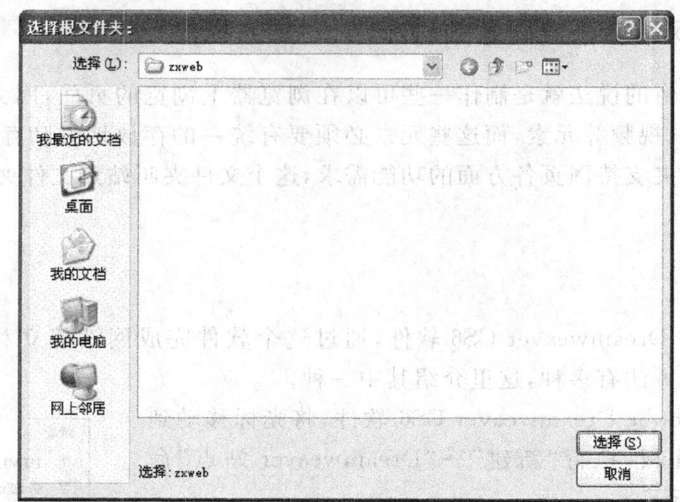

图 11-26 单击“选择”按钮

操作完成后效果如图 11-27 所示。

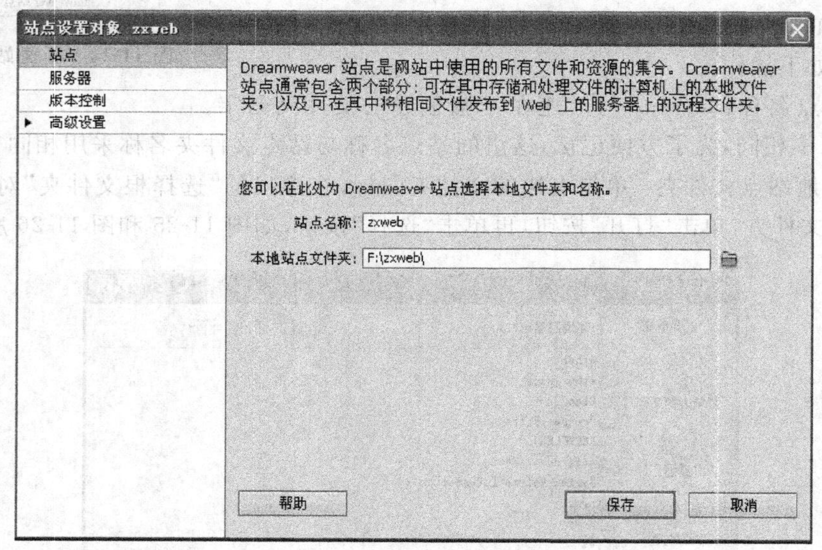

图 11-27 站点设置效果图

细心的读者会发现，图 11-27 对话框左上角的文字会跟着站点名称发生变化，由原来的“未命名站点 1”变成 zxweb。

单击“保存”按钮，完成站点建立；打开“管理站点”对话框，在这里立即显示刚建立的站点 zxweb。单击“完成”按钮，效果如图 11-28 所示。

(3) 展开“文件”面板，可以看见刚建立的站点 zxweb，此时站点下已有图片文件夹 images，这是前面复制的图片素材，如图 11-29 所示。

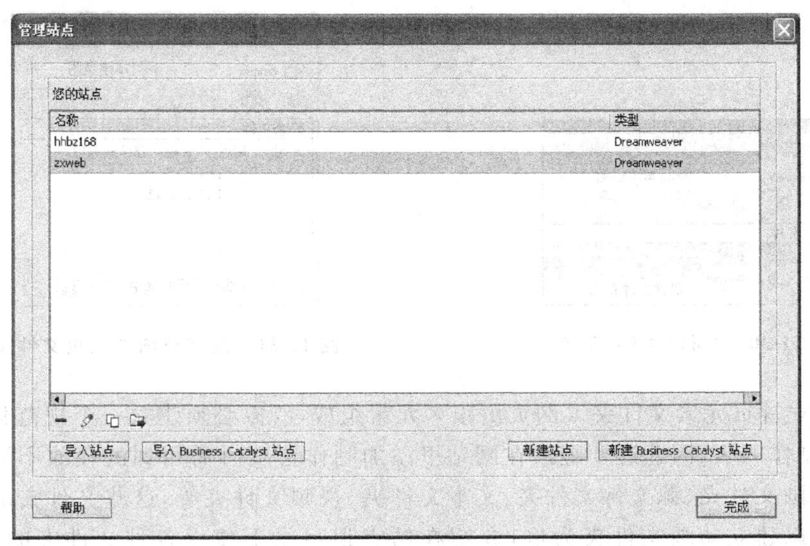

图 11-28　在"管理站点"对话框增加已完成的 zxweb 站点

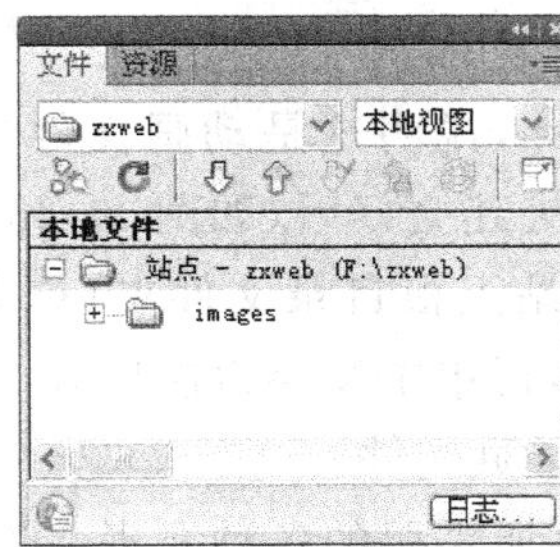

图 11-29　"文件"面板里的本地文件(站点)

2. 搭建网站结构

搭建网站结构就是建立首页文件、首页元素文件夹和建立子页文件、子页元素文件夹的过程。

(1) 建立首页(又叫主页)文件和首页元素文件夹

① 建立首页文件。在站点里,把光标移动到本地文件列"站点-zxweb(F:\zxweb)"上,右击,在弹出的快捷菜单中选择"新建文件"命令,如图 11-30 所示。

这时新建的文件是一个默认文件 untitled. html,因为这里建立的是静态文件,所以文件后缀为. html,把刚建好的文件重命名为 index. html,这是必要的,文件名 index. html 是主页文件的一个约定俗成的命名法。不管是静态网站还是动态网站,所有的主页名都应该以 index 或者 default 名称命名的,只是不同的语言,后缀名不同而已,这里是静态文件,其后缀名 html;如果是动态网站,其主页的后缀名可以为 jsp、aspx,因此它们相应的主页名称则为 index. jsp、index. aspx 或 default. jsp、default. aspx 等。双击 index. html 就可以打开文件进行网页编辑,重命名后如图 11-31 所示。

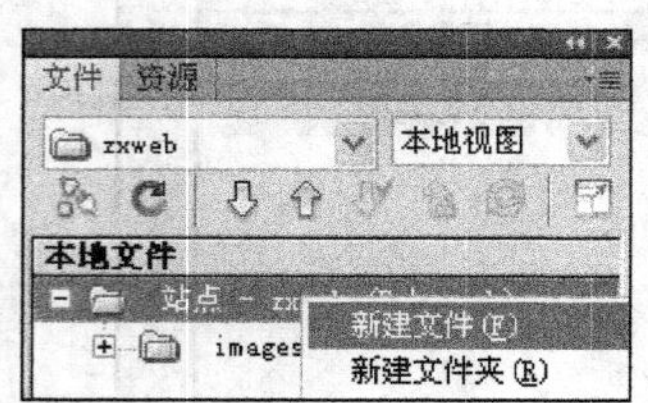

图 11-30 “新建文件”命令

图 11-31 站点里增加主页文件图

② 建立首页元素文件夹。网页由很多元素组成，所以必须建立一个规范化的网站才能更好地制作网页，因此还要继续在网站里添加制作首页时需用到的存放不同元素的文件夹，如动画文件夹、源文件文件夹、文本文件夹、视频文件夹等，这些文件夹的建立方法相同，下面以建立动画文件夹为例，介绍在站点根目录下建立各种文件夹的方法，步骤如下。

把光标移动到本地文件列“站点-zxweb(F:\zxweb)”上，右击，在弹出的快捷菜单中选择“新建文件夹”命令，如图 11-32 所示。

然后把文件夹名称改为：flash，说明这是动画文件夹；其他的以此类推。制作首页所需用到的存放不同元素的文件夹建立好后，如图 11-33 所示。

现在看到的所有文件夹就是站点根目录文件夹，单击图 11-33 中站点前面的“－”号时可以把所有的文件夹折叠起来，再单击又会再次展开。

(2) 建立子页元素文件夹和子页文件

按照同样方法，建立所有子页所需要的各种元素文件夹，如图 11-34 所示。

图 11-32 “新建文件夹”命令

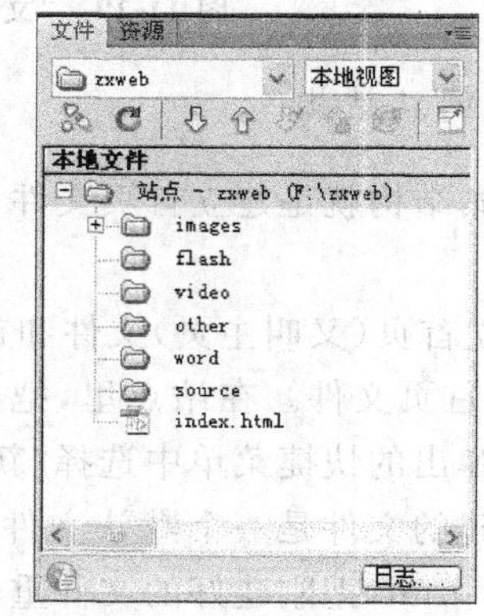

图 11-33 首页元素文件夹

从图 11-34 中可以看出，站点里多了很多文件夹，这些文件夹既包括主页元素文件夹，也包括子页文件夹，每个子页文件夹还包含其所需要的网页和网页元素文件夹，如图 11-35 所示，当展开子页项目展示 xmzs 文件夹时，可以看见其中包含 xmzs.html 文件和存放网页元素的文件夹，如图像文件夹、源文件文件夹、动画文件夹等。

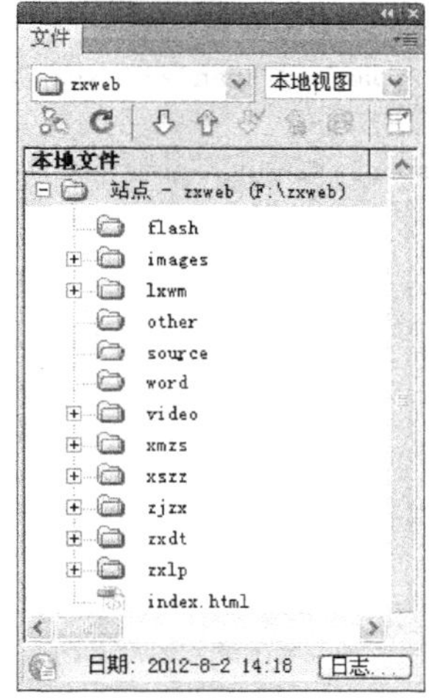

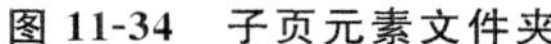
图 11-34 子页元素文件夹

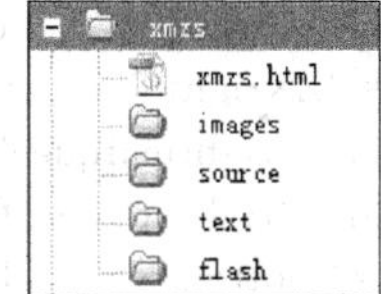

图 11-35 子页文件夹包含的文件和文件夹

素材准备好、站点结构搭好之后，接下来就可以进行网页制作。

11.9.3 首页制作

网站由一页一页的网页组成，其中第一页为首页，也就是主页，其他为子页，当然有些网站还有预载页，这里不再阐述。主页虽然只有一张，但却是整个网站的精华所在，非常重要。下面介绍主页制作过程。

1. 搭建主页架构与网页内容的编写

制作网页时首先要搭建主页架构，这时就需要运行 IE 插件帮助学习。在整个学习过程中，特别推荐读者能够全程使用 IE 插件。

回到文件面板，在站点里双击打开主页 index.html，这时，在网页的设计视图里没有看见任何的网页元素，切换到代码视图，可以看到网页的基本结构代码，可以通过键盘输入完成首页代码架构(在<body></body>之间)。

```
<html><head>
<meta http-equiv="Content-Type" content="text/html; charset=utf-8" />
<title>欢迎光临房地产主页</title>
<link href="css/index.css" rel="stylesheet" type="text/css" /></head>
<body>
<div id="ZXcontainer">
   <div id="ZXbanner">
      <div id="ZXlogo"></div>
      <div id="ZXmenu">
          <ul>
          <li></li><li></li><li></li><li></li><li></li></ul>
   </div>
```

```
        <div id="ZXnav"></div>
</div>
    <div id="ZXadv">
        <span></span><span></span><span></span><span></span><span>
</span>
        <span></span><span></span><span></span></div>
    <div id="ZXcontent">
        <div id="ZXleft">
            <div id="leftxmzs"></div>
            <div id="leftlink"></div></div>
        <div id="ZXmid">
            <div id="midtjlp"></div>
            <div id="leflslp"></div></div>
        <div id="ZXright">
            <div id="rightmarquee"></div>
            <div id="rightqt"></div></div></div>
    <div id="ZXbottom"></div>
</div></body></html>
```

完成架构搭建后可以对网页具体内容进行编写。

2. 完成所有网页元素的插入或输入

主页 index. html 代码如下:

```
<html><head>
<meta http-equiv="Content-Type" content="text/html; charset=utf-8" />
<title>欢迎光临房地产主页</title>
<link href="css/index.css" rel="stylesheet" type="text/css" />
<script type="text/javascript">
<!--
function MM_swapImgRestore() { //v3.0
  var i,x,a=document.MM_sr; for(i=0;a&&i<a.length&&(x=a[i])&&x.oSrc;i++) x.src=
x.oSrc;
}
function MM_preloadImages() { //v3.0
  var d=document; if(d.images){ if(!d.MM_p) d.MM_p=new Array();
    var i,j=d.MM_p.length,a=MM_preloadImages.arguments; for(i=0; i<a.length; i++)
    if (a[i].indexOf("#")!=0){ d.MM_p[j]=new Image; d.MM_p[j++].src=a[i];}}
}
function MM_findObj(n, d) { //v4.01
  var p,i,x; if(!d) d=document; if((p=n.indexOf("?"))>0&&parent.frames.length) {
    d=parent.frames[n.substring(p+1)].document; n=n.substring(0,p);}
  if(!(x=d[n])&&d.all) x=d.all[n]; for (i=0;!x&&i<d.forms.length;i++) x=d.forms
[i][n];
  for(i=0;!x&&d.layers&&i<d.layers.length;i++) x=MM_findObj(n,d.layers[i].
document);
  if(!x && d.getElementById) x=d.getElementById(n); return x;
}
function MM_swapImage() { //v3.0
  var i,j=0,x,a=MM_swapImage.arguments; document.MM_sr=new Array; for(i=0;i<
```

```
(a.length-2);i+=3)
   if ((x=MM_findObj(a[i]))!=null){document.MM_sr[j++]=x; if(!x.oSrc) x.oSrc=
x.src; x.src=a[i+2];}
}
function MM_jumpMenu(targ,selObj,restore){ //v3.0
  eval(targ+".location='"+selObj.options[selObj.selectedIndex].value+"'");
  if (restore) selObj.selectedIndex=0;
}
//-->
</script></head>
<body
onload="MM_preloadImages('images/nan11.gif','images/indeximg/xmzs11.gif','images/
indeximg/xmzs12.gif','images/indeximg/xmzs13.gif','images/indeximg/xmzs14.gif','images/
indeximg/xmzs15.gif','images/nav11.jpg','images/nav12.jpg','images/nav13.jpg','images/
nav14.jpg','images/nav15.jpg','images/nav17.jpg')">
<div id="ZXcontainer">
   <div id="ZXbanner">
      <div id="ZXlogo"><img src="images/LOGO.gif" width="80" height="106" /></div>
      <div id="ZXmenu"><ul>
          <li><img src="images/indeximg/menu01.gif" width="50" height="44" /></li>
          <li><img src="images/indeximg/menu02.gif" width="34" height="44" /></li>
          <li><img src="images/indeximg/menu03.gif" width="34" height="44" /></li>
          <li><img src="images/indeximg/menu04.gif" width="34" height="44" /></li>
          <li><img src="images/indeximg/menu05.gif" width="34" height="44" /></li>
</ul>
      </div>
      <!--网页导航-->
      <div id="ZXnav"><a href="index.html" onmouseout="MM_swapImgRestore()"
onmouseover="MM_swapImage('Image27','','images/nav11.jpg',1)"><img src="images/
nav01.jpg"
name="Image27" width="225" height="52" border="0" id="Image27" /></a><a href=
"zjzx.html"
onmouseout="MM_swapImgRestore()"
onmouseover="MM_swapImage('Image28','','images/nav12.jpg',1)"><img src="images/
nav02.jpg"
name="Image28" width="196" height="52" border="0" id="Image28" /></a><a href=
"zxlp.html"
onmouseout="MM_swapImgRestore()"
onmouseover="MM_swapImage('Image29','','images/nav13.jpg',1)"><img src="images/
nav03.jpg"
name="Image29" width="196" height="52" border="0" id="Image29" /></a><a href=
"xmzs.html"
onmouseout="MM_swapImgRestore()" onmouseover="MM_swapImage('Image30','','images/
nav14.jpg',1)"><img src="images/nav04.jpg"
name="Image30" width="196" height="52" border="0" id="Image30" /></a><a href=
"xszz.html"
onmouseout="MM_swapImgRestore()"
onmouseover="MM_swapImage('Image31','','images/nav15.jpg',1)"><img src="images/
nav05.jpg"
name="Image31" width="196" height="52" border="0" id="Image31" /></a><a href=
"lxwm.html"
onmouseout="MM_swapImgRestore()"
```

```
onmouseover="MM_swapImage('Image32','','images/nav17.jpg',1)"><img src="images/
nav07.jpg"
name="Image32" width="194" height="52" border="0" id="Image32" /></a> </div>
   </div>
    <!--网页广告-->
   <div id="ZXadv">
      <span><img src="images/indeximg/adv1.gif" width="147" height="432" /></span>
      <span><img src="images/indeximg/adv2.gif" width="147" height="432" /></span>
      <span><img src="images/indeximg/adv3.gif" width="147" height="432" /></span>
      <span><img src="images/indeximg/adv4.gif" width="147" height="432" /></span>
      <span><img src="images/indeximg/adv5.gif" width="147" height="432" /></span>
      <span><img src="images/indeximg/adv6.gif" width="147" height="432" /></span>
      <span><img src="images/indeximg/adv7.gif" width="147" height="432" /></span>
      <span><img src="images/indeximg/adv8.gif" width="147" height="432" /></span>
</div>
   <!--网页主体内容-->
   <div id="ZXcontent">
     <!--网页主体左边内容-->
     <div id="ZXleft">
        <!--项目展示-->
        <div id="leftxmzs">
          <div id="leftxmzs1"><div>项目展示</div></div>
             <div id="leftxmzs2"><a href="#" onmouseout="MM_swapImgRestore()"
onmouseover="MM_swapImage('Image16','','images/indeximg/xmzs11.gif',1)"><img
src="images/indeximg/xmzs01.gif" name="Image16" width="258" height="38" border="0"
id="Image16" /></a></div>
             <div id="leftxmzs3"><a href="#" onmouseout="MM_swapImgRestore()"
onmouseover="MM_swapImage('Image23','','images/indeximg/xmzs12.gif',1)"><img
src="images/indeximg/xmzs02.gif" name="Image23" width="258" height="38" border="0"
id="Image23" /></a></div>
             <div id="leftxmzs4"><a href="#" onmouseout="MM_swapImgRestore()"
onmouseover="MM_swapImage('Image24','','images/indeximg/xmzs13.gif',1)"><img
src="images/indeximg/xmzs03.gif" name="Image24" width="258" height="38" border="0"
id="Image24" /></a></div>
             <div id="leftxmzs5"><a href="#" onmouseout="MM_swapImgRestore()"
onmouseover="MM_swapImage('Image25','','images/indeximg/xmzs14.gif',1)"><img
src="images/indeximg/xmzs04.gif" name="Image25" width="258" height="38" border="0"
id="Image25" /></a></div>
            <div id="leftxmzs6"><a href="#" onmouseout="MM_swapImgRestore()"
onmouseover="MM_swapImage('Image26','','images/indeximg/xmzs15.gif',1)"><img
src="images/indeximg/xmzs05.gif" name="Image26" width="258" height="38" border="0"
id="Image26" /></a></div>
        </div>
        <!--友情链接-->
        <div id="leftlink">
           <div id="linktitle"><div>友情链接</div></div>
          <form name="form" id="form">
             <select name="jumpMenu" id="jumpMenu" onchange="MM_jumpMenu('parent',
this,0)">
                <option value="#">--请选择--</option>
                <option value="#">--晖煌包装--</option>
```

```
                <option value="#">--华发房地产--</option>
                <option value="#">--万科房地产--</option>
            </select></form></div>
    </div>
    <!--网页主体中间内容-->
    <div id="ZXmid">
      <!--推荐楼盘-->
    <div id="midtjlp">
      <div id="tjlptitle">
      <div id="tjlptitleimg"><img src="images/indeximg/tjlptext.gif" width="84" height=
"28" /></div>
              <div id="tjlpgd"><a href="#">更多>></a></div>
        </div>
        <div id="tjlpimg">
          <div id="tjlpimg1">
                <div><img src="images/indeximg/tjlp1.gif" width="263" height="168" />
</div><br />
                <div>丽雅苑</div></div>
              <div id="tjlpimg2">
                <div><img src="images/indeximg/tjlp2.gif" width="263" height="168" />
</div><br />
                <div>春满园</div></div></div>
        </div>
  <!--历史楼盘-->
  <div id="midhistory">
   <div id="historytitle">
    <div id="historytitleimg"><img src="images/indeximg/lslptext.gif" width="84" height=
"28" /></div>
      <div id="historygd"><a href="#">更多>></a></div></div>
      <div><img src="images/indeximg/history.jpg" width="578" height="168" />
</div></div>
   </div>
     <!--网页主体右边内容-->
    <div id="ZXright">
       <div id="rightmarquee">
           <div id="marqueetitle">
<div id="marqueetitleimg"><img src="images/indeximg/marquee_title.gif" width="195"
height="24" /></div></div>
    <div id="marquee">
      <marquee direction="up" scrollamount="2" scrolldelay="1" height="220px"
onmouseover="this.stop()" onmouseout="this.start()">
                <div><a href="#">珠海忠信丽雅苑入伙通知</a></div>
                <div><a href="#">喜讯:忠信丽雅苑10.1期间...</a></div>
                <div><a href="#">好消息:国庆期间隆重推出...</a></div>
                <div><a href="#">忠信丽雅苑开盘红</a></div>
                <div><a href="#">忠信春满园即将开盘</a></div>
            <div id="marqueegd"><a href="#">更多>></a></div></marquee>
</div>
      </div>
   <div id="rightfczc">
    <div id="fczctitle">
    <div id="fczctitleimg"><img src="images/indeximg/fczc_title.gif" width="195" height=
```

```
"24" /></div>
                </div>
                <div id="fczctext">
                    <div>优化房产调控长效机制</div>
                    <div>预计房地产未来政策基本稳定</div>
                    <div>国务院贯彻落实房地产市场...</div>
                    <div>央行：继续加强货币政策微调</div></div></div>
            </div>
        </div>
    <!--页脚-->
<div id="ZXbottom">
<div id="ZXbottom1"></div>
<div id="ZXbottom2">售楼热线：0756-5112218 销售地址：珠海市斗门连桥路桃源居展销中心
</div>
</div></div>
</body></html>
```

3. 新建与链接样式文件

样式文件作为布局与修饰网页元素的重要文件，其创建方法有多种，这里先介绍与新建主页相同的方法，其他的将在后面的章节中阐述。

（1）新建样式文件夹。前面已介绍过样式文件的建立方法，这里再介绍一种方法，这种方法也很直接和也容易接受，即先在站点根目录下建立一个 CSS 样式文件夹，然后在 CSS 样式文件夹里新建样式文件。新建样式文件夹的操作步骤跟新建动画文件夹等相同，文件夹名称为 CSS，这样就一目了然地知道这是存放样式的文件夹。

（2）新建样式文件。把光标移动到 CSS 样式文件夹上，右击，在弹出的快捷菜单中选择“新建文件”命令，这时建立了一个名为 untitled. html 的默认文件，把这个文件重命名为 index. css，如图 11-36 所示。

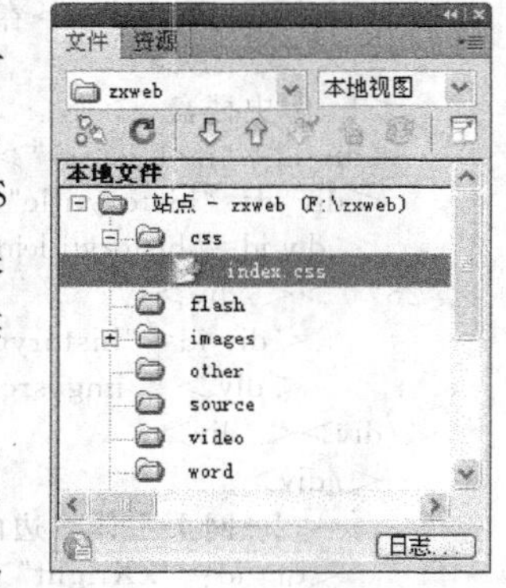

图 11-36 新建样式文件

（3）删除代码。index. css 文件是由原来的网页文件更改过来的，所以打开此文件时可能会留有原来网页文件的结构代码，只需把代码删除即可。

（4）连接样式文件。前面已介绍过将样式文件链接到网页的方法（见项目三中的任务 3.3），链接好后，双击打开主页文件 index. html，在代码<head></head>之间有如下链接代码。

```
<link href="css/index.css" rel="stylesheet" type="text/css" />
```

链接的样式可以直接控制主页里的任何网页元素，实现用户所期望的网页制作效果，经过前面的设计与准备，主页的制作正式开始。

4. 完成修饰与控制主页的样式文件编写

修饰与控制主页的样式文件是保存在 CSS 文件夹里的 index. css 文件，文件代码如下：

```
@charset "utf-8";
/*修饰与控制主页的样式代码*/
body{ font-size:14px; color:#333; margin-top:1px; }
/*网页框架*/
#ZXcontainer{ width:1203px; margin:0 auto; position:relative; }
/*网页 banner*/
#ZXbanner{ background:url(../images/indeximg/banner_bg.gif) repeat-x;}
#ZXlogo{ margin-left:50px;}
/*网页 banner 右边菜单*/
#ZXmenu{ width:300px; height:44px;position:absolute; top:50px; right:20px;}
#ZXmenu ul{ list-style-type:none; margin-left:0px; margin-top:0px; }
#ZXmenu ul li{ float:left; margin:0px 6px;}
/*网页导航*/
#ZXnav{ width:1203px; }
#ZXadv{ margin-left:12px;}

/*网页主体内容*/
#ZXcontent{ width:1181px; height:490px; margin-top:20px; margin-left:12px; }

   /*网页主体左边内容*/
   #ZXleft{ width:288px; float:left; height:480px;}
     /*项目展示*/
    #leftxmzs{ height:315px;text-align:center;color:#FFF; font-family:"黑体";background-
color:#F0F0F0;font-size:20px;letter-spacing:10px;}
    #leftxmzs div{ margin-bottom:15px;}
    #leftxmzs1{background-color:#c40001; height:40px;}
    #leftxmzs1 div{ position:relative; top:11px;}

    /*友情链接*/
    #leftlink{ margin-top:26px;height:139px; text-align:center;color:#FFF; font-family:"黑
体";background-color:#F0F0F0;font-size:20px;letter-spacing:10px; /*同上*/}
    #linktitle{background-color:#c40001; height:40px;}
    #linktitle div{ position:relative; top:11px; /*同上*/}
    #leftlink form{ margin-top:20px; }
        #leftlink form select{ width:180px; }

  /*网页主体中间内容*/
   #ZXmid{ width:578px; float:left; margin-left:17px; height:480px;}
    /*推荐楼盘*/
    #midtjlp{ height:258px;text-align:center; font-size:16px; font-family:"宋体"; color:#666}
    #tjlptitle{ background:url(../images/mid_bg.gif) repeat-x; width:578px; height:28px;}
    #tjlptitleimg{ float:left; }
    #tjlpgd{ float:right; margin-right:10px;}
    #tjlpgd a:link,#tjlpgd a:visited{ color:#333; font-size:14px; text-decoration:none}
    #tjlpgd a:hover{ color:#F60; text-decoration:none}
    #tjlpimg{ height:230px;}
    #tjlpimg1{ float:left; background-color:#f0f0f0; height:210px; width:263px;
```

```
        /* padding:10px 10px auto 10px;无效代码 */ border:10px solid #F0F0F0;}
    #tjlpimg2{ float:right; background-color:#f0f0f0; height:210px; width:263px;
        /* padding:10px 10px auto 10px;无效代码 */ border:10px solid #F0F0F0;}

    /* 历史楼盘 */
    #midhistory{ clear:both; padding-top:26px;  /* 特别要注意的代码,不能用 margin-top */
height:196px;}
    #historytitle{background:url(../images/mid_bg.gif) repeat-x; width:578px; height:28px;}
    #historytitleimg{ float:left;}
    #historygd{ float:right; margin-right:10px;}
    #historygd a:link, #historygd a:visited{ color:#333; font-size:14px; text-decoration:none}
    #historygd a:hover{ color:#933; text-decoration:none}

/* 网页主体右边内容 */
    #ZXright{ width:280px; height:480px; float:left; margin-left:17px; }
    #rightmarquee{ height:260px; }
    #marquee{background-color:#f0f0f0; margin-top:13px;}
    #marquee div{ margin-left:10px; background:url(../images/icon2.gif) no-repeat 0px 3px;
            padding-left:15px; margin-bottom:15px;}
    #marquee a:link, #marquee a:visited{ color:#333; font-size:14px; text-decoration:none}
    #marquee a:hover{ color:#6C6; text-decoration:none}
    #marqueegd{ float:right; margin-right:5px;}

    #rightfczc{ margin-top:26px; height:194px;}
    #fczctext{ background-color:#f0f0f0; margin-top:13px;height:144px; padding-top:13px; }
    #fczctext div{ margin:0px 0px 13px 10px; background:url(../images/icon.gif) no-repeat
0px 3px; padding-left:15px; }
    #ZXbottom{ clear:both; }
    #ZXbottom1{ background:url(../images/indeximg/btm_bg.jpg) repeat-x; width:1203px;
height:52px;}
    #ZXbottom2{ background-color:#999; width:1203px; height:40px;text-align:center; font-
size:16px; font-family:"黑体"; padding-top:10px; }
```

小技巧：CSS 盒子的计算方法如下。

CSS 盒子在图像处理软件里已经设计好，所以基本上按原始尺寸进行网页布局即可，但是布局网页是一项非常细致与严谨的工作，所谓差之毫厘，谬以千里，一个像素就会影响整个网页的布局，所以计算时要慎之又慎，不能粗心大意。为了彻底解决网页计算问题，下面将列出重要内容的宽度与高度计算方法。

(1) 网页主体内容的宽度计算。

(2) 网页主体内容的高度计算。

按上、中、下计算，左边主体内容按照如图 11-37 所示方法划分。

左边主体内容计算方法：

leftxmzs＋上下距离＋leftlink＝ 315px＋26px＋139px＝480px

其中，上下距离是 margin-top，26px。

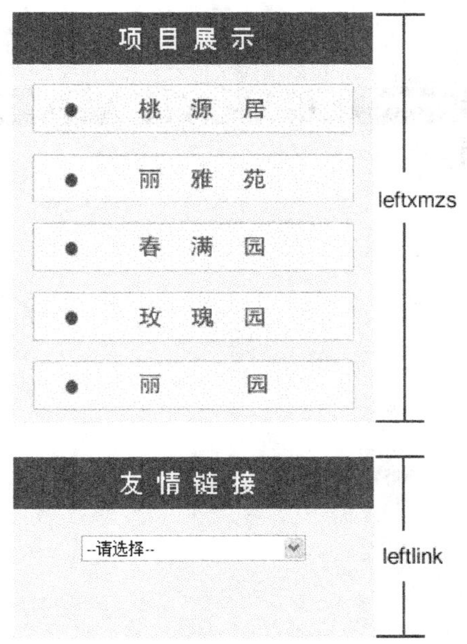

图 11-37 左边主体内容计算高度示例图

同样,中间主体内容计算方法:

midtjlp+上下距离+midhistory= 258px+26px+196px= 480px

其中,上下距离是 padding-top,26px。

右边主体内容计算方法:

rightmarquee+上下距离+rightfczc=260px+ 26px+194px= 480px

194px=13px+144px+13px+24px

其中,margin-top:13px;

height:144px;

padding-top:13px;

图片高度:24px。

这里非常容易弄错,一定要加倍注意。

只有掌握计算方法,进行网页布局才能得心应手。

11.9.4 子页制作

子页的制作方法与主页类似,通过图形图像处理软件,先把子页效果图设计好,然后根据效果图制作各个子页。

根据行业习惯,制作的子页通常与主页风格一致,色调也相同,本网站子页也遵循这个做法,设计完成的子页效果如图 11-38 所示。

从图 11-38 可以看出,子页的上半部分和主体的左边相同,右边却为空白,为什么?原因很简单,子页在风格等方面虽然与主页一致,但每个网页内容都不相同,所以空白地方就是留给每个网页添加不同内容,是特意设计所致。下面介绍如何通过 Dreamweaver

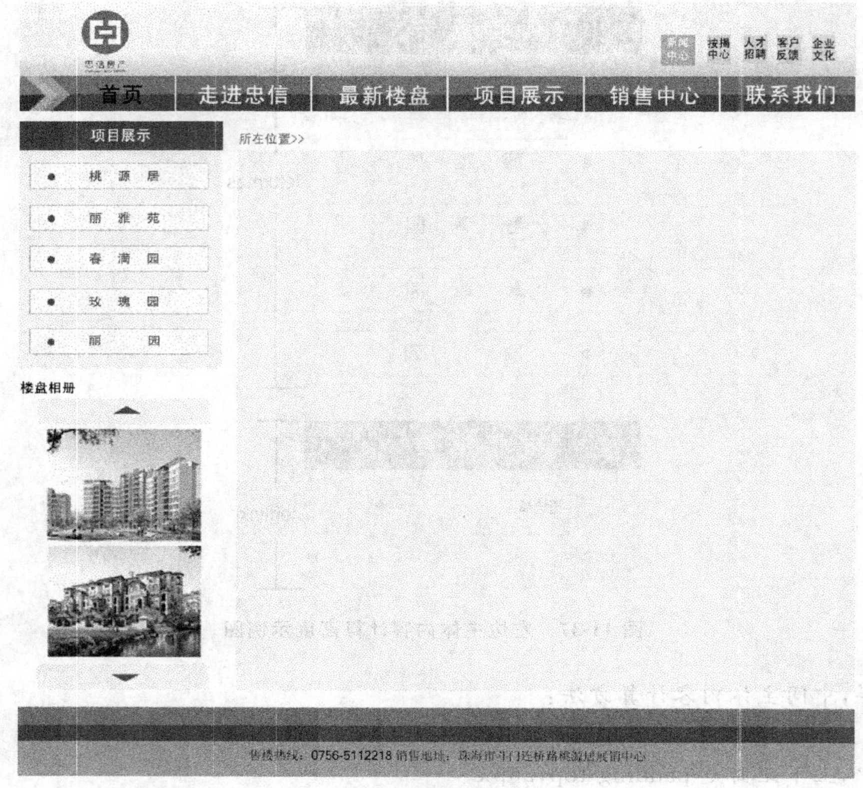

图 11-38　子页页面效果图

软件制作子页。

1. 去掉多余部分

既然子页的制作方法与主页相同，那么就可以继续利用主页制作子页，以达到更快的制作效果。因为同一个网站网页风格等都是一致的，所以可以通过建立模板进行子页制作。

模板的制作在前面已经介绍过，这里直接针对房地产网站的例子，进一步通过实例讲解加深对模板应用的学习。直接把主页复制一份，以作模板之用。操作如下。

在网站管理面板里的 zxweb 站点下，移动光标到 index.html 文件上，右击，在弹出的快捷菜单中选择“复制”命令，如图 11-39 所示。

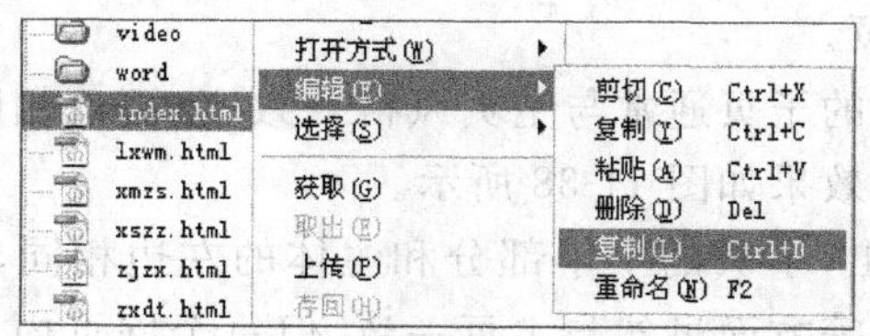

图 11-39　选择“复制”命令

注意：如果选择“复制”命令，还要在站点根目录下右击选择“粘贴”命令，这样才完成复制过程，而选择“复制”命令就可一次完成“复制”与“粘贴”过程。

这时在站点根目录下复制了一个主页文件，把名称改为 moban. html 时出现“更新”对话框，单击“更新”命令，原来的 index. css 文件同时供两个网页文件使用，就用 moban. html 这个文件来做模板。

但是 moban. html 和 index. html 文件同时使用样式文件 index. css 文件是不够规范的做法，所以为了规范主页与子页样式文件，可以把 index. css 文件复制一份，重命名为 zy. css，另外回到 moban. html 文件修改链接的样式文件，这样主页与子页的样式文件可以分开使用，既规范又大大方便了网页制作，操作步骤如下。

(1) 在站点下展开 CSS 文件夹，移动光标到 index. css 文件处，右击，同上复制方法复制一份 index. css 文件，并重命名为 zy. css。

(2) 打开 moban. html 文件，切换到代码处，在连接样式代码处修改链接文件名，改名后代码为：

```
<link href="css/zy.css" rel="stylesheet" type="text/css" />
```

因为此时的 index. css 文件和 zy. css 文件都是一样的，所以修改链接样式代码后的 moban. html 网页没有任何改变，当然可以适当增删 zy. css 文件里的代码。

完成以上操作后，就可以制作子页模板，打开 moban. html 文件，把多余的元素删除，留下的元素预览效果如图 11-40 所示。

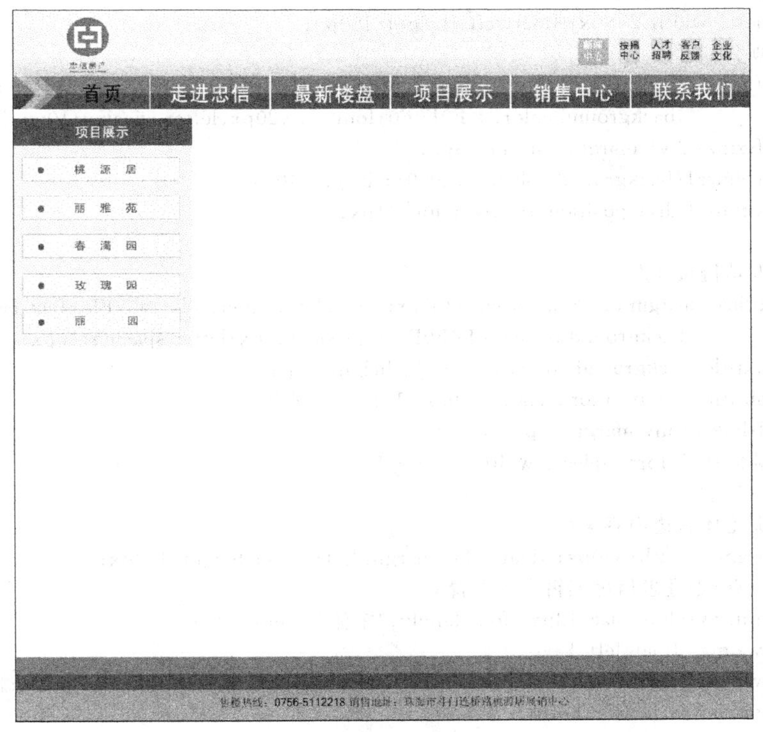

图 11-40 留下来的元素预览效果图

要把 moban.html 文件制作成模板，还要进一步修改和添加内容。根据本网站主题的特点，要想吸引更多人的眼球，达到更好的视觉效果，在内容和美感方面应多下工夫。同样，要在 Dreamweaver 软件里制作网页，跟主页制作一样，必须有样式文件控制，由于篇幅问题，下面只展示子页样式文件代码。

子页样式文件代码：

```
body{ font-size:14px; color:#333; margin-top:1px; }
/*网页框架*/
#ZXcontainer{ width:1203px; margin:0 auto; position:relative; }
/*网页 banner*/
#ZXbanner{ background:url(../images/indeximg/banner_bg.gif) repeat-x;}
#ZXlogo{ margin-left:50px;}
/*网页 banner 右边菜单*/
#ZXmenu{ width:300px; height:44px;position:absolute; top:50px; right:20px;}
#ZXmenu ul{ list-style-type:none; margin-left:0px; margin-top:0px; }
#ZXmenu ul li{ float:left; margin:0px 6px;}
/*网页导航*/
#ZXnav{ width:1203px; }
#ZXadv{ margin-left:12px;}

/*网页主体内容*/
#ZXcontent{ width:1203px; height:490px; margin-top:20px; }

  /*网页主体左边内容*/
  #ZXleft{ width:288px; float:left; height:480px;}
   /*项目展示*/
   #leftxmzs{ height:315px;text-align:center;color:#FFF; font-family:"黑体";
               background-color:#F0F0F0;font-size:20px;letter-spacing:10px;}
   #leftxmzs div{ margin-bottom:15px;}
   #leftxmzs1{background-color:#c40001; height:40px;}
   #leftxmzs1 div{ position:relative; top:11px;}

   /*友情链接*/
   #leftlink{ margin-top:26px;height:139px; text-align:center;color:#FFF; font-family:"黑体";
              background-color:#F0F0F0;font-size:20px;letter-spacing:10px; /*同上*/ }
   #linktitle{background-color:#c40001; height:40px;}
   #linktitle div{ position:relative; top:11px; /*同上*/}
   #leftlink form{ margin-top:20px; }
      #leftlink form select{ width:180px; }

 /*网页主体右边内容*/
  #ZXright{ width:890px; float:left; margin-left:25px; height:480px;}
   /*子页:走进忠信可编辑内容设置*/
   #rightszwz{font-size:13px; font-family:"宋体"; color:#666}
   #szwzimg{ float:left;}
   #szwztext{ float:left; font-size:16px; font-family:"黑体"; padding-top:7px;}
   #rightcontent{ clear:both;}
   /*子页:最新楼盘可编辑内容设置*/
```

```
/* 子页：项目展示可编辑内容设置 */

#ZXbottom{ clear:both; }
#ZXbottom1{ background:url(../images/indeximg/btm_bg.jpg) repeat-x; width:1203px;
           height:52px;}
#ZXbottom2{ background-color:#999; width:1203px; height:40px;text-align:center; font-size:
16px; font-family:"黑体"; padding-top:10px; }
```

此时整个网页文件的结构如图 11-41 所示。

右边区域结构图如图 11-42 所示。

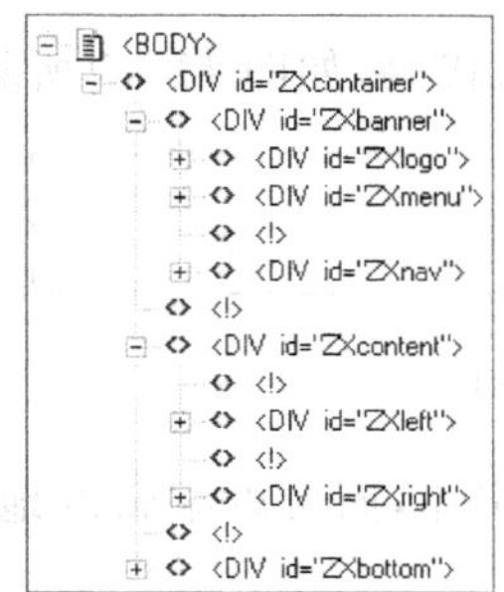

图 11-41 moban.html 文件结构图

图 11-42 右边可编辑区域结构图

2. 插入可编辑区域

从上面制作中(或图 11-40 的 moban.html 文件页面效果图)可以得知这个模板可以变化的部分就是网页主体内容的右边,如何插入可编辑区域呢？具体操作就是把这里可以变化的部分变成可以编辑的地方,而且可以编辑的地方不止一处。

每张子页内容不同,指向内容也不同,因而第一处可编辑地方就设在“所在位置”处,具体步骤如下。

(1) 把光标定位在“所在位置”右边空白处,即光标定位在第二对＜div id＝"szwztext"＞＜/div＞标签之间,切换到代码视图,然后执行“插入”→“模板对象”→“可编辑区域”命令,如图 11-43 所示。

(2) 系统首先弹出一个提示对话框,内容提示为“Dreamweaver 将自动将此文档转换为模板”,单击“确定”按钮即可,然后再弹出一个“新建可编辑区域”对话框,这里自动生成一个名为“EditRegion1”的可编辑名称,这个名称可以根据需要进行修改,这里按默认设置,单击“确定”按钮,完成第一个可编辑区域的插入。这时可见“所在位置”旁边处增加了一个名为“EditRegion1”的可编辑区域字样,如图 11-44 所示。

注意:这里可以看到上下两个地方都写着“EditRegion1”字样,上方的是可编辑区域名称,下方的是自动生成并且与编辑区域名称相同的默认文字;前者在代码视图状态下可以修改,后者不管在设计视图状态下还是在代码视图状态下都可以修改。因此,这里就是用户要制作的地方。

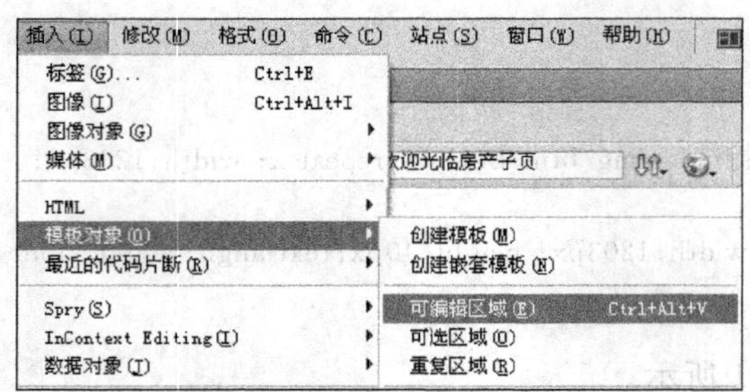

图 11-43 “可编辑区域”命令

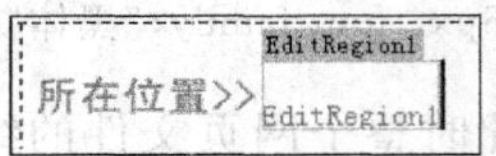

图 11-44 可编辑区域字样

此时，切换到代码视图，可以看到插入的可编辑区域代码，如图 11-45 所示。

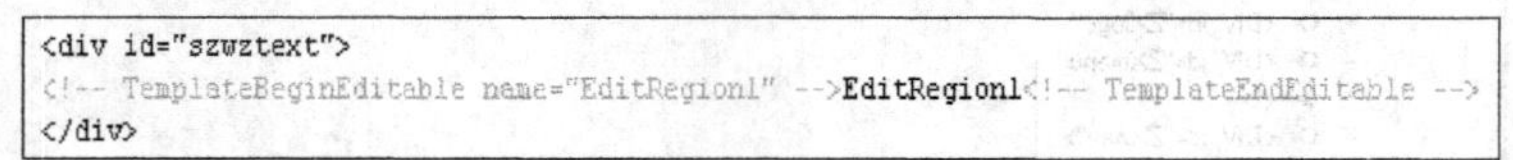

```
<div id="szwztext">
<!-- TemplateBeginEditable name="EditRegion1" -->EditRegion1<!-- TemplateEndEditable -->
</div>
```

图 11-45 所在位置可编辑区域代码

从图 11-45 可以看到，可编辑区域属性设置为灰色字体，而可以编辑的地方为黑色字体，而上方名称在网页预览时为不可见元素。

第二处可编辑区域的插入方法与上面相同，其插入位置就是“所在位置”下方，即在<div id="rightcontent"></div>标签之间，插入完成后代码如图 11-46 所示。

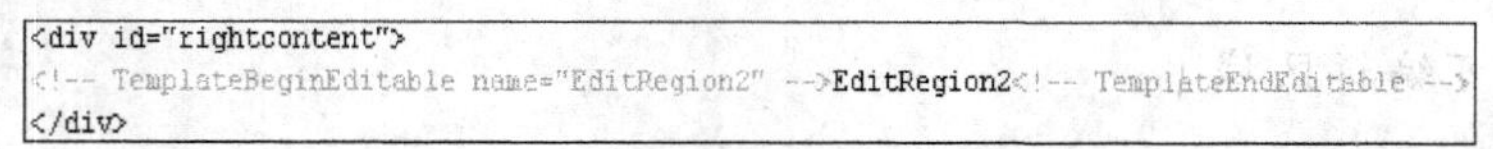

```
<div id="rightcontent">
<!-- TemplateBeginEditable name="EditRegion2" -->EditRegion2<!-- TemplateEndEditable -->
</div>
```

图 11-46 右边主体内容可编辑区域代码

接下来就可以保存模板，但最好检查一下导航条的超链接，如果原来没有链接好，现在务必调整过来。

3. 保存成模板

完成可编辑区域操作后就可以把这个文件进一步变成模板文件，操作步骤如下。

(1) 执行“文件”→“另存为模板”命令，如图 11-47 所示。

(2) 在弹出的“另存模板”对话框中，“站点”下拉列表框出现制作站点“zxweb”(如果没有出现这个网站，说明操作有误，可能就是没建立站点，必须建立网站才能进行下去，否则会造成更大的失误)；在其下方“现存的模板”文本框出现“没有模板”字样，说明这是此网站的新模板或者说是第一个模板，这里不用管；“描述”文本框也可以不管；要设置的地方就是“另存为”文本框，这里把默认的与文件名相同的 moban 名字改为 zy，单击“保存”按钮，如图 11-48 所示。

接着出现更新提示对话框，如图 11-49 所示。

这时，细心地观察一下，就会发现，原来的 moban.html 文件不见了，取而代之的是 zy.dwt 文件，这就是新建的模板文件，其链接的依然是 zy.css 文件，原来的 moban.html 文件并没有消失，而是自动关闭，回到网站管理面板仍可以找到这个文件，此时它功成身退，原来它是一个完成模板制作的过渡文件。

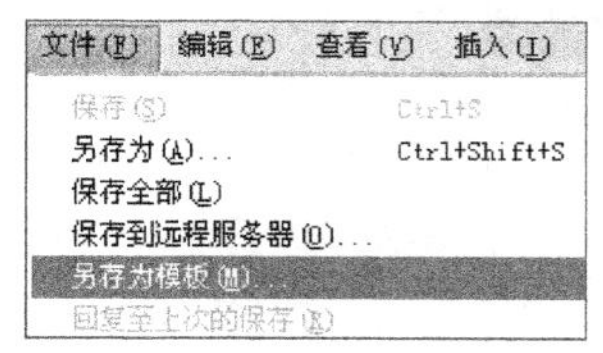

图 11-47 “另存为模板”命令

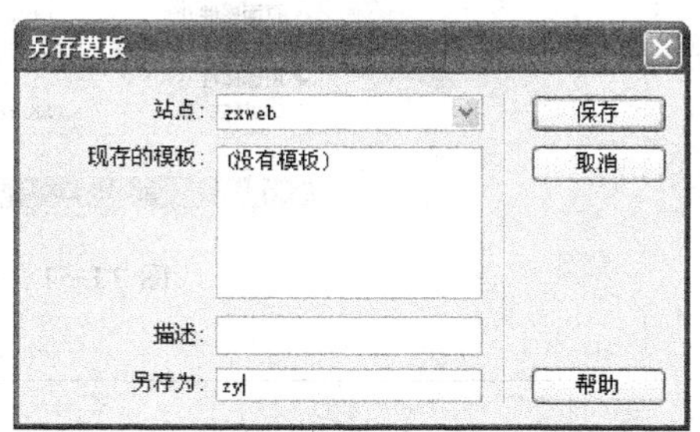

图 11-48 另存为模板设置效果图

(3) 回到网站管理面板,这时会自动生成模板文件夹和模板文件,如图 11-50 所示。

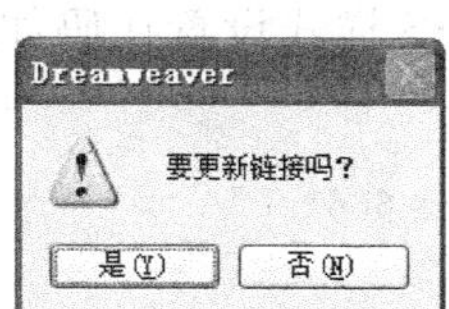

图 11-49 另存为模板更新提示

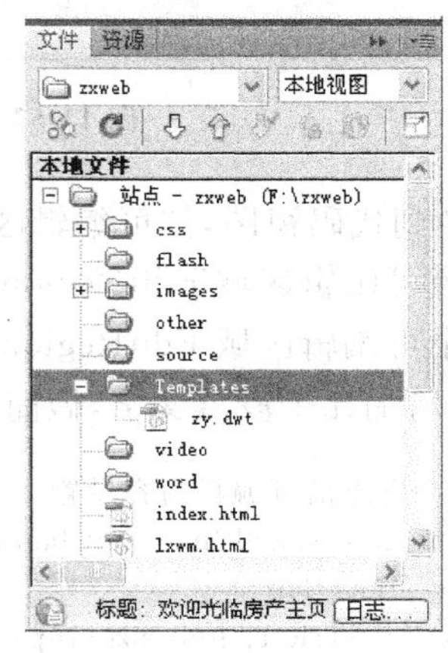

图 11-50 站点里生成模板

文件夹 Templates 就是自动生成的模板文件夹,其目录下的 zy.dwt 文件就是刚刚建立的模板,可以通过这个模板进一步制作各子页页面。

4. 各子页制作

接下来制作子页,首先把模板导入到各子页中才能制作出相同风格的页面,导入方法如下。

(1) 以 zjzx.html 页面为例,打开该文件,此时的文件没有加入任何元素,所以在设计视图里没有任何元素。

(2) 执行“修改”→“模板”→“应用模板到页”命令,如图 11-51 所示。

(3) 在弹出的对话框中选择模板 zy,“当模板改变时更新页面”复选框按默认设置选中,单击“选定”按钮。

这时在设计视图里,光标移动到可编辑区域时才转换成可编辑光标,否则均为不可编辑光标。另外,在页面右上角的地方会出现 zy 模板字样,说明已套用了 zy 模板。

而在代码视图里,除了可编辑区域是黑色字体,其余均为灰色字体,表示不可修改,图 11-52 所示为部分代码。

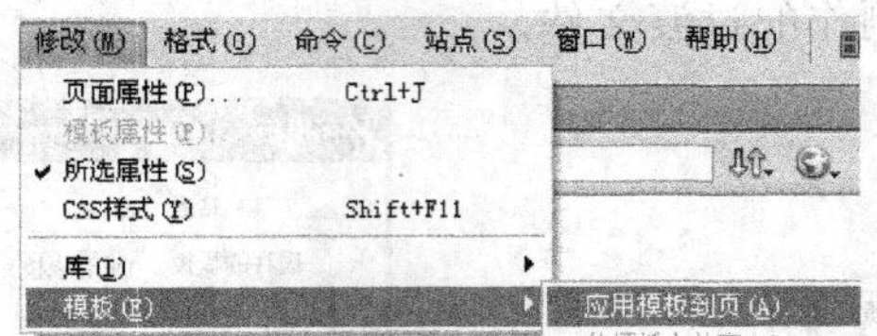

图 11-51　套用模板命令

```
<div id="rightszwz">
  <div id="szwzimg"><img src="images/zyimg/szwz.gif" width="103" height="29" /></div>
  <div id="szwztext">
  <!-- InstanceBeginEditable name="EditRegion1" -->EditRegion1<!-- InstanceEndEditable -->
  </div>
</div>
 <div id="rightcontent">
 <!-- InstanceBeginEditable name="EditRegion2" -->EditRegion2<!-- InstanceEndEditable -->
 </div>
```

图 11-52　代码视图里的模板代码

(4) 切换到代码视图，把可编辑区域结构做好。

在第一个可编辑区域 EditRegion1 处输入：走进忠信，把 EditRegion1 字样去掉。

在第二个可编辑区域 EditRegion2 处加入代码<p></p>等，这个编辑区域内容较简单，只需要增加几个段落文字，做简单修饰即可，CSS 样式设置代码如下：

```
/*子页:走进忠信可编辑内容设置*/
#rightszwz{font-size:13px; font-family:"宋体"; color:#666}
#szwzimg{ float:left;}
#szwztext{ float:left; font-size:16px; font-family:"黑体"; padding-top:7px;}
#rightcontent{ clear:both;}
#rightcontent p{ font-size:14px; text-indent:29px; line-height:22px;}
```

至此，子页 zjzx.html 文件制作完毕，效果如图 11-53 所示。

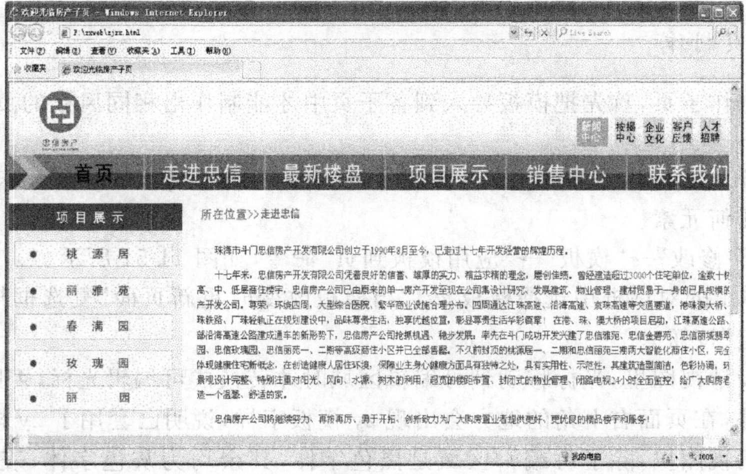

图 11-53　子页 zjzx.html 文件预览效果图

实训 11　综合网站设计与制作

1．实训目的

（1）进一步使学生熟练掌握 Dreamweaver 的基本操作和操作环境。

（2）熟练掌握站点的管理、文本、图像和链接、框架、表单的使用等。

（3）掌握站点设计和规划的步骤。

（4）培养学生在网页“主题展示”、“页面布局”、“色彩搭配”等方面的综合设计能力。

（5）提高独立分析问题和解决问题的能力，为以后从事网站设计和管理打下坚实的基础。

2．实训内容

（1）编写网站需求分析，规划网站。

（2）学会从网页的构思、版式、色彩等方面赋予网页新颖独特的样式，给浏览者以良好的视觉感受。

（3）制作良好的浏览导航，栏目合理，让浏览者可以很容易地找到想要的东西，网页内容便于浏览。

（4）制作与主题相符合的内容，加强创新意识。

（5）网页中应体现精美的文字、精致的图片、漂亮合适的动画和合理的布局。

（6）包含多个子页。

3．实训总结

完成上述制作，对制作过程进行总结。

（1）

（2）

（3）

（4）

（5）

任务 11.10　后台动态页面制作

本教程需读者具备一定的计算机使用基础并掌握基本的 Dreamweaver 软件制作网页技巧，适合没有手工编码基础或只需简单学习 ASP 动态网页制作的一般网页设计师或者美工人员作为了解来学习。

11.10.1 背景知识介绍

1. 什么是静态网页和动态网页

静态网页一般是指纯客户端运行的代码编写的页面，网页浏览器就是客户端，客户端看到的网页代码就是原本设计的网页代码。静态网页一般适用于信息更新较少的展示型网站，优点是访问速度较快，缺点是信息更新需要手工更改页面，由此带来维护管理的不方便。

动态网页一般指用 ASP、PHP、JSP、. NET 等编程语言编写的运行于服务器端的代码，访问者在浏览器看到的是经过服务器处理后的结果(访问者无法看到这个文件的动态部分源代码，看到的只是通过服务器执行后的 HTML 代码)。动态网页指的是数据的动态更新而不是 GIF、Flash 或 JavaScript 等实现的页面动画效果，不要把"动态"理解成"动画"。

2. 什么是 ASP

ASP(Active Server Page)是微软公司开发的一个应用，意为"动态服务网页"。ASP 可以与数据库和其他程序进行交互，ASP 网页可以包含 HTML 标记、普通文本、脚本命令以及 COM 组件等。利用 ASP 可以向网页中添加交互式内容(如用户注册、用户登录、在线调查、用户管理、订单管理等)，现在常用于建设各种中小型动态网站。ASP 代码由"<%"和"%>"包含起来，ASP 文件的后缀名是. asp，ASP 工作流程示意如图 11-54 所示。

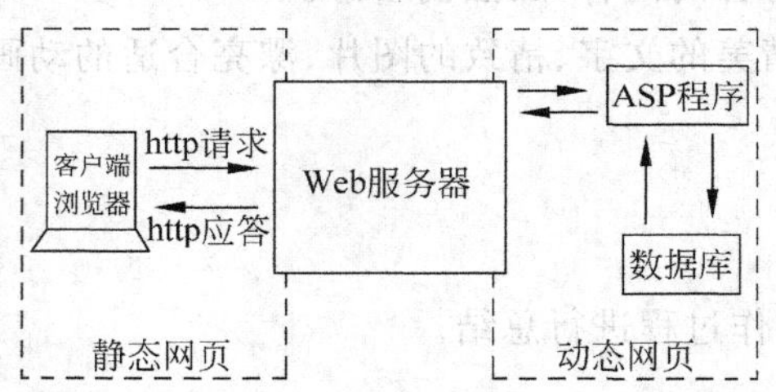

图 11-54 ASP 工作流程示意图

3. 为何要使用 Dreamweaver 编写 ASP

ASP 和 HTML 文件一样也是纯文本文件，所以可以使用任何一种文本工具来编辑 ASP 文件。如果要系统学习 ASP，则需要学习相关很多知识如 VBScript、数据库等。Dreamweaver 不但是设计网页的最佳工具，同时也可进行多种动态网页的制作，ASP 便是其中之一。使用 Dreamweaver 自带的生成功能来开发 ASP 页面，具有减少手工写代码的优点，从而能够让开发者把精力用在业务上，使之从枯燥乏味复杂的代码编写中解脱出来。虽然从更加专业的角度来说，用 Dreamweaver 提供的功能来编写 ASP 等动态网页未必是特别合适的，但是它提供了一种简单快速，易于理解操作的制作动态网页的方法，作为动态语言的初学者或者网页美工设计人员的入门学习还是比较合适的。

4. 使用 Dreamweaver 编写 ASP 留言板的过程

在动手制作之前，先来了解一下使用 Dreamweaver 编定 ASP 留言板的大致流程。

(1) 首先要在计算机上安装能调试 ASP 页面的 IIS 服务器。

(2) 接下来要做分析，以确定这个留言板的功能。

(3) 根据确定好的功能，用 Dreamweaver 制作留言板原型页面。

(4) 接着为留言板建立一个 Access 数据库。并设计好存放数据所需的表和字段。

(5) 使用 Dreamweaver 制作能实现动态功能的 ASP 页面。

(6) 在浏览器里查看效果。如提示有错误，还需根据提示信息排除错误。

(7) 申请免费空间，上传发布这个留言板。

初次接触动态网页制作的学习者，可以先简单了解以上知识，再通过实例来慢慢体会理解。动态网站的开发有一套完整规范的开发流程。如有需要，可以进一步深入学习相关内容。

11.10.2 IIS 服务器环境搭建

动态网页必须依赖一定的服务器环境才能正确地运行，要在本机上进行调试，需先配置好服务器环境。对 ASP 而言，一般使用微软公司的 IIS(Internet Information Services，互联网信息服务)服务器，它可以被安装在 Windows 操作系统的服务器版(如 Windows 2008)及开发版和专业版(如 Windows XP Professional)上，但家庭版(如 Windows XP home)并不能安装。下面就以 Windows 7 旗舰版操作系统为例来介绍如何安装配置 IIS 服务器。

(1) 打开控制面板，单击"程序和功能"选项，如图 11-55 所示。

图 11-55 选择"程序和功能"选项

(2) 在"Windows 功能"对话框中选择"打开或关闭 Windows 功能"选项，打开窗口。单击"Internet 信息服务"前面的"+"按钮展开其子项，选中"Web 管理工具"复选框。然后单击"确定"按钮。这时安装过程会自动启动，如图 11-56 所示。

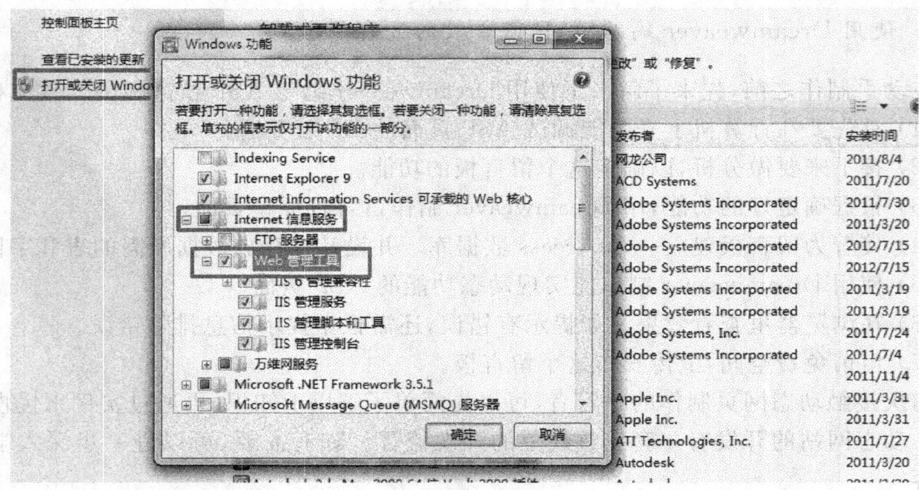

图 11-56　打开“Web 管理工具”

（3）根据提示一步步操作即可完成安装。安装完成之后本机充当的既是服务器端，又是客户端。先来测试一下，打开浏览器，在地址栏输入 http://localhost/，看到类似如图 11-57 所示的页面就表示 IIS 已经安装成功了。

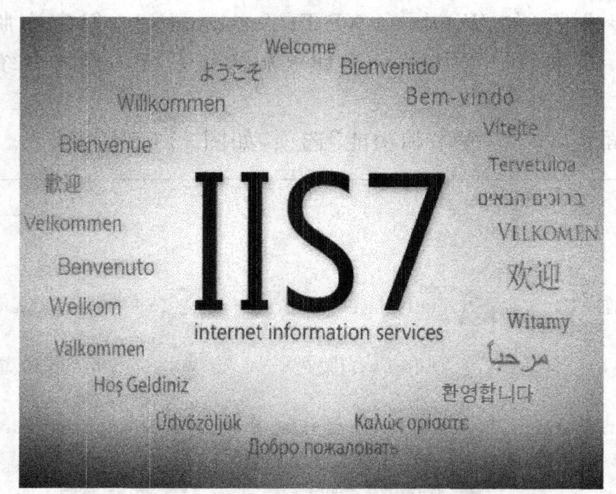

图 11-57　IIS 安装成功页面

（4）如何发布已编写好的 ASP 页面呢？还需要对 IIS 做一番设置。再次进入“控制面板”，单击“管理工具”选项，在打开的界面上找到“Internet 信息服务(IIS)管理器”选项并双击，进入 IIS 设置，如图 11-58 所示。

打开的 IIS 管理器默认界面如图 11-59 所示。它分为左、中、右 3 个部分。左边是 IIS 服务信息，展开可以看到“网站→Default Web Site(默认站点)”服务。中间部分是服务所对应的管理功能模块，双击模块图标可进行对应的设置。右边是操作区，单击对应的项可进行设置操作。如需详细了解，可以选择“联机帮助”选项来查阅微软官方资料。

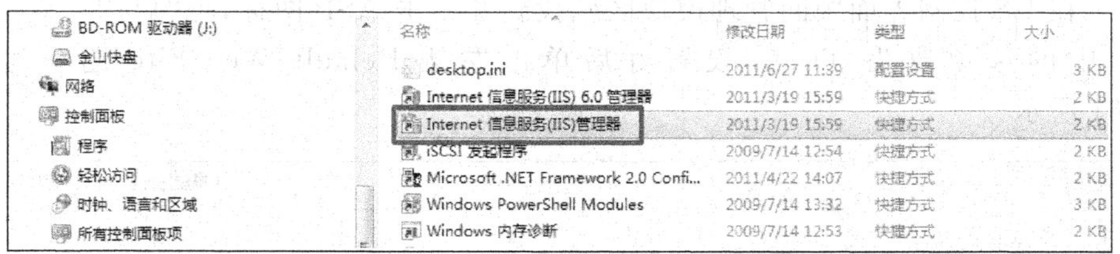

图 11-58　进入 IIS 设置界面

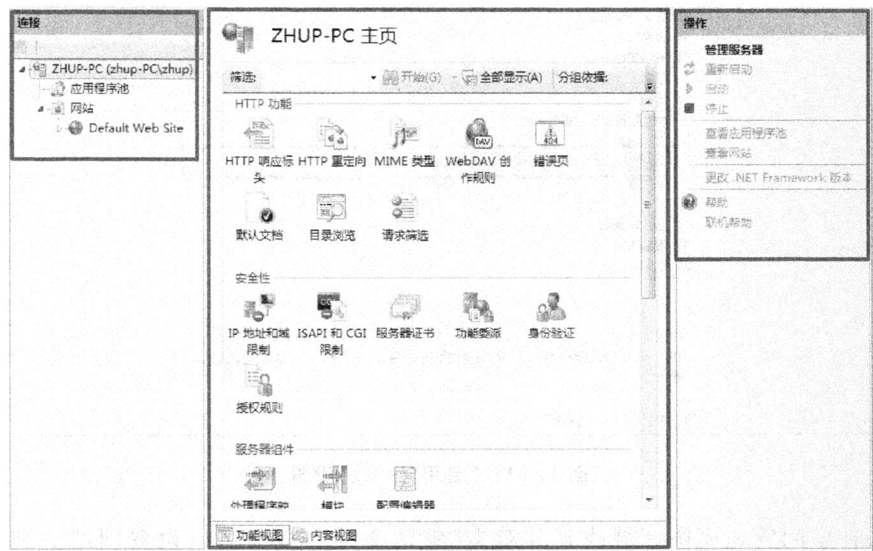

图 11-59　IIS 管理器默认界面

（5）配置 IIS 的站点。在 IIS 控制界面左边依次展开，选择 Default Web Site 选项，单击右边的“高级设置”选项，可以设置网站的主目录。一般来说使用默认的路径（目录是用户的系统盘：\inetpub\wwwroot）不需要设置，如图 11-60 所示。

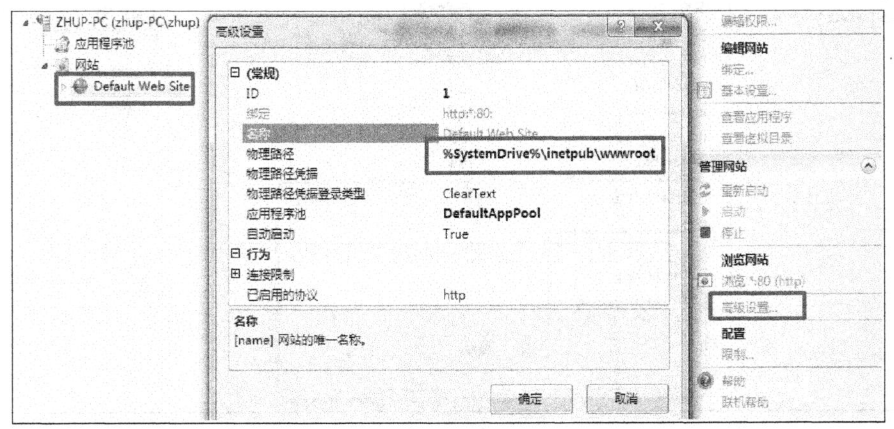

图 11-60　配置 IIS 的站点

(6) 在 IIS 控制界面中间管理模块区域找到并双击 ASP 图标，把“启用父路径”下拉列表框中的选项改为 True。设置好后单击左侧 Default Web Site 选项返回，如图 11-61 所示。

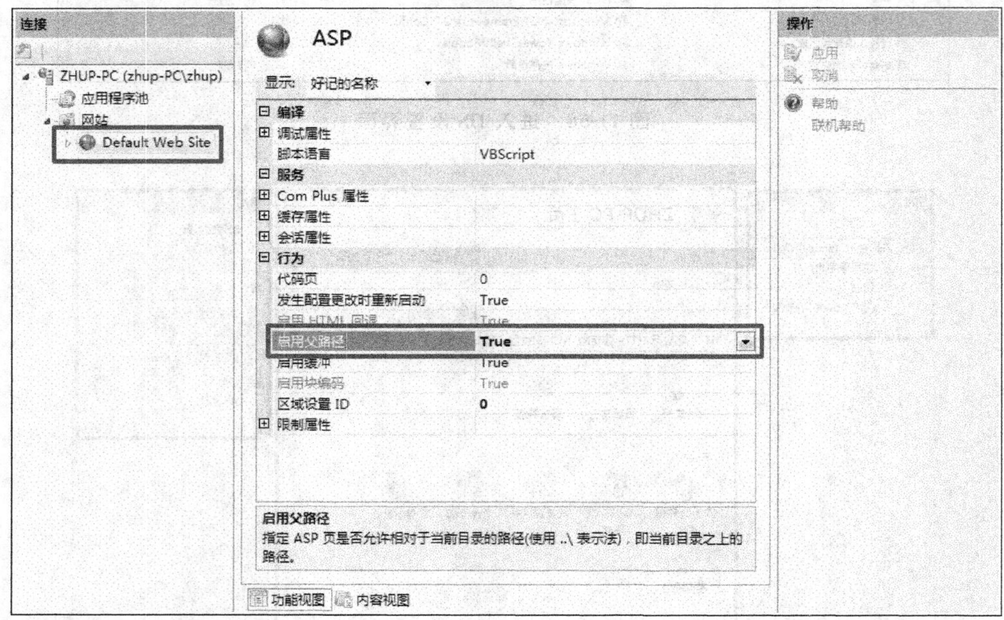

图 11-61 “启用父路径”设置

(7) 在中间管理模块区域找到并双击“默认文档”选项，可以设置网站的默认文档。这里增加一个默认文档 index.asp，如图 11-62 所示。

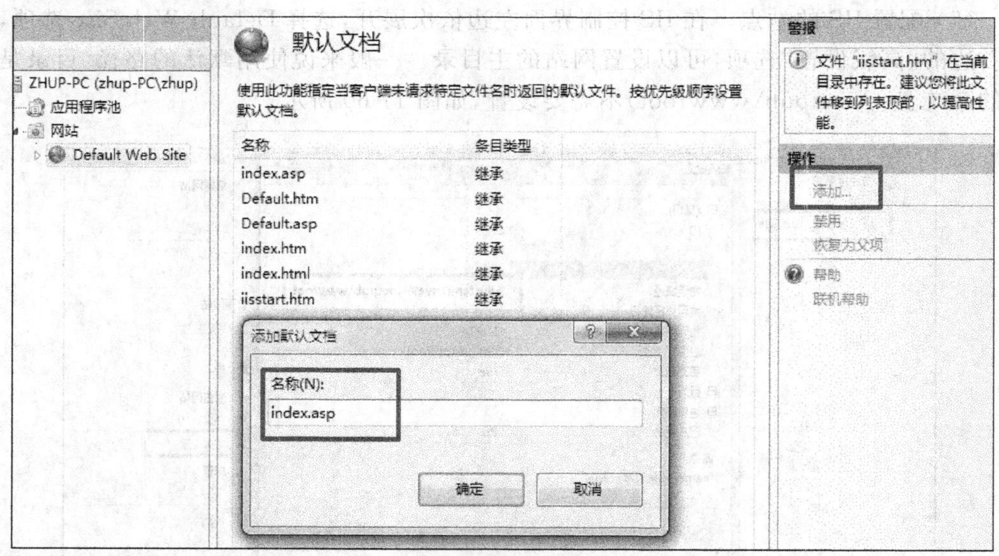

图 11-62 增加默认文档 index.asp

(8) 在 IIS 控制界面中还有很多项目可以设置，一般来讲都可以使用默认的设置。如果需要自行设置，必须深入学习 IIS 服务器的相关知识。

(9) 在进行了简单的设置之后，下面编写一个 ASP 页面来测试一下。打开记事本程序，在里面录入全英文字符：＜%＝now()%＞，将文件保存到 C：\inetpub\wwwroot 文件夹(也就是在 IIS 服务器的主目录下)，命名为 time. asp，如图 11-63 所示。

图 11-63 编写测试时间文件

(10) 在浏览器地址栏输入 http://localhost/time. asp，这时页面上会输出本机的当前时间，如图 11-64 所示。

图 11-64 测试时间文件效果图

(11) 测试编写的 ASP 或 HTML 页面都可以用类似的方法运行，如果网站较多还可以设置不同的文件夹目录。在网站主目录下，可以建立子目录来存放网页。例如在 C：\inetpub\wwwroot 文件夹下建一个子目录 lyb，里面有网页 xyz. htm，访问这个网页的 URL 就是：http://localhost/lyb/xyz. htm。如果要把网页跟局域网内的人分享，可以把地址部分的 localhost 替换成本机的 IP 地址(如：http://192. 168. 1. 15/lyb/xyz. htm)。

(12) 在实际制作中，如果有很多个项目，是不是都必须放在主目录下呢？当然不是，这种情况可以设置虚拟目录。虚拟目录简单的理解就是虚拟一个像主目录那样可供 Web 来访问的目录，虚拟目录可以把某个非主目录映射成 IIS 主目录下的一个子目录。有关虚拟目录的具体设置方法可以上网搜索相关内容。限于篇幅，这里不作详细介绍。

通过上面的步骤，IIS 服务就基本搭建好了，可以在本机或者局域网内调试或分享你的静态 HTML 网站或 ASP 网站了。

11.10.3 留言板分析

1. 留言板功能分析

在动手制作动态网站项目之前，应当先做好基本的功能需求分析。它是决定动态网站项目成功与否非常重要的一方面。项目越大、越复杂，分析文档就越要详细准确。

为便于学习，这个留言板只设定非常基础的功能。首先要有一个供访客查看留言的页面。其次还要有让访客填写留言的功能。从访客角度来说，这两个功能就够了(浏览者只需要能看到留言和能提交留言就可以了)。除此之外，留言板还要具备一定的管理功能，比如登录、修改、回复、删除。有了这些功能，就可以对访客的留言做些基本的处理，如图 11-65 所示。

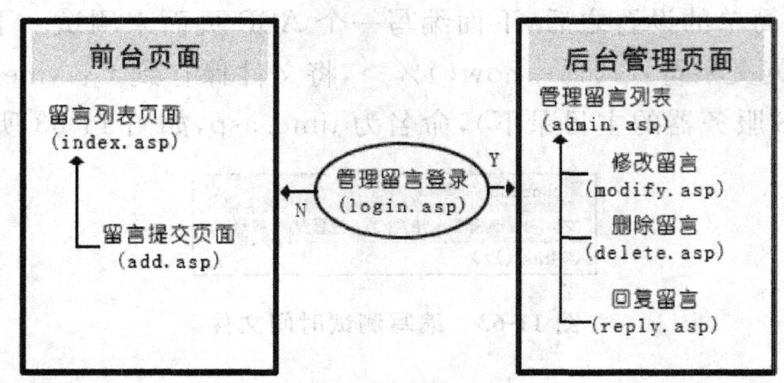

图 11-65 留言板功能图

2. 制作留言板静态页面原型

功能需求确定之后就可以开始制作静态的原型页面了。原型，对网站来讲，就是将页面模块、元素进行排版布局和美工，深入一些的，还会加入一些交互性的元素，使其更加具体、形象和生动并具备一定的描述业务流程功能的静态页面。动态网站的原型通常的表现形式就是一个静态网站。

11.10.4 定义留言板站点

1. 定义站点

和静态网站项目一样，首先在 Dreamweaver 里定义好站点。把站点目录设在主目录 C:\inetpub\wwwroot\lyb 文件夹下。打开 Dreamweaver CS4，执行“站点”→“新建站点”→“本地信息”命令，按图 11-66 进行设置。

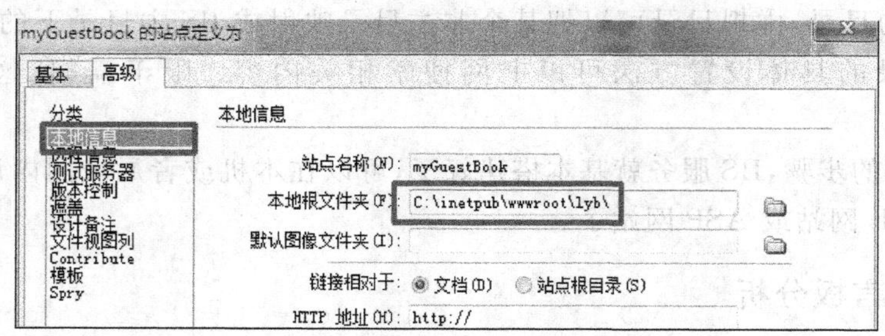

图 11-66 定义动态站点 1

2. 测试服务器

为了方便后面制作 ASP 页面，继续对“测试服务器”进行设置，如图 11-67 所示。

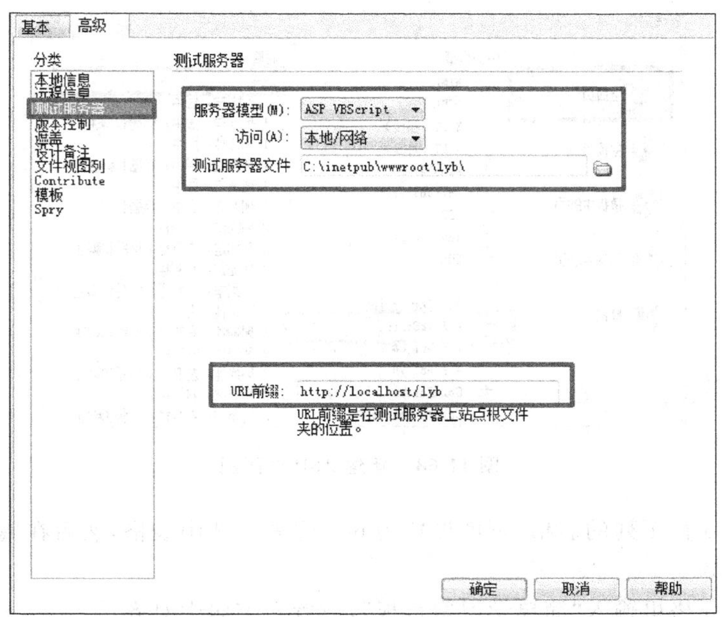

图 11-67　定义动态站点 2

3. 制作留言板原型

原型页面一般都做成纯静态的 HTML 页面，这里为了方便后面的制作，在这一步就把页面保存成 ASP 格式，并且布局使用 TABLE，也不使用任何图片（掌握了基本操作再加上美工或者下一个项目在做原型时就把美工做好都是可以的），分别制作如下几个页面，见表 11-1。

表 11-1　留言板原型页面

页 面 名 称	页面功能说明
index. asp	显示留言列表
add. asp	提交留言
login. asp	管理登录
admin. asp	管理留言列表
modify. asp	修改留言
reply. asp	回复留言
delete. asp	删除留言

4. 显示留言列表页(index. asp)

在 Dreamweaver 中新建网页，执行“文件”→“新建”命令，在文档对话框中选择 ASP VBScript 类型的文档，保存时命名为“index. asp”，并修改页面标题为“留言板首页”，如图 11-68 所示。

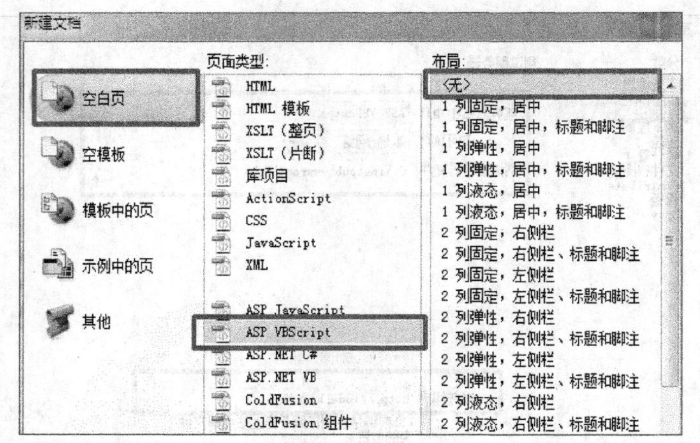

图 11-68　新建 ASP 页面图

插入一个 5 行 1 列的表格，宽度设置为 600 像素。选中表格，然后在属性面板中把它设置为居中对齐。

第一行单元格里输入“简单学习留言板”，设置文字居中对齐。

第二行单元格里输入：“我要留言”，“查看”，“管理”并分别加上超链接：add.asp，index.asp，login.asp 并设置文字居右对齐。

第三行单元格是用来显示访客留言及访客资料的区域，在这个单元格里再插入一个 3 行 1 列的表格（为方便区分，称为“内表格”），宽 100%，内表格第一行单元格里的内容：“留言者：”、“发表时间”、“QQ”、“电子邮箱”。内表格第二行单元格里的内容为：“留言内容：”。内表格第三行单元格内容为：“回复：”。

接下来是外层表格的第四行，输入“首页”、“上页”、“下页”、“尾页”，设置文字居右对齐。

外层表格第五行输入“版权没有 随你复制”，设置文字居中对齐。完成后效果如图 11-69 所示。

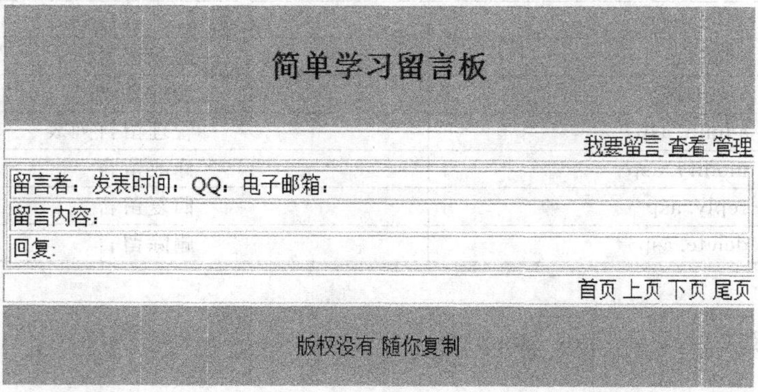

简单学习留言板

我要留言 查看 管理

留言者：发表时间：QQ：电子邮箱：

留言内容：

回复：

首页 上页 下页 尾页

版权没有 随你复制

图 11-69　留言列表页（index.asp）图

页面代码如下。

```
<body>
<table width="600" border="1" align="center">
  <tr>
    <td height="95" align="center" bgcolor="#6699FF"><h2>简单学习留言板</h2>
</td>
  </tr>
  <tr>
    <td align="right"><a href="add.asp">我要留言</a> <a href="index.asp">查看
</a> <a href="login.asp">管理</a></td>
  </tr>
  <tr>
    <td><table width="600" border="1">
      <tr>
        <td>留言者：发表时间：QQ：电子邮箱：</td>
      </tr>
      <tr>
        <td>留言内容：</td>
      </tr>
      <tr>
        <td>回复：</td>
      </tr>
    </table></td>
  </tr>
  <tr>
    <td align="right">首页 上页 下页 尾页</td>
  </tr>
  <tr>
    <td height="62" align="center" bgcolor="#6699FF">版权没有 随你复制</td>
  </tr>
</table>
</body>
```

5. 添加留言页(add.asp)

新建一个名为 add.asp 的页面，插入一个 3 行 3 列的表格，在“姓名”后添加文本字段，在属性面板上为其命名为 name。在“信箱”后添加文本字段，在属性面板上为其命名为 e-mail。在 QQ 后添加文本字段，在属性面板上为其命名为 qq。在“留言”后添加文本区域，在属性面板上为其命名为 content。按钮“提交”的动作选择“提交表单”。页面效果如图 11-70 所示。

设置好后的 HTML 代码如下所示。

```
<body>
<form id="form1" name="form1" method="post" action="">
<table width="600" border="1" align="center">
  <tr>
    <td height="36" align="center" bgcolor="#6699FF" colspan="3">发表留言</td>
```

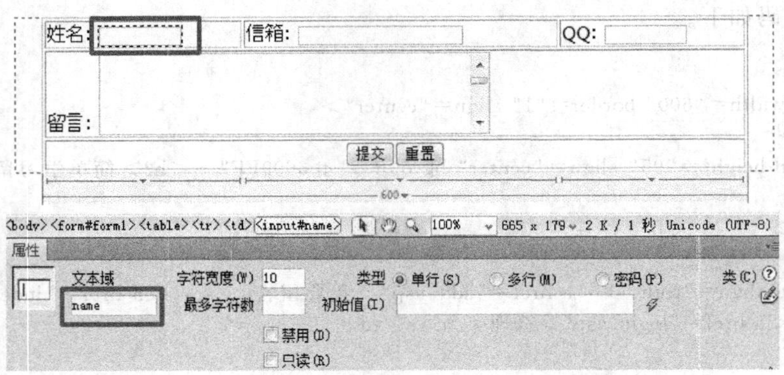

图 11-70　添加留言页(add. asp)

```
    </tr>
    <tr>
      <td>姓名:
      <input name="name" type="text" id="name" size="10" /></td>
      <td>信箱:
      <input name="email" type="text" id="email" size="20" /></td>
      <td>QQ:
      <input name="qq" type="text" id="qq" size="10" /></td>
    </tr>
    <tr>
      <td colspan="3">留言:
          <textarea name="contant" id="contant" cols="45" rows="5"></textarea>
      </td>
    </tr>
    <tr>
      <td colspan="3" align="center">
          <input type="submit" name="button" id="button" value="提交" />
          <input type="reset" name="button2" id="button2" value="重置" />
      </td>
    </tr>
  </table>
  </form>
  </body>
```

6. 管理留言列表页(admin. asp)

管理页 admin. asp 其实跟留言板首页 index. asp 功能差不多,可以暂时先不做这个页面,等到后面添加完 index. asp 页面的所有动态部分后直接另存成 admin. asp 即可,在这个基础上再根据需要添加修改会节省很多宝贵的时间。

7. 登录页(login. asp)

新建管理员登录页面 login. asp,表格布局如图 11-71 所示。

图 11-71　登录页(login. asp)

代码如下。

```
<body>
<form id="form1" name="form1" method="post" action="">
<table width="300" border="1" align="center">
  <tr>
    <td height="36" align="center" bgcolor="#6699FF">管理员登录</td>
  </tr>
  <tr>
    <td>用户名:<input name="admName" type="text" id="admName" /></td>
  </tr>
  <tr>
    <td>密 码:<input name="admPwd" type="text" id="admPwd" /></td>
  </tr>
  <tr>
    <td align="center">
        <input type="submit" name="button" id="button" value="提交" />
        <input type="reset" name="button2" id="button2" value="重置" />
    </td>
  </tr>
</table>
</form>
</body>
```

8. 回复页(reply. asp)

创建回复页面 reply. asp,表格布局参考如图 11-72 所示。

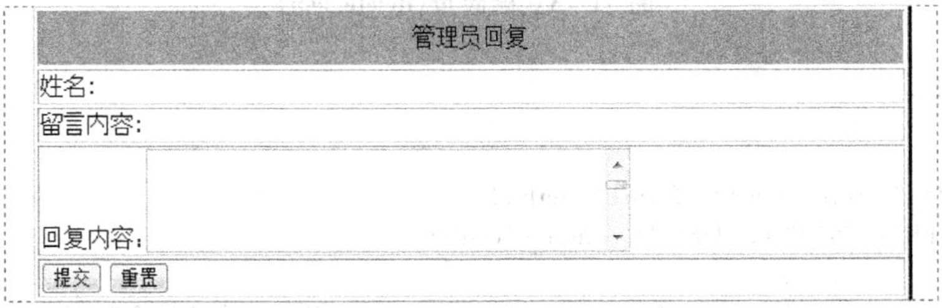

图 11-72　管理员回复页(reply. asp)

代码如下。

```
<body>
```

```
<form id="form1" name="form1" method="post" action="">
<table width="600" border="1" align="center">
  <tr>
    <td height="36" align="center" bgcolor="#6699FF">管理员回复</td>
  </tr>
  <tr>
    <td>姓名：</td>
  </tr>
  <tr>
    <td>留言内容：</td>
  </tr>
  <tr>
    <td>回复内容：<textarea name="reply" id="reply" cols="45" rows="5"></
textarea>
    </td>
  </tr>
  <tr>
    <td>
      <input type="submit" name="button" id="button" value="提交" />
      <input type="reset" name="button2" id="button2" value="重置" />
    </td>
  </tr>
</table>
</form>
</body>
```

9．删除页(delete.asp)

创建删除页面 delete.asp，表格布局如图 11-73 所示。

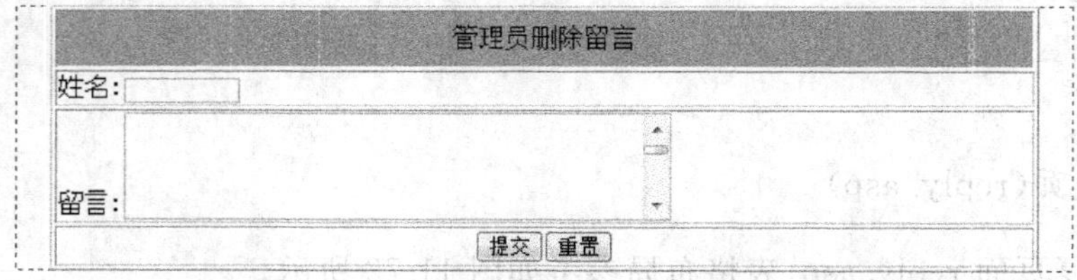

图 11-73　删除页(delete.asp)

代码如下。

```
<body>
<form id="form1" name="form1" method="post" action="">
<table width="600" border="1" align="center">
  <tr>
    <td height="36" align="center" bgcolor="#6699FF">管理员删除留言</td>
  </tr>
  <tr>
    <td>姓名：
      <input name="name" type="text" id="name" size="10" /></td>
    </tr>
```

```
  <tr>
    <td>留言：
        <textarea name="contant" id="contant" cols="45" rows="5"></textarea>
    </td>
  </tr>
  <tr>
    <td align="center">
        <input type="submit" name="button" id="button" value="提交" />
        <input type="reset" name="button2" id="button2" value="重置" />
    </td>
  </tr>
</table>
</form>
</body>
```

10. 编辑页(modify.asp)

编辑留言就是对留言不合理的地方进行修改。新建文件 modify.asp，编辑页面，可直接打开 add.asp，修改页面标题为“修改留言信息”，另存为 modify.asp，如图 11-74 所示。

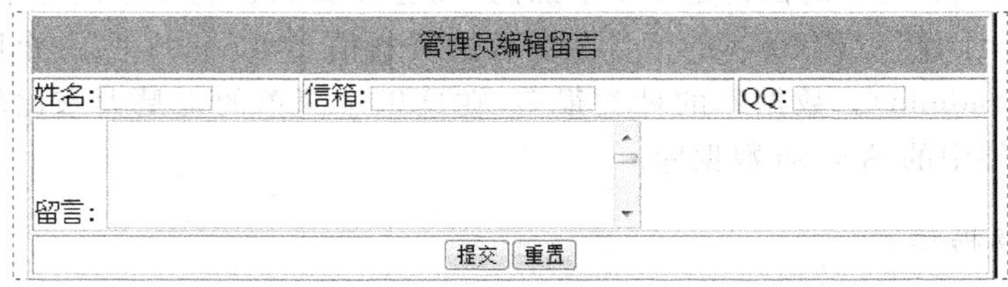

图 11-74　编辑页(modify.asp)

代码如下。

```
<body>
<form id="form1" name="form1" method="post" action="">
<table width="600" border="1" align="center">
  <tr>
    <td height="36" align="center" bgcolor="#6699FF" colspan="3">管理员编辑留言
</td>
  </tr>
  <tr>
    <td>姓名：
    <input name="name" type="text" id="name" size="10" /></td>
    <td>信箱：
    <input name="email" type="text" id="email" size="20" /></td>
    <td>QQ:
    <input name="qq" type="text" id="qq" size="10" /></td>
  </tr>
  <tr>
    <td colspan="3">留言：
```

```
        <textarea name="contant" id="contant" cols="45" rows="5"></textarea>
      </td>
    </tr>
    <tr>
      <td colspan="3" align="center">
        <input type="submit" name="button" id="button" value="提交" />
        <input type="reset" name="button2" id="button2" value="重置" />
      </td>
    </tr>
  </table>
  </form>
  </body>
```

11.10.5 创建和设计数据库

ASP本身并不能储存数据，数据都是存在数据库里的。虽然这个留言本功能比较简单，但也少不了要记录有关留言和回复的信息：访客名称(GuestName)、访客QQ(GuestQQ)、访客信箱(GuestEmail)、留言内容(GuestContent)、留言时间(CrDate)、回复(Reply)、回复时间(ReDate)。还要记录管理员的信息：管理员用户名(adminName)、密码(adminPwd)。访客的留言是不断增加的，而管理员的管理账号固定不变，所以应该分开两个表，一个保存所有访客的留言和访客的资料信息(book)；另一个则保存管理员的账号和密码(admin)。数据库的种类很多，在这里选简单的也是大家比较熟悉的微软Office办公软件中的Access数据库。

1. 创建数据库

本例使用Access 2007来创建，打开Access软件，单击"新建空白数据库"命令，在右下角会提示给数据库命名和选择存储路径，存到留言本所在文件夹(C:\\inetpub\\wwwroot\\lyb文件夹下)，文件类型为Access 2003格式，文件名为gBook.mdb。单击"创建"按钮，这样就创建了一个数据库。注意，Access 2007及以上版本默认的数据库文件格式为ACCDB，这里把数据库文件特意存成Access 2003的MDB格式，是为了取得最大限度的兼容性(因为ACCDB的数据库驱动和MDB的数据库驱动不一样，现在有些空间还不支持ACCDB的数据库驱动)，如图11-75和图11-76所示。

2. 设计数据库表和字段

接下来要在这个数据库中设计存储信息的数据库表及表的字段。单击工具栏上的"视图"按钮，在其下拉菜单中选择"设计视图"选项，在出现的对话框里把表命名为book，如图11-77所示。

在"book"表的设计视图中创建以下字段，如图11-78所示。

关闭表窗口，系统会提示是否保存，单击"是"按钮，这样访客留言的表就建好了。为了使后面制作ASP时能有些测试数据，切换到"数据表视图"手工增加两条数据，如图11-79所示。

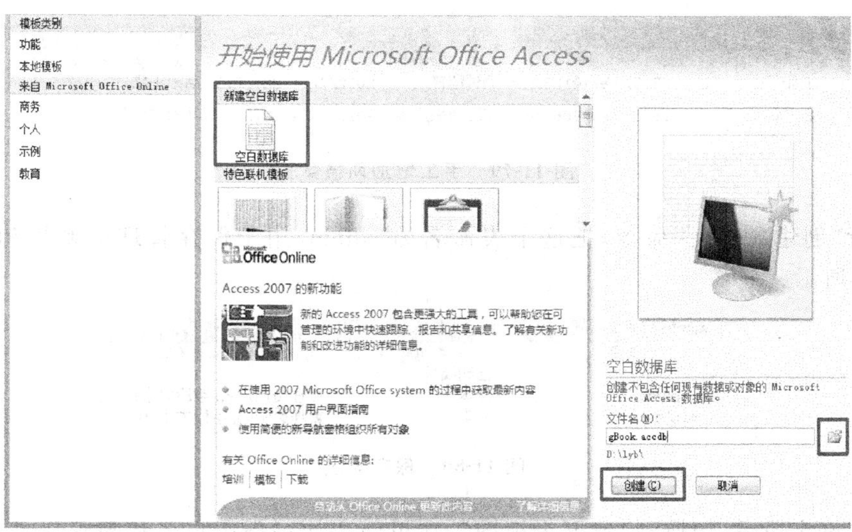

图 11-75　Access 2007 界面

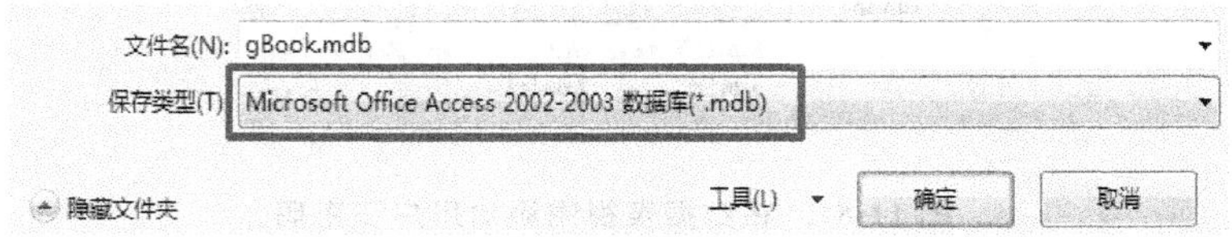

图 11-76　数据库文件命名界面

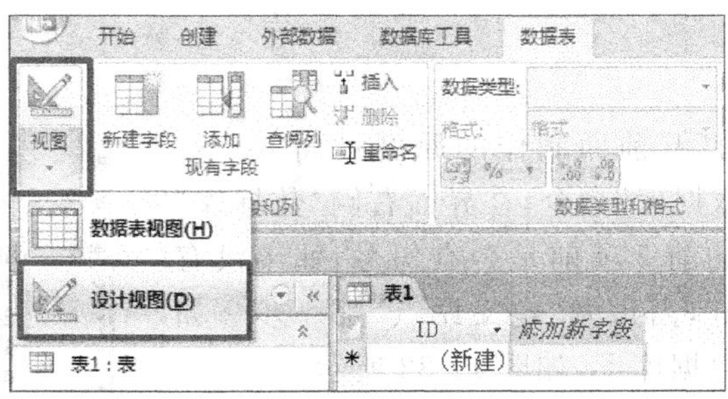

图 11-77　数据表命名

字段名称	数据类型	
id	自动编号	序号
GuestName	文本	留言者名称，字段大小20
GuestQQ	数字	留言者的QQ，因为QQ号是由数字组成
GuestEmail	文本	留言者的电子邮件，字段大小50
GuestContent	备注	留言内容
CrDate	日期/时间	留言时间，设定默认值为Now()
Reply	备注	管理员回复
ReDate	日期/时间	回复时间

图 11-78　创建数据字段

book

id	GuestName	Guest	GuestEmail	GuestConte	CrDate	Reply	ReDate
1	张三	23451	test@123.net	测试留言	2012/7/24 22:17:51	结果正常。	
2	李四	16789	try@456.com	李四前来拜访	2012/7/24 22:18:15	热烈欢迎！	

图 11-79　手工增加两条数据

执行“创建”→“表”命令，把这个表命名为 admin，用于保存管理员账号和密码，如图 11-80 所示。

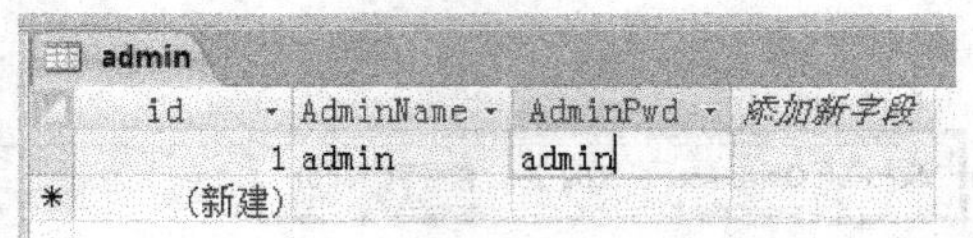

admin

字段名称	数据类型	
id	自动编号	
AdminName	文本	管理员用户名，字段大小10
AdminPwd	文本	管理员密码，字段大小10

图 11-80　保存表名

设计好字段后，切换到“数据表视图”，在里面添加一条用户名和密码都是 admin 的数据，如图 11-81 所示。

admin

id	AdminName	AdminPwd	添加新字段
1	admin	admin	
(新建)			

图 11-81　在数据表视图添加用户和密码

11.10.6　制作 ASP 动态页面

1. 连接数据库

用 Dreamweaver 打开前面制作的原型页面 index.asp。执行“窗口”→“数据库”命令，在界面右侧“数据库”面板检查 4 项提示中的前 3 项前是否有勾号，如果没有就是定义站点没设置好，需重做“定义站点”那一步。如果有就可以开始连接数据库了，如图 11-82 所示。

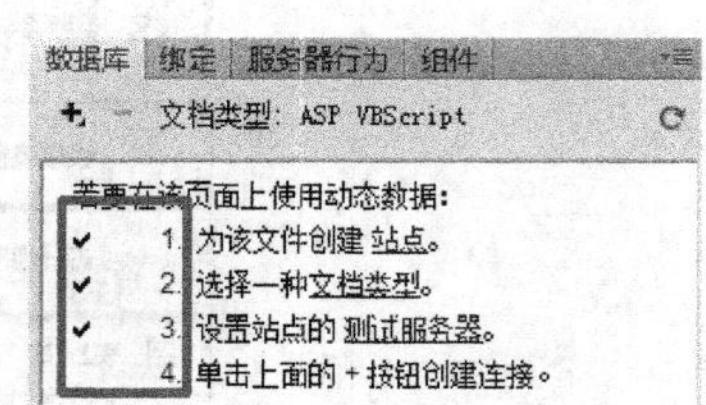

图 11-82　检查站点定义

数据库的连接方法也有多种，这里介绍一种虽麻烦一点但比较稳妥的方法。在“数据库”面板上单击“+”号按钮，在下拉菜单选择“自定义连接字符串”选项。在“自定义连接字符串”对话框中填写连接名称 gbookdb(连接名称可自己定义)。连接字符串：“Provider = Microsoft. Jet. OLEDB. 4. 0; Data Source = C:/inetpub/wwwroot/lyb/gBook. mdb”(如果数据库是 Access 2007 以后版本创建的，则改为：“Provider = Microsoft. ACE. OLEDB. 12. 0; Data Source = C:/inetpub/wwwroot/lyb/gBook. accdb”)，如图 11-83 所示。这里使用了绝对路径，程序开发完成后如果要发布到虚拟主机或者其他空间上，还需要手工更改数据库的路径。具体如何更改放在后面“上传和发布”的相关内容里面介绍。如果还希望弄清楚为什么这样做，可以上网查阅相关资料。这里有比较详细的说明：http://zhidao.baidu.com/question/43831804.html。

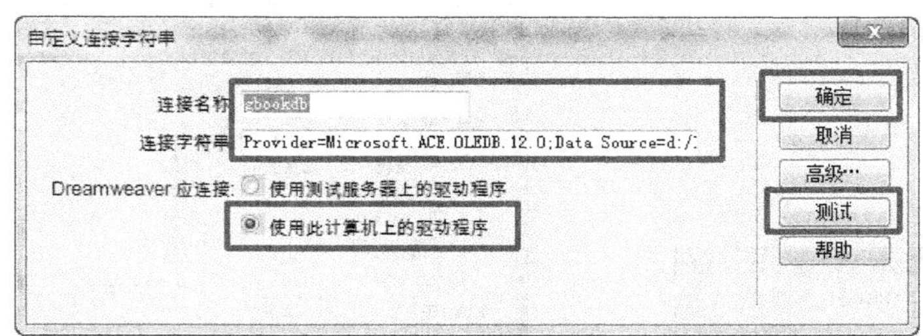

图 11-83 自定义连接字符串

图 11-84 所示是成功创建连接脚本提示。

填好后单击“测试”按钮，如弹出“成功创建连接脚本”提示就表明数据库可以连接成功。单击“确定”按钮，Dreamweaver 会自动生成数据库连接的 ASP 文件，回到站点目录下(C:\inetpub\wwwroot\lyb)，在 Connections 文件夹内会发现自动增加了一个 gbookdb.asp 文件。由于该文件是 Dreamweaver 自动生成的，基本上可以忽略，接下来的制作也是一样，不用去管代码如何。按照所述操作一步步正确完成，最后出来的结果一定是正确的。

连接成功后，在“数据库”面板可以展开看到前面设计的数据库表和字段，如图 11-85 所示。

图 11-84 成功创建连接脚本

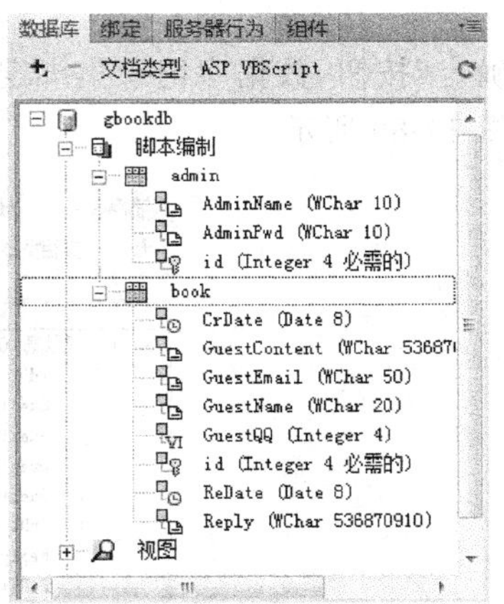

图 11-85 成功连接数据库展开图

2. 首页记录集展示留言(index.asp)

在“窗口”菜单中打开“绑定”面板，检查 4 项提示，其中的前 3 项前应该已有勾号了，在“绑定”面板上单击“+”号按钮，在下拉菜单选择：“记录集(查询)”选项，如图 11-86 所示。

在弹出的“记录集”对话框里按如下方式设置，如图 11-87 所示。

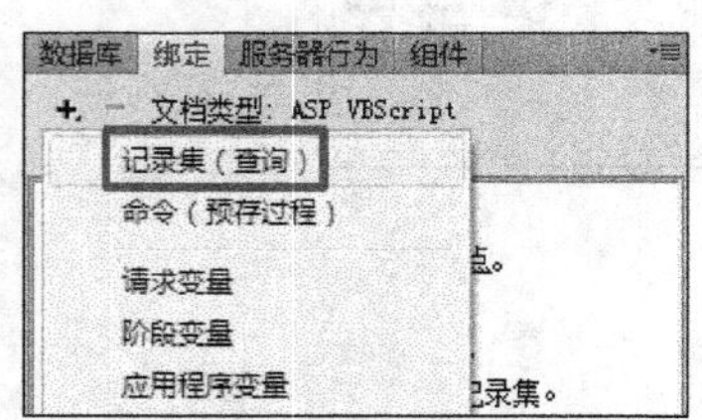

图 11-86 “记录集(查询)”命令

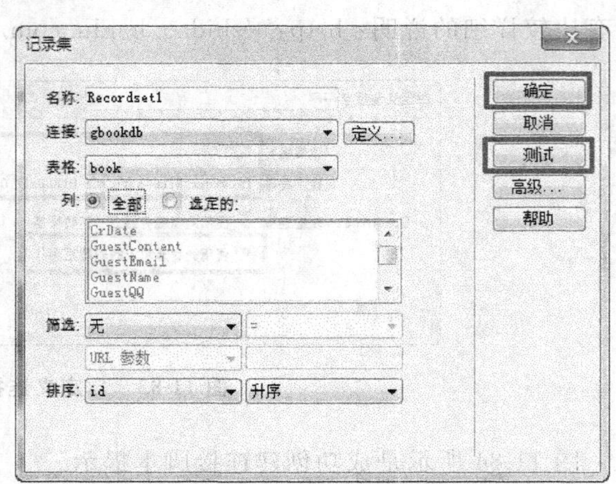

图 11-87 设置记录集

设置好后，可单击“测试”按钮查看，就会看到在创建数据库时录入的两条测试数据，如图 11-88 所示。

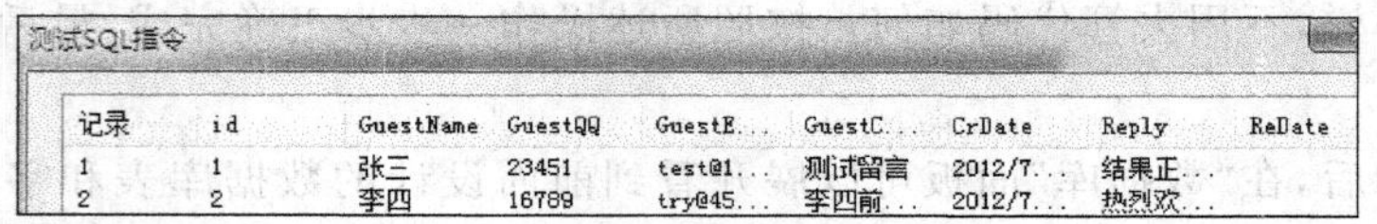
测试SQL指令

记录	id	GuestName	GuestQQ	GuestE...	GuestC...	CrDate	Reply	ReDate
1	1	张三	23451	test@1...	测试留言	2012/7...	结果正...	
2	2	李四	16789	try@45...	李四前...	2012/7...	热烈欢...	

图 11-88 测试数据库记录

单击“确定”按钮，数据库记录集绑定的工作就完成了，展开记录集可以看到表中的各个字段，如图 11-89 所示。

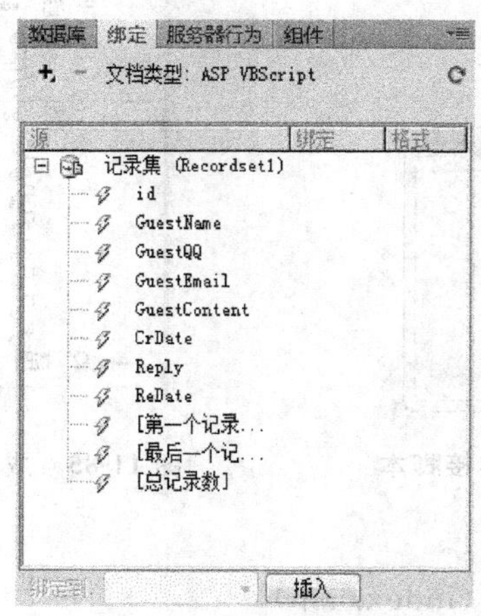

图 11-89 展开“绑定”面板

接下来对各个字段进行一一对应的绑定。把光标定位在“留言者:”后面，选择“绑定”面板中 GuestName 字段，然后单击下面的“插入”按钮，如图 11-90 所示。

简单学习留言板
我要留言 查看 管理
留言者：发表时间：QQ：电子邮箱：
留言内容：
回复：
首页 上页 下页 尾页
记录集 (Recordset1)
id
GuestName
GuestQQ
GuestEmail
GuestContent
CrDate
Reply
ReDate
[第一个记录...
插入

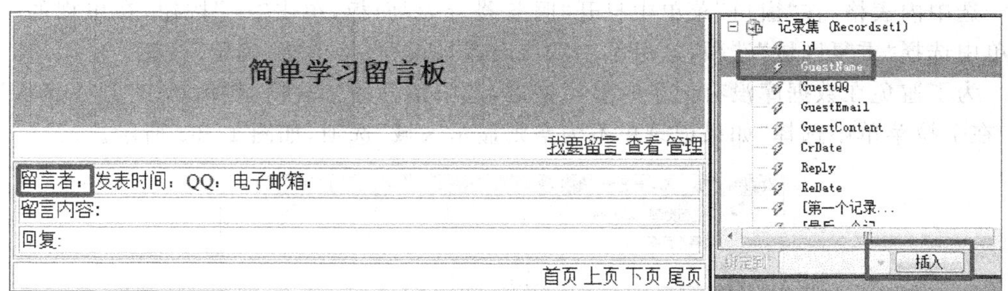

图 11-90 绑定字段

按照此方法，把“发表时间（CrDate）”、“QQ（GuestQQ）”、“留言内容（GuestContent）”、“回复（Reply）”这些字段绑定在一起，如图 11-91 所示。

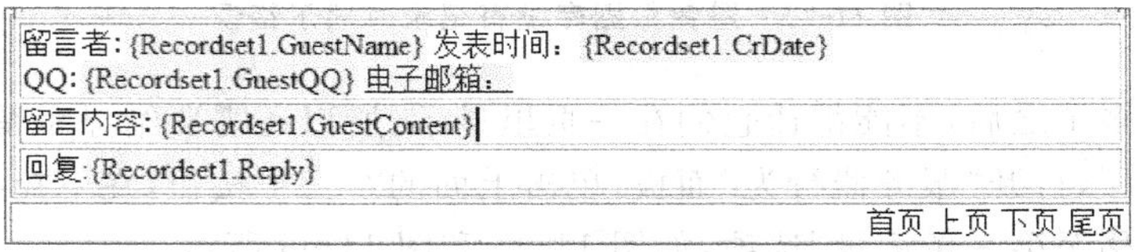

留言者：{Recordset1.GuestName} 发表时间：{Recordset1.CrDate}
QQ：{Recordset1.GuestQQ} 电子邮箱：
留言内容：{Recordset1.GuestContent}
回复：{Recordset1.Reply}
首页 上页 下页 尾页

图 11-91 绑定多个字段

其中有一个不同，“电子邮箱（GuestEmail）”应该是带链接的，链接地址跟访客输入的邮件地址绑定，选中“电子邮箱”，单击下方“属性”面板中的“链接”文本框后面的文件夹图标。在弹出的对话框中，选中“数据源”单选按钮，再在“域”列表框中选择 GuestEmail 选项，在 URL 文本框中添加上 mailto:，如图 11-92 所示。

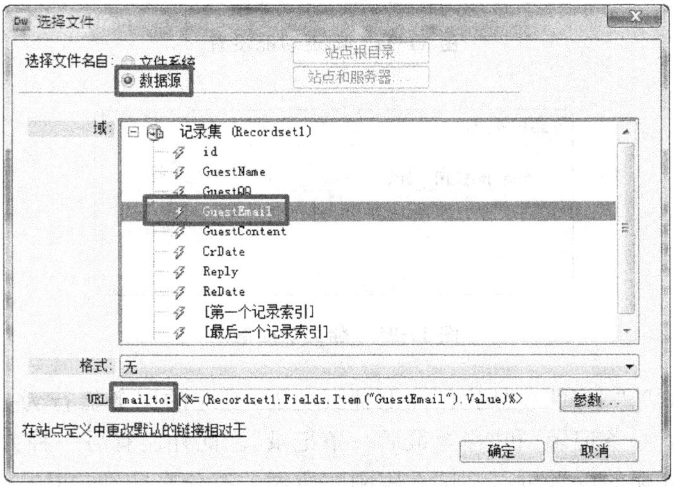

选择文件
选择文件名自：
文件系统
数据源
站点根目录
站点和服务器...
域：
记录集 (Recordset1)
id
GuestName
GuestQQ
GuestEmail
GuestContent
CrDate
Reply
ReDate
[第一个记录索引]
[最后一个记录索引]
格式：无
URL：mailto:<%=(Recordset1.Fields.Item("GuestEmail").Value)%>
参数...
在站点定义中更改默认的链接相对于
确定
取消

图 11-92 电子邮箱绑定设置

现在数据都已完成绑定，这样的留言板永远只会显示一条留言记录，所以还需要设定重复域和翻页，以便能显示所有的留言记录。

选中内表格，在“窗口”菜单中打开“服务器行为”面板，单击“+”按钮，在出现的下拉菜单中选择“重复区域”选项，这里都用默认设置，所以直接单击“确定”按钮。

为了避免在数据库没有记录时显示错误，选中留言的小表格，然后单击“显示区域”命令，在下拉菜单中选择“如果记录集不为空则显示区域”选项，如图 11-93 所示。

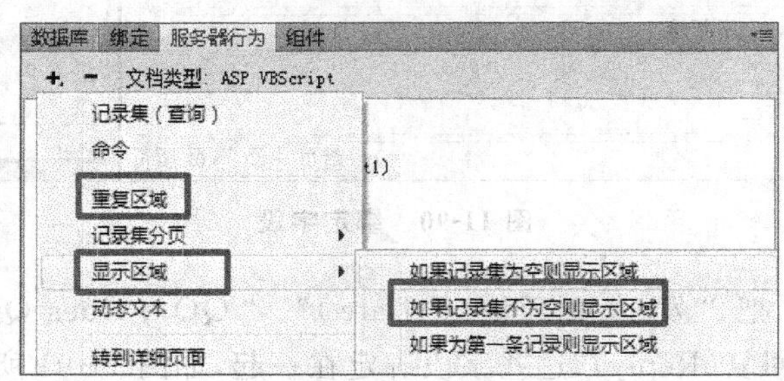

图 11-93　避免数据库没有记录时显示错误

数据记录多了之后，不能都让它们在一页里显示，所以还需要给显示留言加上翻页功能。选择“首页”，打开“服务器行为”面板，单击上面的“+”号按钮，在下拉菜单中选择“记录集分页”→“移至第一条记录”选项，如图 11-94 和图 11-95 所示。

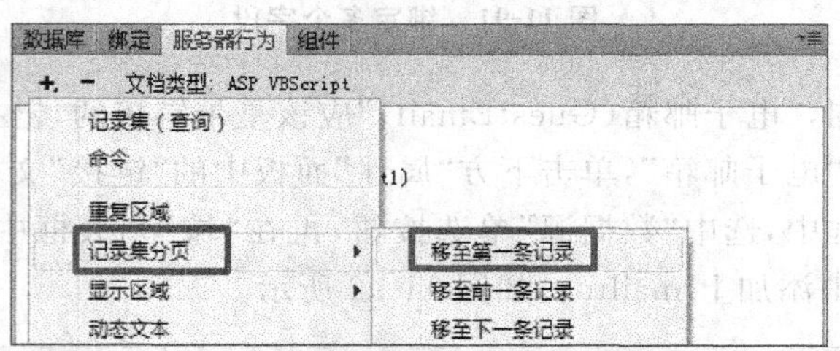

图 11-94　翻页功能设置

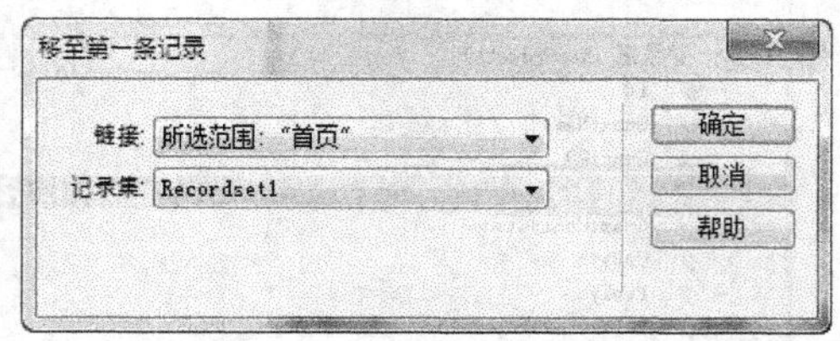

图 11-95　翻页功能确定

同理给“上页”、“下页”和“尾页”加上翻页功能，对应的服务器行为分别为“移至前一条记录”、“移至下一条记录”和“移至最后一条记录”。此外还有另一种方法：直接插入记录集导航条，有兴趣的读者可以试试看跟刚才所做的有什么区别，如图 11-96 所示。

图 11-96　另外一种翻页功能制作方法

留言板首页大功告成,测试一下,在浏览器中输入 http://localhost/guestbook/index.asp,正常的话应该显示前面在数据库里直接添加的两条留言,如图 11-97 所示。

简单学习留言板

我要留言 查看 管理

留言者:张三 发表时间:2012/7/24 22:17:51QQ:23451 电子邮箱:

留言内容:测试留言。

回复:结果正常。

留言者:李四 发表时间:2012/7/24 22:18:15QQ:16789 电子邮箱:

留言内容:李四前来拜访。

回复:热烈欢迎!

首页 上页 下页 尾页

版权没有 随你复制

图 11-97 留言板制作完成效果图

3. 提交留言(add.asp)

用 Dreamweaver 打开前面制作的原型页面 add.asp。选中整个表格,打开"服务器行为"面板,单击"+"按钮选择菜单下的"插入记录"选项,如图 11-98 所示。

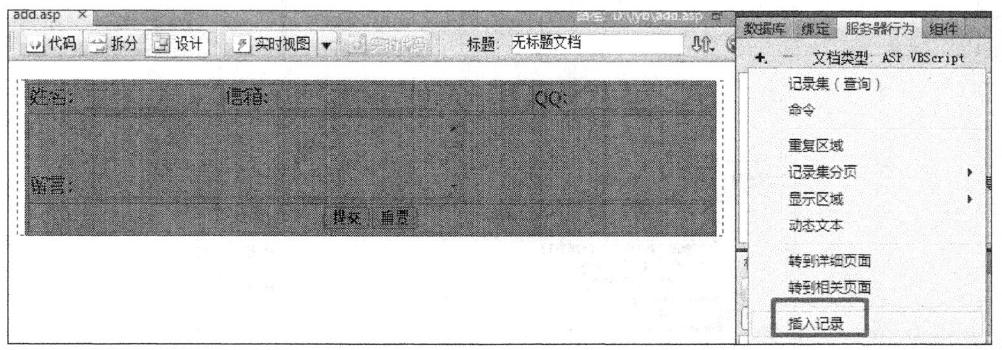

图 11-98 "插入记录"命令

在"插入记录"对话框中,设置表单域与数据库字段名一一对应,在表单元素里依次选中元素,在下面的列里选择与数据库相对应的域,如图 11-99 所示。

提交留言时为了避免有错误信息的写入,还要添加表单提交的错误检查功能。打开"行为"面板,单击"+"按钮,在下拉菜单中选择"检查表单"选项,如图 11-100 所示。

在"检查表单"对话框里设置姓名和留言内容为必填,QQ 只能填数字,图 11-101 所示为"检查表单"对话框。

至此添加留言页就做好了。打开浏览器测试一下,添加留言,看看能否成功留言。

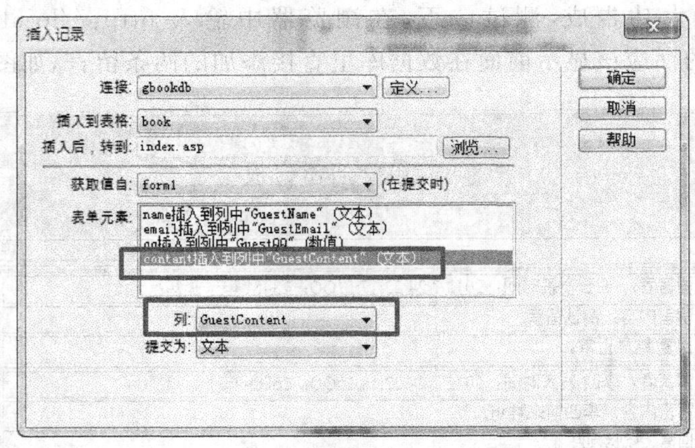

图 11-99　插入记录设置

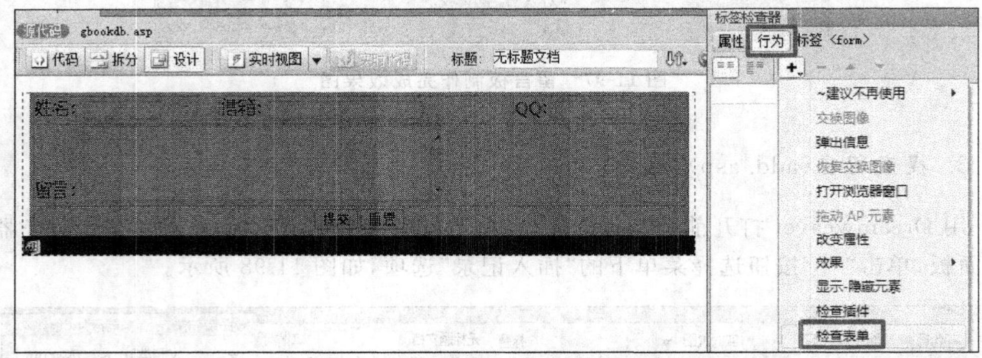

图 11-100　“检查表单”命令

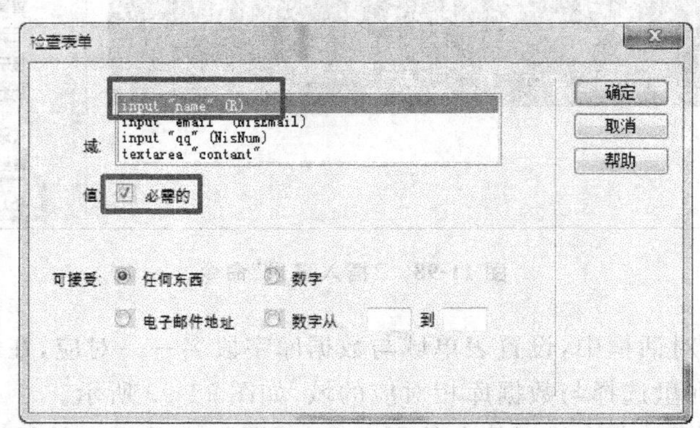

图 11-101　“检查表单”对话框

4. 管理页(admin.asp)

前面在做原型时说过管理页 admin.asp 其实跟留言板首页 index.asp 差不多，因为从功能上来说，两者都是要把留言的信息以列表的形式展示出来，只是这个管理页面还要加入权限(也就是只有登录用户才可以访问)，功能上要能做管理操作：回复，删除，编辑。所以可以直接把刚刚做好的 index.asp 另存为 admin.asp，并在页面上把“管理”改为“退出”，超链接改为链接到 index.asp，然后在内表格里再加上一行，分别输入“回复”，“删除”，“编辑”，效果如图 11-102 所示。

简单学习留言板
——后台管理
我要留言 查看 退出
如果符合此条件则显示...
重复
留言者:{Recordset1.GuestName} 发表时间：{Recordset1.CrDate}
QQ:{Recordset1.GuestQQ} 电子邮箱：
留言内容:{Recordset1.GuestContent}
回复:{Recordset1.Reply}
回复 删除 编辑
首页 上页 下页 尾页

图 11-102　后台管理效果图

打开“服务器行为”面板，单击“+”按钮，选择“用户身份验证”命令下的“限制对页的访问”选项，如图 11-103 所示。

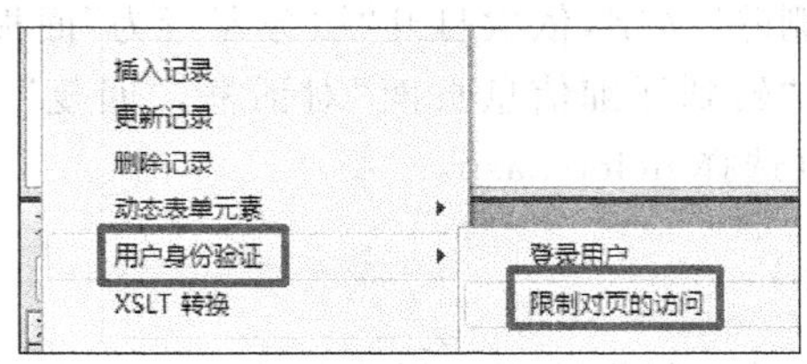

图 11-103　“限制对页的访问”命令

“限制对页的访问”对话框设置如图 11-104 所示。管理员在登录时输入正确的用户名和密码才能登录到管理页面，否则跳到 login.asp 管理员登录页面。

限制对页的访问
基于以下内容进行限制：用户名和密码
用户名、密码和访问级别
选取级别：
定义...
如果访问被拒绝，则转到：login.asp
浏览...
确定
取消
帮助

图 11-104　“限制对页的访问”对话框

接下来选中页面上“编辑”这两个字，打开“服务器行为”面板，单击“+”按钮，选择“转到详细信息页”选项，打开“转到详细页面”对话框，详细信息页选择 modify. asp，如图 11-105 所示。

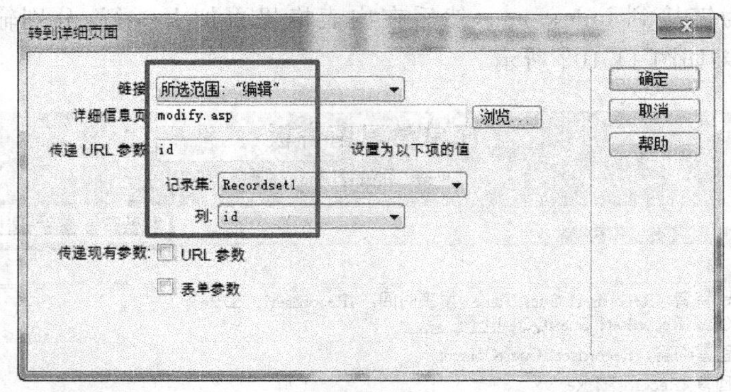

图 11-105 “转到详细页面”对话框

传递 URL 参数为 id，它在数据库里定义的 ID 字段类型是自动编号，自动编号在数据库里是不会重复的，将来要编辑留言板中的某条留言的时候，这条留言信息的 ID 号就传递给了 modify. asp 页面，modify. asp 页面就会显示这条留言的信息供修改（每发一个留言数据库里就记一个 id，编辑就是按发帖的 id 进行编辑的）。

分别选中“回复”和“删除”文字，依次打开“服务器行为”面板，单击“+”按钮，选择“转到详细信息页”选项，打开“转到详细信息页面”对话框，“回复”的详细信息页选择 reply. asp；“删除”的详细信息页选择 delete. asp。

5. 登录页（login. asp）

用 Dreamweaver 打开前面制作的原型页面 login. asp。打开“服务器行为”面板，单击“+”按钮选择“用户身份验证”命令下的“登录用户”选项，如图 11-106 所示。

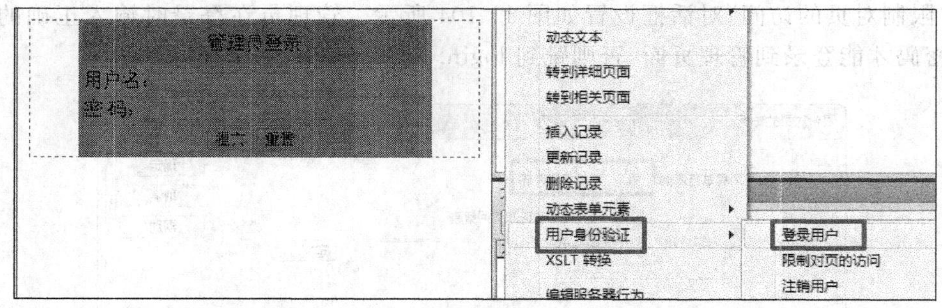

图 11-106 “登录用户”命令

“登录用户”对话框按照如图 11-107 所示设置。

设置完成后保存页面。在浏览器地址栏中输入 http://localhost/guestbook/login. asp。在页面填入用户名：admin，密码：admin（也就是在设计数据库时，在 admin 表里添

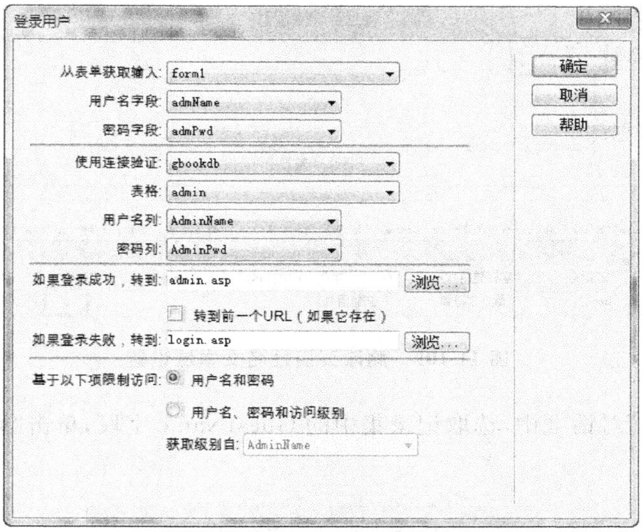

登录用户
从表单获取输入: form1
用户名字段: admName
密码字段: admPwd
使用连接验证: gbookdb
表格: admin
用户名列: AdminName
密码列: AdminPwd
如果登录成功，转到: admin.asp 浏览...
转到前一个URL（如果它存在）
如果登录失败，转到: login.asp 浏览...
基于以下项限制访问: 用户名和密码
用户名、密码和访问级别
获取级别自: AdminName
确定
取消
帮助

图 11-107 用户登录设置

加的用户名和密码)，看看是否能成功登录到 admin. asp 页面。

6. 删除记录页(delete. asp)

用 Dreamweaver 打开原型页面 delete. asp，由于删除是在已有记录集上操作的，所以在添加删除行为前要先绑定记录集。在“绑定”面板里单击“＋”按钮选择“记录集”选项，打开“记录集”对话框，按照图 11-87 所示进行设置，这里略，图 11-108 所示是删除页面记录集设置。

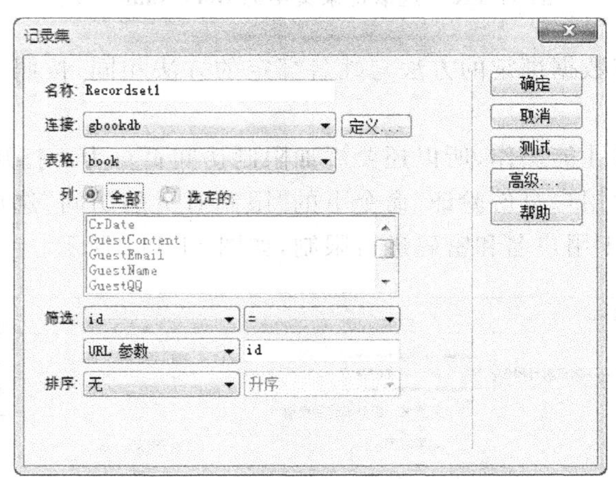

图 11-108 删除页面记录集设置

在页面上选中“姓名”后对应的文本字段，然后单击“初始值”右侧的图标，如图 11-109 所示。

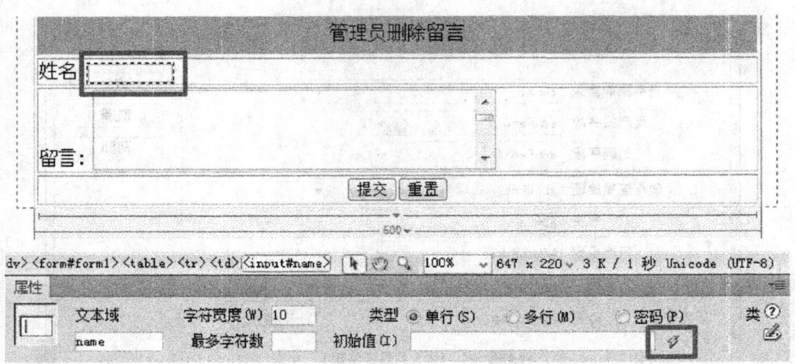

图 11-109　删除页面姓名文本域设置

在“动态数据”对话框中，选取记录集中的 GuestName 字段，单击“确定”按钮即可，如图 11-110 所示。

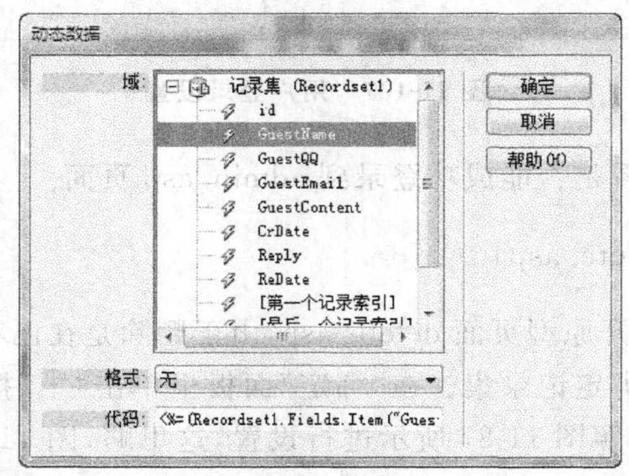

图 11-110　选取记录集中的 GuestName 字段

“留言”内容动态数据绑定的方法与姓名绑定的方法相同，按照上面的方法一一对应绑定即可。

删除只有管理员才能操作，所以还要添加限制访问页行为。打开“服务器行为”面板，单击“＋”按钮，选择“用户身份验证”命令下的“限制对页的访问”选项，在“限制对页的访问”对话框中选择基于用户名和密码进行限制，如图 11-111 所示。

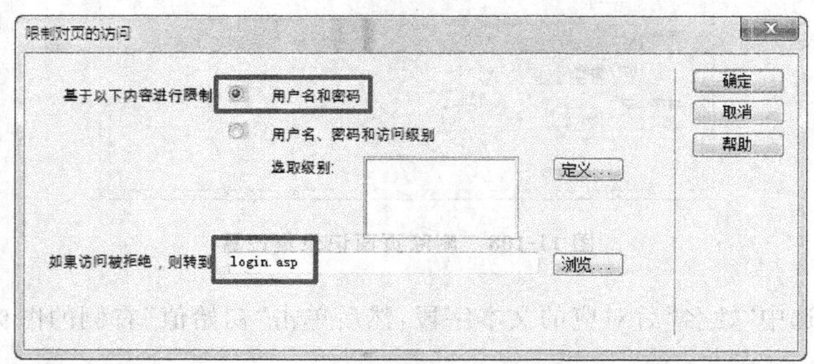

图 11-111　“限制对页访问”对话框设置

下面操作才是真正的删除，打开"服务器行为"面板，单击"＋"按钮，选择"删除记录"命令，在"删除记录"对话框按图 11-112 所示设置。

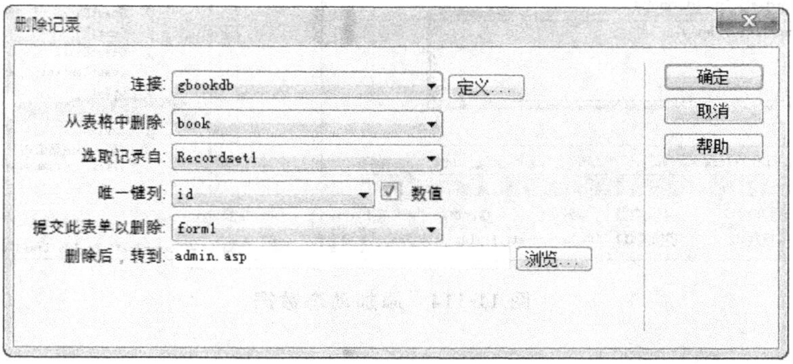

图 11-112 "删除记录"对话框设置

7. 回复页(reply. asp)

用 Dreamweaver 打开原型回复页 reply. asp。先给页面绑定记录集。在"绑定"面板单击"＋"按钮，选择"添加记录集"命令，按图 11-113 所示进行设置。

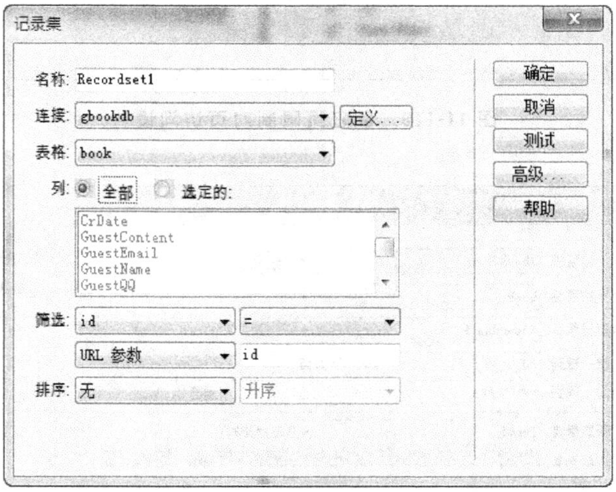

图 11-113 添加记录集设置

接下来为姓名、留言内容、回复内容这几个字段添加动态数据。按照前面的做法一一添加上动态数据，如图 11-114 所示。

回复功能也只能管理员才能使用，所以也要添加限制访问页行为。打开"服务器行为"面板，单击"＋"按钮，选择"用户身份验证"命令下的"限制对页的访问"选项，设置好对该页的访问限制，如图 11-115 所示。

然后为页面添加回复功能的服务器行为。打开"服务器行为"面板，单击"＋"按钮，选择"更新记录"选项，打开"更新记录"对话框进行设置，如图 11-116 所示。

管理员回复
姓名:{Recordset1.GuestName}
留言内容:{Recordset1.GuestContent}
{Recordset1.Reply}
回复内容
提交
重置
文本域
字符宽度(W) 45
类型
单行(S)
多行(M)
密码(P)
reply
行数 5
初始值(I)
动态数据
域:
记录集 (Recordset1)
id
GuestName
GuestQQ
GuestEmail
GuestContent
CrDate
Reply
ReDate
[第一个记录索引]
确定
取消
帮助(H)
格式:
无
代码:

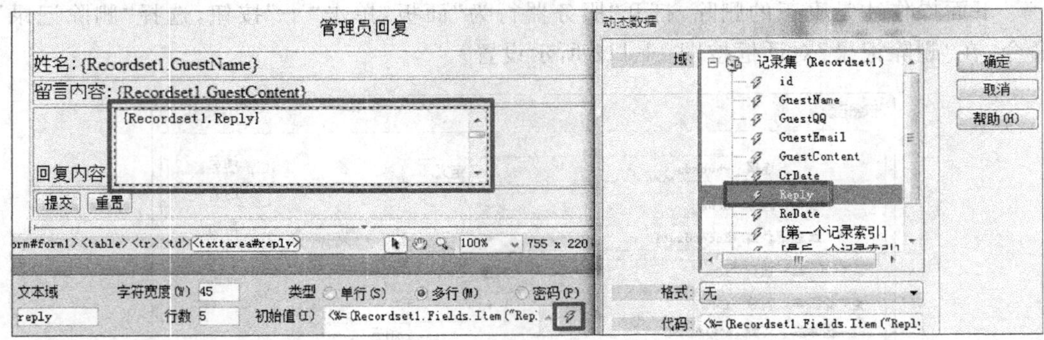

图 11-114 添加动态数据

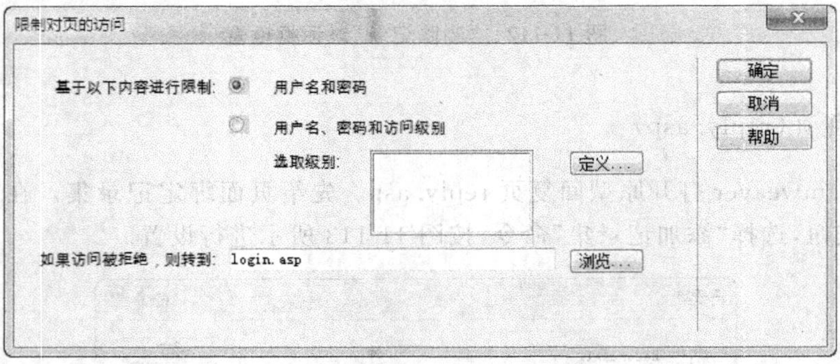

限制对页的访问
基于以下内容进行限制:
用户名和密码
用户名、密码和访问级别
选取级别:
定义...
如果访问被拒绝，则转到:
login.asp
浏览...
确定
取消
帮助

图 11-115 回复页限制对页访问设置

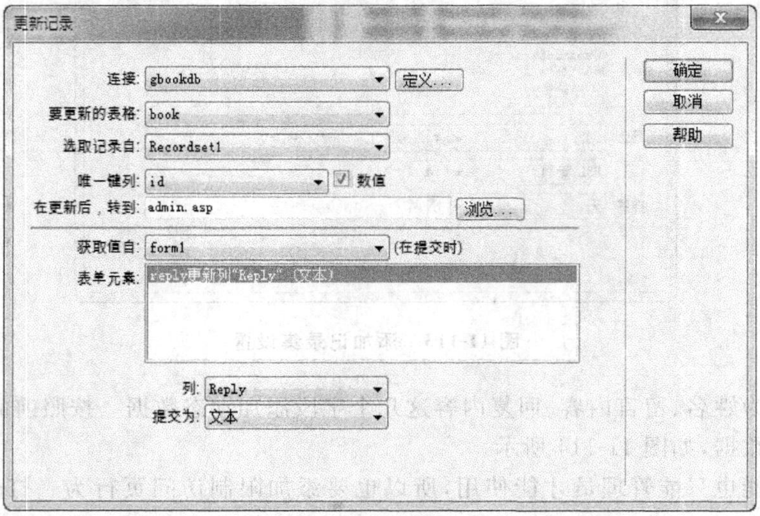

更新记录
连接:
gbookdb
定义...
要更新的表格:
book
选取记录自:
Recordset1
唯一键列:
id
数值
在更新后，转到:
admin.asp
浏览...
获取值自:
form1
(在提交时)
表单元素:
reply更新列"Reply"(文本)
列:
Reply
提交为:
文本
确定
取消
帮助

图 11-116 回复页更新记录设置

8. 编辑页(modify. asp)

用 Dreamweaver 打开原型页面 modify. asp。在“绑定”面板单击“+”按钮,选择“记录集”选项,打开“记录集”对话框进行设置,如图 11-117 所示。

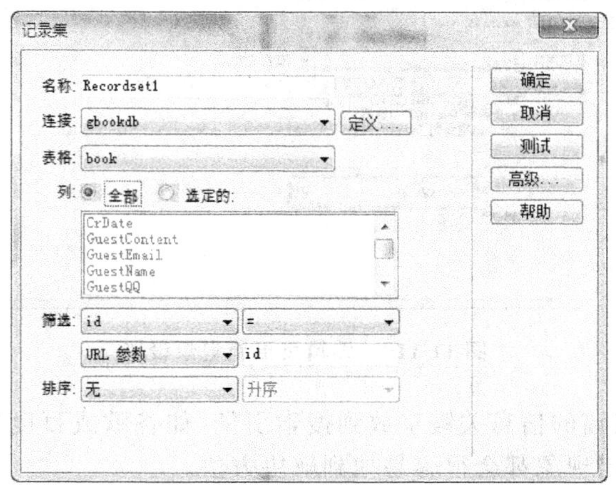

图 11-117 编辑页记录集设置

为“姓名”、“E-mail”、“留言内容”、“回复内容”几项字段添加动态数据,方法同前面的一样。图 11-118 所示是编辑页留言制作。

图 11-118 编辑页编辑留言制作

这个页面也需要加上限制访问页行为。打开“服务器行为”面板,单击“+”按钮,选择“用户身份验证”命令下的“限制对页的访问”选项,按前面的做法进行设置即可。

为页面添加修改功能。打开“服务器行为”面板,单击“+”按钮,选择“更新记录”选项,打开“更新记录”对话框进行设置,如图 11-119 所示。

9. 本地测试和调试

留言板系统全部完成后,在浏览器中输入 http://localhost/guestbook/index. asp 可以测试各项功能。如果浏览器提示程序出错,可以根据提示信息尝试排除错误。还有一

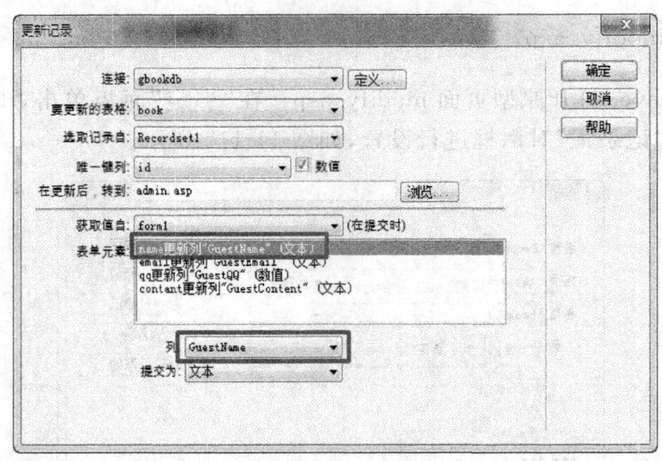

图 11-119　编辑页更新记录设置

个更好的办法是把出错的信息关键字放到搜索引擎(如谷歌或百度)里来搜索解决方法。一般来说,常规的出错现象都会很容易搜到解决方法。

到此为止,一个简单的留言板就开发完成了。为了方便演示,本例没有加上美工部分。读者可以结合学习情况把美工加到页面上来,以使这个留言板更具实用性。

项目十二

网站上传与维护

Project 12

经过上述一系列的操作,网站的制作已经完成,这时需要把网站测试后上传到Internet上,才能让更多人访问。上传网站需要有一个互联网能访问的空间,为了更加便于传播,还需一个合适的域名和这个空间对应起来。

学习目标

(1) 理解空间和域名。

(2) 了解空间和域名的申请方法。

(3) 了解FTP工具,掌握通过FTP工具把本地网站发布到Internet免费空间的方法。

技能目标

(1) 申请免费空间。

(2) 通过FTP工具把本地网站发布到Internet免费空间(即网站上传)。

任务12.1 空间和域名申请

12.1.1 IP地址、域名和空间简介

IP地址即互联网协议地址(Internet Protocol Address),是互联网上一种给主机编址的方式。互联网上的每台主机(Host)都有一个唯一的IP地址。有了IP地址和相应的协议及服务,Internet上的主机之间才能传递信息。例如,要访问微软公司的网站,在浏览器地址栏中输入"64.4.11.42"这个IP地址就可以了。现今的IP使用32位地址,以点分十进制表示,如192.168.0.1(随着互联网的发展,32位地址资源有限,128位地址的IPv6也已发布)。

域名(Domain Name),通俗地讲就是网址,是由一串用点分隔的字符组成的互联网上某一台计算机或计算机组的名称,用于在数据传输时标识计算机在网络上的地址。以常见的域名为例说明,微软网址www.microsoft.com由3部分组成,标号"microsoft"是这个域名的名称,后面的标号"com"则是该域名的后缀,代表这是一个com顶级国际域名。前面的www是网络名为www的域的名称。DNS规定,域名中的标号都由英文字母和数字组成,每一个标号不超过63个字符,也不区分大小写字母。标号中除连字符(-)外不能使用其他的标点符号。由多个标号组成的完整域名总共不超过255个字符。域名可分

为不同级别，包括顶级域名、二级域名等。用户需要到对应的代理注册机构注册申请使用。

网站空间就是能用来存放网站，使网站能被 Internet 访问的计算机存储空间，某些情况下也直接称为服务器。一般俗称的网站空间指的是虚拟主机，就是把一台运行在互联网上的服务器划分成多个“虚拟”的服务器，每一个虚拟主机都能提供独立的 Internet 服务(如提供 HTTP、FTP、STMP 等)功能。虚拟主机主要用于要求不高的小型企业或者个人网站。

12.1.2 IP地址、域名和主机空间之间的关系

在网络的世界里，为了要辨识每一部计算机的位置，需要有 IP 地址。一个 IP 地址就好似一个门牌。例如，要去微软公司的网站，就要访问“64.4.11.42”这个 IP 地址的主机，通过这个唯一的地址便能顺利访问到微软的网站。IP 地址是 Internet 主机的作为路由寻址的数字型标识，不易记忆。因而产生了域名这种字符型标识。例如微软公司的网站域名 www.microsoft.com。域名虽然便于人们记忆，但机器之间只能互相认识 IP 地址，它们之间的转换工作称为域名解析，域名解析需要由专门的域名解析系统来完成。也就是用户在浏览器输入 www.microsoft.com 时，实际上是 DNS 解析找到“64.4.11.42”这个 IP 地址主机的网站空间的。初次申请域名则需要进行对应的 DNS 设置才能解析到特定的主机空间。一个主机空间可以对应一个域名或对应多个域名，也可以直接通过 IP 地址访问。

12.1.3 FTP

FTP(File Transfer Protocol，文件传输协议)，顾名思义，就是专门用来传输文件的协议。FTP 的主要作用就是让用户连接上一个远程计算机，如果具备相应权限，可以像操作本地文件夹那样来操作。当需要往网站空间上放网站文件的时候，可以采用 HTTP 或 FTP 方法。建议直接使用 FTP 进行数据交换，因为借助 FTP 软件工具可实现断点续传，而 HTTP 的传输无法实现断点续传。比较常见的 FTP 软件有 FileZilla、FlashFXP、CuteFTP、FTP Voyager 等。

12.1.4 免费空间的申请

要使网站能在 Internet 上被访问，就必须有个能提供相应服务的主机空间(形式有很多种，比如免费空间，动态域名，虚拟主机，主机租用，主机托管等)。一般来讲，比较大型的或安全要求高的应用会使用自已管理的独立主机，中等、一般性应用可以采取主机租用或者主机托管服务，广大的小型企业和个人网站一般采取虚拟主机或者虚拟服务器的方式。提供域名注册和虚拟主机空间的服务商非常多，其服务好坏、主机稳定性和性能、价格差异较大，应当仔细比较鉴别。可以选择一些比较老牌的如万网(www.net.cn)，新网(www.xinnet.com)，时代互联(www.now.cn)，西部数码(www.west263.com)等。收费的空间一般会提供很强大灵活的自主管理功能。

如果只是学习使用，比较简单经济的办法是找一个支持 ASP 的免费空间。注意，免

费服务存在很多的不确定性，并且还会在页面插入广告，稳定性也不是很好，一般不能绑定自己的域名（使用的是服务商提供的访问地址，通常是个二级域名），服务规则也经常更改，也有很多具体的条款要求限制，不适合拿来做重要的应用。经测试，国内的服务商 http://www.3v.cm/提供的免费空间比较适合学习使用。具体的规则和说明请上网（http://www.3v.cm/）查看。申请的方法比较简单。打开主页，如图 12-1 所示，单击“注册”按钮，按照提示一步步进行即可。

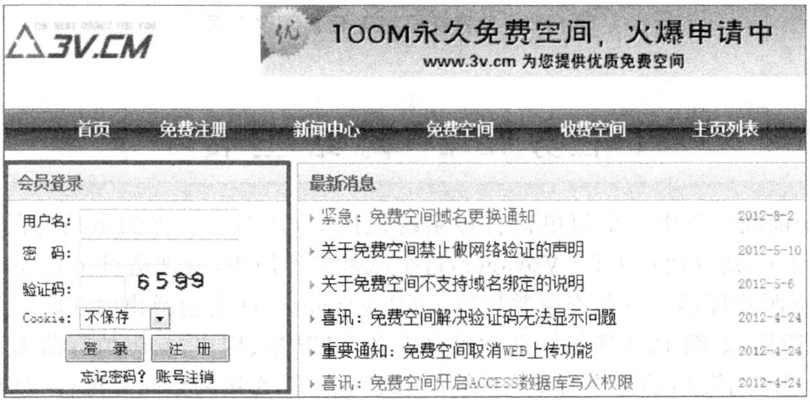

图 12-1　免费空间申请主界面

注册完毕之后，将会转到用户“管理中心”页面，这个页面包含很多信息，其实只用关心两点：一个是申请的网站访问地址，如图 12-2 所示。另一个是 FTP 管理。单击页面左边菜单中的“FTP 管理”命令就可以看到 FTP 地址及用户名和密码，如图 12-3 所示。

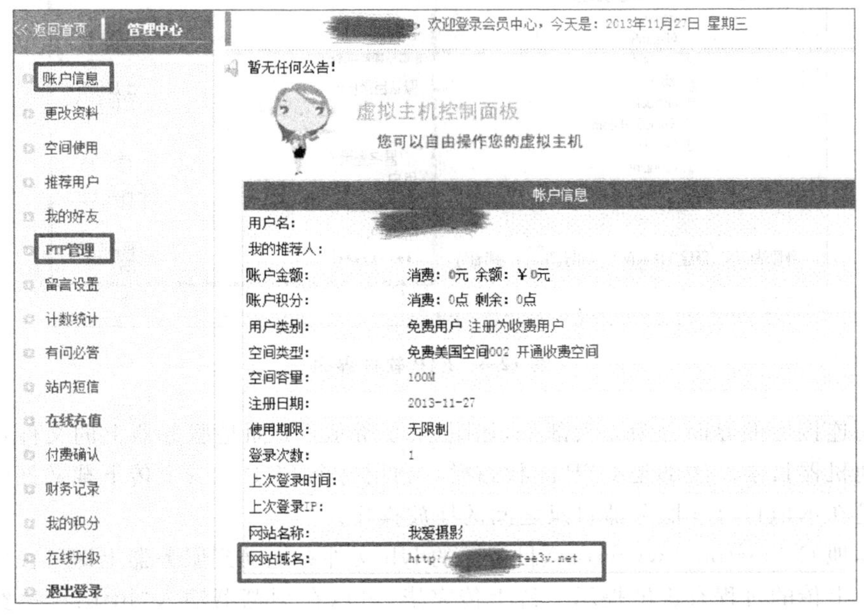

图 12-2　免费空间申请成功后信息页面

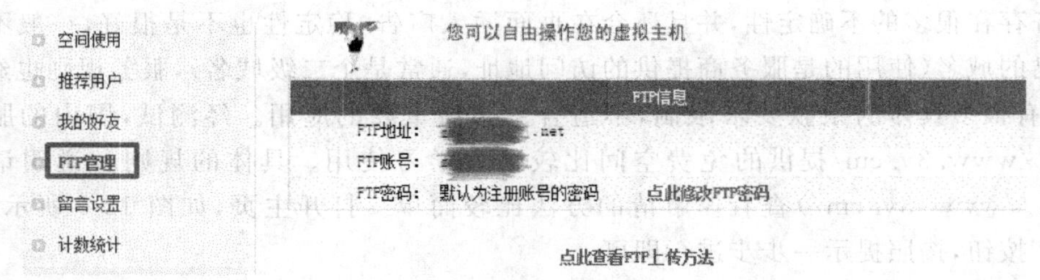

图 12-3 免费空间 FTP 信息管理页面

任务 12.2 网站上传

现在把前面任务中那个简单留言板系统使用 FTP 工具上传到申请好的免费空间。FTP 工具很多,建议使用 FTP Voyager,这个软件操作简单,特别是目录管理风格类似于 Windows 资源管理器。下载安装并运行 FTP Voyager,首先会弹出“FTP 站点配置文件管理器”对话框,如图 12-4 所示。名称可自定义,FTP 站、用户、密码填写前面申请的免费空间提供的相应信息,填完之后单击“连接”按钮就可以连接到空间并进行管理了。

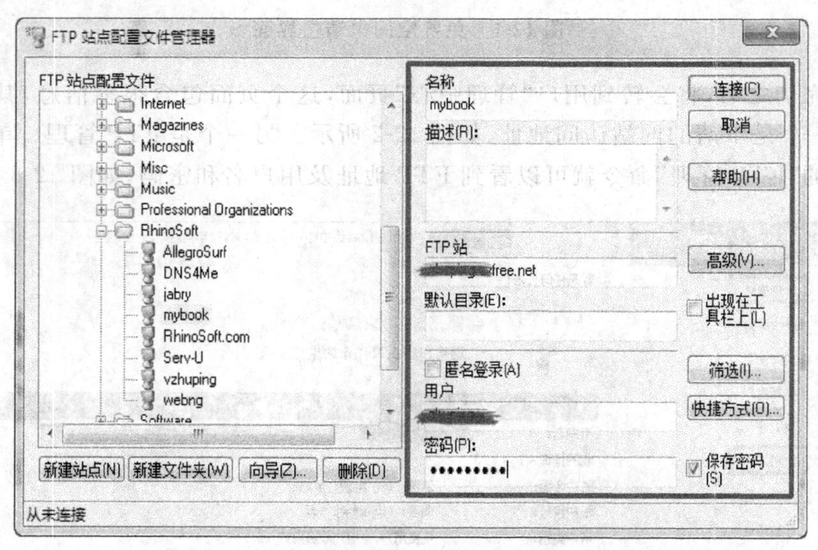

图 12-4 FTP 软件界面

成功连接后的界面分为三大部分,如图 12-5 所示:上面是服务器上的文件目录。中间是本地机器目录。底部是 FTP 的状态栏。利用这个 FTP 工具上传下载文件的操作实际上就是在本地目录和服务器目录之间的拖放操作。

把本地 C:\inetpub\wwwroot\目录下的 lyb 文件夹拖动到服务器上即可往服务器上传文件。上传的过程有进度提示。待上传完毕,可以在浏览器输入“http://免费服务商提供的地址/lyb”查看效果。此时若不出意外,应该会报错。因为前面制作的时候连接数

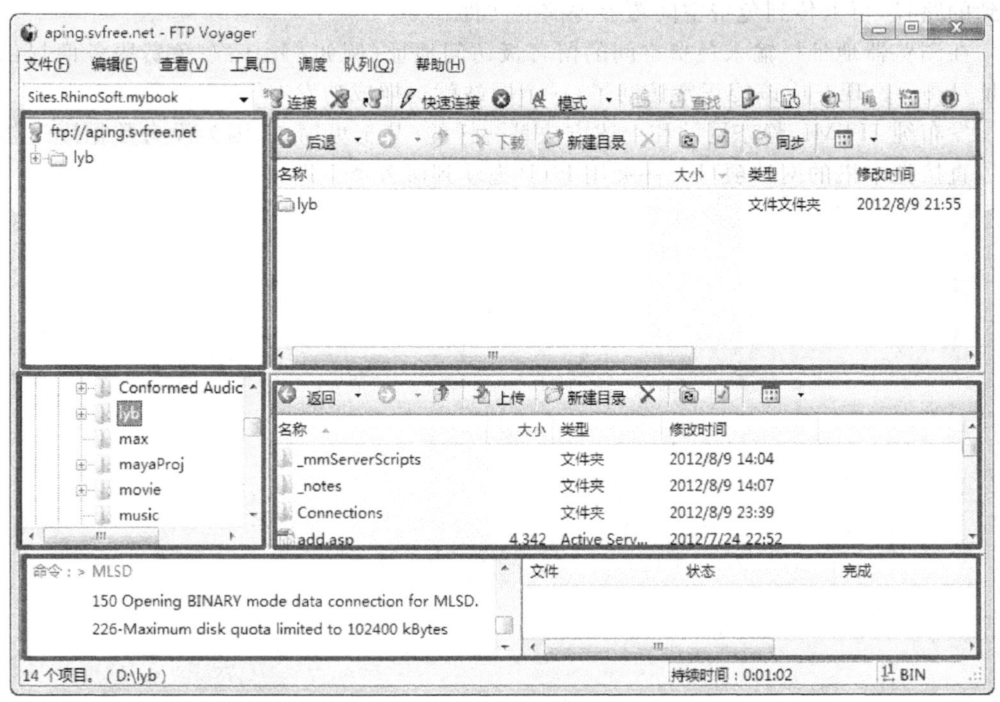

图 12-5 FTP 软件主操作界面

据库使用的是绝对路径。当然不可能那么巧：上传到服务器上的数据库物理路径地址和本地数据库物理路径地址是一样的，所以现在需要获得上传到服务器空间的物理地址，否则会出现连不上数据库的错误。

在 C:\inetpub\wwwroot\lyb 文件夹下，建立一个 path. asp 文件，内容很简单，只有如下一段代码：<%=server. mappath("gBook. mdb ")%>。使用 FTP 工具把 path. asp 拖动到服务器上 lyb 文件夹里。在浏览器地址栏查看 path. asp(如：http://免费服务商提供的地址/lyb/path. asp)，得到 gBook. mdb 在服务器上的物理地址，复制该路径。

打开 gbookdb. asp 数据库连接文件，如图 12-6 所示，在代码编辑状态下将本地的 gbookdb. asp 中的“C:/inetpub/wwwroot/lyb/gBook. mdb”路径替换成上面 path. asp 测

图 12-6 gbookdb. asp 数据库连接文件代码图

试到的路径，再上传到免费空间覆盖先前的文件。

在浏览器地址栏输入免费空间的留言板访问地址(例如：http://免费服务商提供的地址/lyb/)。现在应该能正常访问了，一个网站就这样成功发布了。

发布纯HTML静态网站和上述方法是一样的(甚至更简单，因为没有数据库连接问题)，直接把本机的网站项目文件夹用FTP拖动到服务器上即可。

参考文献

[1] 温谦.HTML＋CSS网页设计与布局从入门到精通.北京：人民邮电出版社，2008.
[2] 曾顺.精通CSS＋DIV网页样式与布局.北京：人民邮电出版社，2009.